KB090537

Hotel Facilities Management

고객을 위한 호텔시설관리의 모든 것

호텔시설관리론

원철식 · 박대환 공저

(주)백산출판사

머리말

우리나라는 외래관광객 1,800만 명을 넘어서 2020년 2,000만 명을 바라보는 시대에 와 있다. 그동안 국제적 규모의 체인호텔과 국내 굴지의 그룹들이 경영하는 대규모 호텔, 또는 중소규모 비즈니스형 호텔, 레지던스 등 많은 숙박시설이 신축되어 경쟁이 심화되고 있다. 고객이 바라보는 호텔의 모습은 규모와 외관, 그리고 내부에 다양한 시설일 수 있는데, 이를 통해 고객 맞을 준비가 완벽할 때 고객으로부터 선택받을 수 있게 된다.

호텔경영은 호텔의 외관 및 조경, 객실시설, 식음료시설, 연회장시설, 부대시설 등이 잘 갖춰진 서비스상품을 고객이 기꺼이 선택해 줌으로써 재무적 성과와 이미지를 제고하여 지속적인 발전이 가능하게 된다. 호텔은 영업부문과 영업지원 부문으로 구분되어 각 부문별 고유업무를 수행함으로써 호텔경영의 조화를 이루게 된다. 고객을 위한 호텔시설관리는 영업지원부문의 업무일 뿐만 아니라 영업부문 모든 구성원의 일상업무 중 한 분야라고 할 수 있다. 흔히 앞서가는 호텔시설관리는 매출을 극대화하는 데 기여하며, 비용을 최소화할 수 있는 방법을 제시한다고 한다.

본서는 20년간 국제적인 체인호텔의 경영에 참여하고, 대학관련 학과에서 호텔경영에 대해 연구해 온 경험을 바탕으로 저자들이 감히 교재의 개발을 계획하게 되었다. 이 교재의 구성은 호텔시설관리의 의의, 호텔시설관리부서의 조직과 역할, 호텔 개관프로젝트와 시설관리, 호텔 객실부문의 시설관리, 호텔 식음료부문의 시설관리, 호텔 조리부문의 시설관리, 호텔 레저스포츠부문의 시설관리, 호텔 식음료부문의 유지관리와 에너지 통제, 호텔의 설비관리, 호텔의 환경관리, 호텔의 안전관리, 호텔시설부문의 비용관리 등으로 이뤄져 있다. 구성에서 보듯이 시설관리부서가 전문적으로 관리해야 하는 부분과 영업부서에서 고객을 위해 운영하게 되는 일상적인 시설관리업무를 함께 아울렀다.

본 교재는 앞서 출판된 호텔객실영업론, 호텔객실관리론, 호텔관광서비스경영론과 함께 현장 중심의 호텔시설관리를 효율적으로 이뤄나가기 위한 방향을 제시하고 있다. 시설관리부서 경영의 핵심은 호텔의 품격을 유지하기 위해 최첨단장비를 갖추고, 이를 과학적으로 운영할 수 있는 양질의 인재를 보유하며, 비용을 합리적으로 관리하는 데 있음을 강조하였다. 본 교재는 4년제 대학에서 장차 호텔리어로서의 꿈을 키우는 학생, 현업에서 호텔시설업무와 영업부서 간부로서 부서를 경영하는 호텔리어들이 호텔시설관리에 대해 이해하고 실무에 활용할 수 있도록 구성하였다. 많은 호텔리어들이 호텔시설의 중요성을 이해하고, 이를 관리할 수 있는 능력을 키우는 데 도움이 되면 좋겠다는 바람으로 집필하였다.

끝으로 출판을 위해 수고해 주신 백산출판사 진욱상 사장님, 진성원 상무님, 그리고 편집부 모든 관계자분들께 진심으로 감사드린다.

2020년 2월

공동 저자 씀

차 례

호텔시설관리의 의의

호텔시설관리의 의의

1 호텔시설관리의 개요

호텔시설은 고액이 투자된 고정자산의 결정체이다. 호텔의 건물과 시설은 건축할 때부터 많은 물적 자원의 투자로 이루어져 특정 호텔의 이미지를 형상화한 걸작품이므로 전사적으로 이의 관리에 만전을 기해야 한다. 호텔은 시설 그 자체가 호텔의 규모, 등급, 가격 등을 예상할 수 있는 가장 중요한 서비스상품이다. 따라서 이를 잘 유지관리하는 것은 호텔상품의 가치를 극대화하는 것이 되며, 이는 고객만족의 바로미터이므로 최상의 상태에서 유지관리되어야 한다. 호텔의 각 부서는 건물뿐만 아니라 각종 시설물의 안전관리에도 만전을 기하여 방문하는 고객에게 쾌적하고 안락한 체류가 되도록 함으로써 재방문의 동기를 부여하고, 한번 이용한 고객이 그들의 준거집단에게 긍정적인 구전거리를 제공할 수 있도록 하여야 한다. 또한 호텔의 최고경영자는 오래되고 시대감각이 떨어지는 시설물에 대한 문제의식과 과감한 개선의지가 있어야 하며, 환경여건과 시대변화에 맞는 설비의 도입으로 비용절감을 도모하고, 제반시설을 최상의 상태로 유지하여 앞서가는 호텔로 계속 성장할 수 있도록 하여야 한다.

2 시설관리부서의 중요성

호텔은 건물 및 시설에 대해 깨끗하고, 안전하게 유지관리하는 것이 필수적이다. 내부와 외부의 벽체 · 타일 · 창문 · 유리 등을 수시로 세척하여 미화하고, 기계 · 기구 · 비품 · 집기 등 유형고정자산의 수명연장을 위해 일상관리에 힘써야 한다. 또한 전기설비,

난방설비, 에어컨 설비, 냉장고, 보일러, 주방설비, 각종 운동기구 등도 계획에 의해 관리하므로 고객서비스에 차질이 없도록 해야 한다. 호텔시설관리는 고객 측면과 경영자 측면에서 유지관리의 중요성을 찾아볼 수 있다.

1. 고객의 입장에서 본 호텔시설관리의 중요성

고객의 입장에서는 고객이 지급한 금액에 대한 정당한 가치를 제공받아야 한다. 고른 전압의 공급, 언제나 사용할 수 있는 냉·온수, 계절을 잊고 활용할 수 있는 냉·난방 시설, 항상 신선하고 쾌적한 공기의 공급, 객실내부에 비치된 TV, PC, FAX, 냉장고, 모발건조기, 각종 자동화 시스템은 물론이고 고객이 필요로 하는 기자재를 활용할 수 있는 지원시설 등은 정확히 작동되어야 한다. 고객의 입장에서는 이런 것이 잘 구비되어 있을 때 별다른 반응이 없으나, 이런 것들이 잘 작동되지 않아 불편을 느낄 때에는 정당한 가치를 제공받지 못한 것에 대한 불만으로 호텔의 이미지와 고객서비스에 차질을 빚게 된다.

2. 경영자 입장에서 본 호텔시설관리의 중요성

호텔경영자의 입장에서 보면 높은 매출이익보다 당장 지급해야 하는 제반 비용을 줄여야 한다는 것을 직시하며 효율경영을 추구하게 된다. 매달 지급해야 하는 수도세, 전기세, 제반 시설 이용료 등 각종 사용료(utility expense)와 건물, 시설, 설비의 보수와 유지를 위한 유지관리비(maintenance expense)를 줄이려는 노력이 필요하게 된다. 호텔시설관리는 앞에서 언급된 고객만족과 비용절감이라는 두 가지 목표를 한꺼번에 달성할 수 있는 방법을 연구·개발하고, 이를 현장에 적용함으로써 앞서가는 호텔기업을 만들어 나갈 수 있게 된다.

3 시설관리부서의 책임

호텔시설관리부서는 건물의 내부와 외부에 있는 모든 시설과 장비를 최적의 상태로 유지관리하므로 영업부서가 매출을 극대화할 수 있도록 지원하게 된다. 시설관리부서장은 호텔영업이 원활하게 이뤄질 수 있도록 객실영업부서장, 객실관리부서장, 식음영업부서장, 연회부서장, 조리부서장, 부대영업장 책임자들과 수시로 시설을 점검하고, 적절한 보수계획에 따라 개선할 책임을 부여받게 되며, 일상 업무를 총지배인 또는 부총지배인에게 보고하고 필요한 업무를 지시받게 된다.

호텔시설관리부서 직원은 각 파트별로 업무를 할당받고, 이 업무에 대한 책임과 권한을 함께 부여받게 된다. 시설부서의 업무는 크게 4가지로 구분해 볼 수 있는데, 첫째, 일상유지관리, 둘째, 긴급업무, 셋째, 예방업무, 넷째, 특별프로젝트업무 등이 있다. 에너지 절약과 환경 친화적 시설관리, 시설유지관리에 필요한 자재구입에 대한 발주도 시설관리 부서의 책임하에 이뤄지게 된다. 목공, 배관, 전기, 보일러, 급수, 페인팅, 카펫 수선, 가구 수리 등 일상유지관리는 부서 내의 구성원들에 의해 업무가 이뤄지지만 기계 교체공사나 객실, 식음영업장, 로비 등의 큰 보수공사나 프로젝트는 외부에 있는 전문계약업체에 의해 시공이 이루어진다.

시설관리부서는 객실과 식음료영업장뿐만 아니라 수영장의 장비관리와 위생관리에도 책임을 지게 된다. 호텔주변에 나무를 심고 정원을 가꾸는 업무, 잔디를 깎는 업무도 이 부서의 책임으로 남게 된다. 물론 규모가 작은 호텔은 한두 명의 직원이 시설관리를 보면서 정원을 함께 가꾸기도 하지만 보편적인 호텔경영관리는 각 파트별로 전문가를 두고 업무를 진행하게 된다.

수선관리를 담당하는 파트에서는 객실 도어락과 TV를 수리하며 전구를 교체하고, 모터나 컴프레서(compressors)를 유지관리하며, 각 부서에서 필요로 하는 온수를 공급하게 된다. 더운 물은 객실, 식음영업장, 부대업장, 세탁실, 조리부서, 로비 화장실 등 여러 부서에서 동시에 필요로 하며, 특히 외국인 단체 투숙객이 입숙하거나 아침 기상시간에는 더 많은 더운물을 동시에 필요로 하게 되므로 만반의 준비를 하여야 한다. 이 경우 보유하고 있는 보일러를 두 대 이상 동시에 가동하게 되는데, 적절한 업무 안배가 있으면 더욱 효율적으로 업무를 수행할 수 있게 된다. 예를 들면, 두 대로 운영할 경우 한 대는 기본적으로 더운물을 공급하고, 다른 한 대는 스팀이나 수영장의 물을 다시 데우는 데 투입하기도 하다. 열원의 공급과 더불어 공급되는 에너지의 절약을 위해 모든 배관에 방온 테이프로 마감함으로써 열손실을 막도록 한다.

호텔 내 원활한 냉·온방을 공급하는 것은 시설관리부서의 또 다른 책임이다. 냉·온방은 각 객실에 유닛이 설치되며, 공급원은 중앙공급식 또는 개별식이 있다. 개별식은 중앙공급식에 비해 설치비나 유지비가 더 많이 들어가는 단점은 있지만 각 객실고객의 편리성을 최대한 보장하게 된다. 객실에 차가운 공기를 공급하는 것은 더운 공기를 공급하는 것보다 3배의 비용이 들어간다. 뿐만 아니라 실내 공기가 외부 온도에 비해 5℃ 이상 높아야 냉방시스템이 가동된다. 외기 온도와 차이가 크면 인체가 적응하는 데 어려움이 있으므로 평소 항온항습을 잘 유지하여야 한다.

대부분의 호텔들은 냉방과 온방을 같은 관을 통해서 공급하므로 호텔건물의 냉 · 온방은 하나의 시스템으로 운영된다고 볼 수 있다. 환절기에는 이러한 시스템 때문에 고객의 불평불만이 커지게 된다. 따라서 객실 냉 · 온방은 최초투자가 조금 높더라도 동시에 가동이 되도록 시스템화하여 고객에게 편의를 제공하면 고객으로부터 선택받는 호텔이 될 수 있을 것이다. 이러한 현상은 식음료영업장과 연회 및 회의장에도 일어나게 되는데, 고객을 먼저 배려하는 시설만이 고객으로부터 지속적으로 이익을 획득할 수 있을 것이다.

21세기 정보화시대에 발맞춰 호텔산업에도 많은 변화가 이뤄져 왔다. 그중에서도 가장 큰 변화를 가져온 것은 호텔건물자동화시스템을 들 수 있는데, 고객이 객실에 있든 없든 객실의 모든 기능은 자동화시스템에 의하여 제어되고 있는 것이 현실이다. 고객이 없는 객실은 실내온도가 자동적으로 18~20℃(70~80°F)로 유지되지만 고객이 객실에 체류하면 고객이 작동하는 대로 실내온도가 조절된다.

시설관리부서는 호텔의 주력상품인 시설(hardware)과 시스템(system)을 창출하고, 이를 잘 유지관리(software)함으로써 호텔기업에 기여하게 된다. 시대가 변해서 많은 부분이 자동화되면서 이에 맞는 운영능력을 길러 호텔영업을 원활히 지원해야 할 책임도 지게 된다.

호텔 시설관리부서장은 고객과 경영자의 업무, 타 부서의 업무를 지원하기 위해 다양한 업무를 수행해야 하는데, 수행하는 업무의 소요시간과 중요도에 대한 순위를 매겨보면 다음과 같다.

❖ 시설관리부서장의 업무소요시간 순위(Time Devoted Ratings)

순위	의무	비율
1	장비들의 관리 유지상태를 인지함	4.22
2	리더십 책임감	4.08
3	직원들과의 의사소통 책임감	4.04
4	효율적인 조직생활능력 책임감	3.91
5	객실관리부서와의 관계	3.85
6	안전에 대한 책임감	3.78
7	고위간부들과의 관계	3.76
8	에너지 보존	3.65
9	장비종류별 지식	3.64
10	동기부여의 책임감	3.60
11	에너지 경영	3.60
12	컴퓨터를 사용한 에너지 비용관리	3.46
13	시설 에너지 요구사항에 관한 지식	3.40
14	에너지 비용	3.38
15	장비사용 지식 교육	3.36
16	부서 내 컴퓨터 사용	3.35
17	식음료부서와의 관계	3.29
18	예산편성 및 집행	3.25
19	효율적인 업무기록	3.25
20	계속적인 인사부관련 교육	3.23

❖ 시설관리부서장의 업무중요성에 대한 순위(Importance Ratings)

순위	의무	비율
1	장비들의 관리 유지상태를 인지함	4.76
2	에너지 보존관리	4.66
3	에너지 경영관리	4.59
4	직원들과의 의사소통 책임감	4.59
5	고위간부들과의 관계	4.52
6	리더십 책임감	4.51
7	안전에 대한 책임감	4.49
8	효율적인 조직생활능력 책임감	4.45

9	에너지 비용관리	4.44
10	장비종류별 지식습득	4.37
11	컴퓨터를 사용한 에너지 출력관리	4.36
12	예산관리	4.31
13	장비사용지식 교육	4.31
14	객실관리부서와의 관계	4.27
15	효율적인 기록관리	4.27
16	시설에너지 요구사항에 관한 지식습득	4.23
17	동기부여에 대한 책임감	4.22
18	부서 내 컴퓨터 사용	4.19
19	지속적인 인력관련 교육	4.12
20	예방차원의 시설제어관리 컴퓨터 사용	4.09

4 시설관리부서와 타 부서 간의 협력관계

1) 객실관리부서와의 협력관계

호텔 내에는 건물을 비롯하여 많은 시설물이 산재해 있다. 객실관리부서는 이들의 청소, 정비를 책임지는 업무를 수행하지만 이들에게 고장이 발생하거나 작동에 문제가 있다면 시설관리부서의 도움을 받아 고장수리를 하게 된다. 따라서 시설분야는 객실관리부서와 시설관리부서가 서로 힘을 합해 이를 유지관리하여야 한다. 호텔의 대표상품인 객실이 고장난다면 당장 매출에 영향을 미치게 되므로 고장난 객실(out of order room)은 즉시 서면으로 시설관리부서에 보고하고, 객실관리부서장과 시설관리부서장은 원상복구에 따른 일정을 논의하게 된다. 그뿐만 아니라 공공장소, 식음료영업장, 부대시설영업장 등에 필요한 작업이 발생되면 두 부서가 힘을 모아 함께 일을 처리하게 된다. 이때 쌍방의 원활한 업무를 위해 작업요청서(maintenance order)에 의해 작업을 추진하고 결과를 통보하게 된다.

The World Best Smile Hotel

작업요청서(maintenance order)

Requestor's Name	Requestor's Dept.	Contact Phone No.	Work Order No.
Specific Location of Work	Equip I.D. No.	Request Date	Req. Completion Date

Chief Description of Problem/Work

Equip. Under Guarantee/Warranty ☐Yes ☐No ☐Unknown ☐NA	Cost Cntr./Capital Auth. No.	Authorized Request Signature

Request Receipt Time Date	Request Type ☐Guest/Emergency ☐Req Deparimental ☐Preventive Medicine ☐Project
Estimated Cost Information	Special Comments/Instructions

Labor	Hours	Cost	
Officials			
Est. Total Cost			

Request Approval Status ☐Approved ☐Denied	Est. Work Completion Date	Authorized Engineering Signature

Assignment Date Time	Began	Com-pleted	Eng.'s Intials	Hours Worked		Brief Description of Work Performed
				Reg.	Over.	
Eng. 1						
Eng. 2						
Eng. 3						
Eng. 4						
Total Hours						Completion Date Time / Dispatcher's Initials

White - Work Copy/P File　Canary - Locator/Engineer's Files　Pink -Progress

File/Return Copy (Orig.)　Goldenrod - Originator

호텔객실 내의 FF&E, 즉 가구(furniture), 설치물(fixture), 장비류(equipments) 등은 고객의 눈에 금방 보이는 것이기 때문에 이들에 대한 유지관리상태에 따라 고객들에게 좋은 인상과 나쁜 인상을 주게 된다. 따라서 객실의 유지관리는 예방적 유지관리(preventive maintenance)차원에서 이루어져야 하며, 각 영업부서가 체크리스트에 의해 점검하고, 이를 시설관리부서에 통보하여 보수 계획을 수립하도록 협조한다. 호텔들에 의하면 객실 유지관리 비용 중 가구류에 대한 보수비용은 전체 유지관리 예산의 2~3% 정도이고, 페인트 작업이나 장식비용으로 투입되는 비용은 전체 유지관리 예산의 3~5% 정도 쓰이는 것으로 나타나 예방적 관리를 강화하면 비용절감에도 효과가 있음을 지적하고 있다.

2) 식음료부서와의 협력관계

식음료부서는 각 영업장과 연회장에 비치된 다양한 가구와 장비들을 원활하게 관리할 수 있도록 지원하게 되며, 국제회의와 대규모 행사 등이 있을 때는 동시통역장비, 조명, 음향장비 등을 원활히 운영할 수 있도록 전문인력을 투입하여 행사진행을 돕게 된다. 또한 대규모행사에 따른 안내판 설치, 현수막 설치 등에 시설부서의 도움이 필요하게 되므로 식음료부서의 요청이 있을 때는 필요한 장비와 기술을 동원하여 적극적으로 지원할 수 있도록 미리 대비해 두어야 한다.

3) 조리부서와의 협력관계

조리부서는 고객에게 제공하는 음식을 생산하는 곳이다. 고객이 주문한 음식을 가장 위생적으로, 맛있게, 제때 조리하여 공급할 수 있도록 하기 위해서는 상수도, 하수도, 스팀, 전기 등의 발원을 비롯하여 각종 조리기구가 제기능을 할 수 있도록 일상적 유지관리를 해두어야 한다. 뿐만 아니라 사후 유지관리가 필요하게 되면 즉시 현장을 방문하여 필요한 조치를 취하여 원상회복을 할 수 있도록 긴밀한 협력체계를 구축해야 한다.

4) 세탁실과의 협력관계

호텔이 운영하는 세탁실은 고객세탁은 물론이고, 호텔의 객실, 식음료, 부대영업장에 들어가는 다양한 리넨을 생산하여 공급하는 곳이다. 이곳에서 사용하는 상수도, 스팀, 전기의 공급이 원활하게 이루어짐으로써 생산에 도움을 주게 된다. 세탁실에서 사용한 기름찌꺼기는 거름막(trap)을 거쳐 정화조로 유입되므로 정화조의 안전한 관리를 위해서 두 부서는 함께 협조하고, 대처해야 한다.

위에 언급된 부서 외에도 물자를 공급해 주는 구매부서, 각종 인허가를 담당하는 총무부서, 예산을 관리하는 재무부서 등과도 업무에 대해 협의하고, 원활한 협력관계를 유지함으로써 업무의 효율을 높일 수 있다.

5 시설관리부서의 성공요건

호텔건물과 시설을 안전하고 깨끗하게 유지하고 관리하는 것이 호텔경영의 기본이다. 호텔의 시설은 항상 품위 있고, 청결하게 관리되어야 한다. 호텔시설은 영업이 부진하여도 이를 유지하기 위해서는 많은 시설관리비가 지불될 수밖에 없을 뿐만 아니라 객실점유율이 성장하고, 식음료 영업이 활성화되는 만큼 시설관리비용도 비례하여 더 증가하게 된다.

우리나라 특급호텔의 전기세, 상 · 하수도비, 연료비 등 에너지 비용은 호텔 총경비의 약 5.5~6%를 차지하는 것으로 조사되고 있다. 따라서 호텔의 모든 부서와 경영관리자는 에너지 절약에 대한 계획수립과 집행에 함께 책임을 져야 하는 공동운명체임을 주지시켜 나가야 한다.

최근 우리나라 호텔산업은 가파른 관광객의 증가세, 국제경제의 회복, 대규모 국제행사의 유치 증가로 객실점유율과 객실단가에서 큰 성장세를 띠게 됨에 따라, 수입부문의 증가는 물론이고, 지출부문도 가속도로 증가함을 보이고 있다.

해외의 예를 보면, 2016년부터 2019년 사이, 미국 PKF호텔경영리서치팀의 연구에 따르면, 호텔시설관리부분의 지출은 15% 증가하였고, 이는 같은 기간, 호텔 내의 다른 지출 증가액에 비해 거의 33% 더 많은 수치이다.

호텔시설관리부서의 지출이 상대적으로 높은 증가세를 보이는 것은 유류가격의 인상과 이에 따른 원자재가격 인상이 한몫을 하였고, 그 결과 지난 4년간 평균 4.5%를 시설관리부분 비용으로 더 지불할 수밖에 없었다고 분석하고 있다.

애틀랜타 PKF-HR의 리서치정보서비스부장인 Robert Mandelbaum는 “이 불경기 동안, 호텔지배인들은 시설부분의 지출을 아낄 수 있는 방법을 찾기 위해 호텔 곳곳을 살펴보

았다"라고 말하였다. 호텔의 외관을 완벽하게 유지하는 것은 시설관리부서의 지출을 막는 데 가장 중요한 부분이다. 2018년 총지출의 5.5%인 호텔시설관리 비용은 당연히 시선을 끄는 것은 아니지만 비교의 목적으로 봤을 때, 지난 1990년 이래로 호텔시설관리부서의 평균지출은 단지 총지출의 4.5%였다. 이 부문의 지출은 지속적으로 증가하고 있다. 호텔시설관리의 지출은 어쩌면 호텔지배인들로부터 많은 관심은 받지 못하겠지만, 차츰 빠르게 성장하는 경영비용 부문 중 가장 큰 부분이 되어가고 있다. 또 다른 호텔의 연구에 의하면 고객들이 맨 처음 객실에 들어섰을 때의 첫인상이 고객만족에 영향을 미친다고 한다. 즉, 고객들의 시각은 가구의 상태나 재질, 실내디자인 등에 영향을 미치게 된다. 시설관리부서에서 비용을 절감하면 영업부서에서 고객관리에 큰 어려움이 따른다. 철저한 시설관리는 지출을 상승시키고, 방관하는 시설관리는 고객만족에 악영향을 끼친다. 찢겨진 카펫이나 나이트스탠드 표면의 작은 흠집들도 고객이 투숙하는 동안 부정적인 목소리를 낼 수 있게 한다는 것을 유념해야 할 것이다.

따라서 호텔의 시설관리는 고객만족에 최우선을 두어 쾌적하고, 아늑한 분위기의 연출과 과학적인 방법으로 운영하며, 불필요한 시설과 설비를 찾아내어 과감히 정리함으로써 비용을 줄여 호텔경영을 성공적으로 이끌 수 있게 된다.

호텔시설관리부서의 조직과 역할

Hotel Facilities Management

호텔시설관리부서의 조직과 역할

1 호텔의 시설관리조직

호텔의 경영조직은 그 호텔의 규모, 위치, 영업형태, 추구하는 경영방향 등에 의해서 결정된다. 부대사업이나 식음료사업의 규모가 크다면 시설관리부서의 조직은 이에 따라 크게 마련이지만, 최근 호텔경영의 추세를 보면 일상적인 시설관리는 내부 구성원이 맡고, 정기적인 설비관리는 외부자원(outsourcing)을 활용하는 경우가 많아지고 있는 추세이다. 호텔시설관리부서의 조직은 실무형 또는 기능형으로 구성하고 있으며, 시설관리부서의 책임자는 시설관리부장 또는 차장(Director of Engineering, Building Superintendent, Director of Maintenance, Chief Engineer)으로 보직하며, 업무지시와 보고 채널은 부총지배인(Resident Manager, Executive Assistant Manager) 또는 총지배인(General Manager)으로 되어 있다. 간혹 관리담당임원(Controller), 또는 객실부장(Director of Rooms)에게 보고하는 체계를 갖춘 호텔도 있지만 규모가 클수록 최고 경영진에게 직접 보고하는 형태를 갖게 된다. 다음의 시설관리부서의 조직은 서울에 있는 500실 규모 국제적 체인호텔의 실례를 바탕으로 설계된 것이며, 시설관리부서장이 관장하는 조직내부에는 영선담당, 전기담당, 설비담당, 방제담당 등이 있고, 세부적인 업무는 열관리, 전기, 기계, 통신, 냉동, 목공 및 도장, 방송, 비상기획 등이 있다.

❖ 호텔 시설부서의 조직(Organization Chart for Deluxe Hotel)

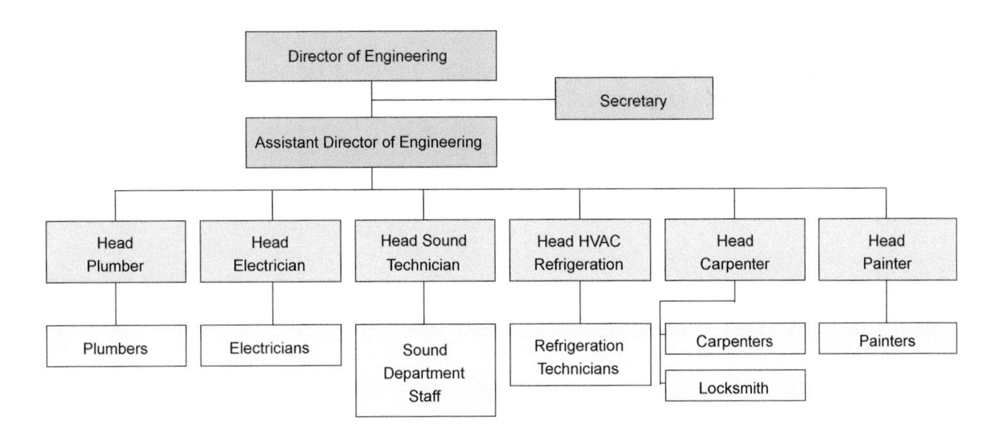

2 시설관리부서의 역할

호텔시설관리부서의 역할은 건물, 디자인, 인테리어, 조경, 시설 및 설비를 창조적으로 도입하고, 이를 최상의 상태로 유지관리하는 것이다. 최근 아랍에미리트에 설립된 버즈 알 아랍(Hotel Buz Al Arab), 싱가포르 센즈 그룹의 마리나베이 호텔 앤 리조트와 같이 신축된 호텔건물이 규모, 설계와 디자인 측면에서 걸작품으로 회자되면서 호텔건물과 주변 환경이 관광목적지(tourism destination)가 되는 경우를 종종 보게 되는데, 이는 시설관리부서가 보다 전문화되고, 효율적으로 운영되어야 함은 물론 호텔을 찾는 고객들에게 안락함과 편리성을 제공하는 역할을 충분히 이행해야 한다는 시대적 사명이 주어지게 되었음을 의미한다.

3 시설관리부서의 업무분장

1) 시설부장(Director of Engineering)

시설부장은 호텔건물과 제반시설, 설비의 유지보수를 책임지며, 비용절감 차원에서 효율적인 에너지관리를 위해 힘쓰고, 조직 내의 인력을 지휘 · 감독하여 호텔의 영업을 지원한다.

2) 영선과장(Head of Building & Repairs Section)

영선과장은 목공, 도장공, 미장공, 도배공 등의 업무를 지휘감독하며, 호텔의 주요 시설인 객실, 식음료영업장, 부대시설 등의 가구, 침대, 식탁, 의자 등의 수선업무와 호텔건물 내의 도장, 객실도배, 시설의 미화, 정비 업무를 수행한다. 또한 호텔 내 기물제작 및 수리, 행사 시 필요한 물품의 제작을 업무로 한다. 영선섹션을 담당하는 책임자로 과장을 보직하거나 대리를 보직하기도 한다.

(1) 목공/페인트

업무범위 : 합법적인 범위 내에서 시설을 제때 영선하여 최상의 상태를 유지하며, 객실, 각종 식음료영업장 및 부대업장에 필요한 비품을 제작하여 공급하고, 호텔 내에서 환경개선을 위해 필요한 도색작업을 실시하고, 집기, 비품, 객실에 필요한 일회성 주문을 처리한다.

▣ 세부업무

① 가구제작 및 수리
② 연회행사 비품 제작
③ 객실 도색
④ 호텔 시설물 도색
⑤ 외곽 도색

3) 전기과장(Head of Electricity Section)

호텔의 전기실은 매우 중요하므로 그 책임자를 과장급으로 보직하게 된다. 전기과정은 하부에 전기기사 1 · 2급, 전기안전관리책임자, 전기기계공으로 구성되며, 이들은 변전실, 발전실, 전기배선, 조명시설, 전기기계, 통신기계의 유지 및 보수업무를 관장한다. 세부적인 업무로는 객실조명보수, 콘센트 보수, TV전원 보수, 스탠드전구 보수, 냉장고 전기선 보수, 팬코일(fan coil) 전기보수, 영업장 전체조명 보수, 각 냉장고 전기기기 수리,

주차장 조명보수, 기계실 모터 운전반 수리, 각 사무실 콘센트 보수, 수전실 유지보수, 엘리베이터 유지보수, 빙축열 설비보수, 옥상광고탑 조명보수, 외곽조명 보수 및 공사, 발전기 전기공사 등의 업무를 수행한다. 또한 이 섹션에 소속된 음향담당은 연회장 행사 시 행사관련 음향시설 조정과 음향장비 유지관리를 주업무로 하고 있으며, 통신분야는 객실이나 각 영업장에서 요청한 작업을 처리하고, 자동전화기계장치(PABX system)를 관리한다.

(1) 전기담당

업무범위 : 합법적인 범위 내에서 수·배전 설비, 전기장비류의 유지보수로 최상의 상태를 유지한다. 전기설비류는 지속적으로 점검하여 누전 등에 의한 안전사고를 예방하고, 전기관련 에너지 절감 방안을 세우며, 전기로 인한 인적·물적 손실을 최소화하고, 전기안전관리책임자(전기안전관리 보조)를 임명한다.

▣ 세부업무

① 전기작업 오더 처리
② 전기업무 총괄관리
③ 전기설비 유지보수 계획수립
④ 전기 작업계획 수립 및 진행
⑤ 전기장비 유지보수
⑥ 수·배전 설비 정기적 점검
⑦ 전기안전관리 책임자
⑧ 전기 외주공사 진행 시 관리감독
⑨ 승강기 용역관리
⑩ 전기 에너지절감 방안 지속적 관리
⑪ 영업장 및 객실 조명관리
⑫ 시설관련 보수업무 지원
⑬ 영업장의 전기 체크리스트
⑭ 객실층의 전기 체크리스트
⑮ 전기, 조명설비 운전 및 유지보수 관리
⑯ 전기 예방정비 관리

⑰ 전기설비별 이력 및 매뉴얼 관리
⑱ 호텔이 외부에 영업장을 갖는 경우 그 시설부문 전기업무 지원

(2) 통신담당

업무범위 : 합법적인 범위 내에서 정보, 통신 설비를 최상의 상태로 유지관리한다. 객실 및 영업장의 TV, 오디오, CCTV 및 설치 카메라 등을 총괄적으로 관리하며, 음향설비의 지속적인 관리로 최상의 상태를 유지하고, 소방 근무자 대휴 및 작업 시 업무를 지원한다.

▣ 세부업무

① 통신업무 작업 주문처리
② 연회행사 시 음향설비 업무지원
③ 정보 및 통신에 관련된 대관 업무
④ 작업계획 수립 및 진행
⑤ 통신업무 외주공사 관리
⑥ 정보, 통신설비 운전 및 유지보수 관리
⑦ 정보 및 통신의 예방정비 관리
⑧ 통신업무 매뉴얼 관리
⑨ 통신분야 예방정비 관리
⑩ 통신용역 관리
⑪ 통신설비 운전 및 유지보수 관리
⑫ 시설 건축물 유지보수 업무지원
⑬ 시설 유지보수 업무지원
⑭ 공동작업 진행 시 업무지원
⑮ 호텔이 외부에 영업장을 갖는 경우 그 시설부문 통신 업무지원

(3) 음향담당

업무범위 : 합법적인 범위 내에서 음향시설을 최상의 상태로 유지관리하며, 음향장비의 보수 및 관리, 연회행사 시 음향지원, 일회성 주문 처리 등을 업무범위로 한다.

▣ 세부업무

① 음향실 음향장비 관리
② 일회성 음향장비 보수
③ 조명장비 관리
④ 영상물 수시체크
⑤ 연회행사 지원

4) 설비과장(Head of Heat & Plumbers Section)

설비과장은 열관리사, 보일러기사, 냉동기사, 배관공 등의 업무를 지휘감독하며, 구체적으로 보일러, 원동기, 냉동기, 급수관리, 욕조시설, 배관시설, 저장시설, 환경관리, 연료저장탱크 등의 안전운영 및 유지관리를 책임진다. 건축물관리담당이 별도로 없는 경우 설비담당과장이 건축물 부분도 담당하게 된다.

공조 및 냉동담당은 객실 냉·난방 정비점검, 주방의 냉동·냉장고 정비점검, 냉·온수기, 스크류, 터보 정기점검, 사무실 에어컨 점검, 각 공조기 관리, 급수 펌프 정비점검, 스팀관리, 전체 시스템 정비 및 점검을 주요 업무로 한다. 배관섹션에서는 기물의 관리 및 보수유지, 급수관 관리유지, 수영장 수질관리 및 유지보수, 사우나실 기계운전 등의 업무를 추진한다.

(1) 건축물 및 냉·난방 기계담당

업무범위 : 합법적인 범위 내에서 기계설비(공조, 냉동, 난방, 세탁, 주방 등)를 최상의 상태로 유지관리한다. 설비류 유지보수를 통한 인적·물적 손실을 최소화하고, 건축물 및 위험물 정기적 관리로 안전사고를 사전에 예방할 수 있도록 연간 보수계획을 수립한다.

■ 세부업무

① 냉·난방 섹션 총괄관리
② 건축물 유지보수 총관리
③ 시설물 관리 책임자
④ 건축물, 환경, 정화조 외 대관업무
⑤ 냉·난방 작업 주문 처리

⑥ 냉・난방 에너지 관리책임자
⑦ 기계파트 작업계획 수립 및 진행
⑧ 기계, 위생, 환경 외주 공사관리
⑨ 기계, 설비 운전 및 유지보수 관리
⑩ 기계 예방정비 관리
⑪ 영업장 체크리스트 관리
⑫ 계량기 관리
⑬ 냉각수, 오・폐수, 수영장 등 환경관리
⑭ 냉・난방 매뉴얼 관리
⑮ 호텔이 외부에 영업장을 갖는 경우 그 시설부문 유지보수업무 지원

(2) 보일러담당

업무범위 : 합법적인 범위 내에서 냉・난방 설비류의 유지 보수 및 관리, 보일러 장비를 최상의 상태로 유지 및 보수 관리하며, 냉・난방 설비류의 유지보수, 관리업무를 담당한다.

▣ 세부업무

① 냉・난방 작업 주문 처리
② 보일러 장비점검 및 유지보수
③ 냉・난방 외주공사 관리
④ 냉・난방 예방정비 관리
⑤ 공조기, 제빙기 외 정기적 유지보수일지 기록
⑥ 호텔 내부 공조기 관리
⑦ 제빙기, 정수기, F.C.U 외 위생환경 필터관리
⑧ 객실 냉・난방 장비류 유지보수
⑨ 영업장 냉・난방 장비류 유지보수
⑩ 주방스팀류 관리
⑪ 공조설비 관리
⑫ 냉・난방 매뉴얼 숙지 이행

⑬ 호텔이 외부에 영업장을 갖는 경우 그 시설부문 유지보수업무를 지원

(3) 배관담당

업무범위 : 합법적인 범위 내에서 배관 및 사우나시설을 최적상태로 유지하고, 객실 배관업무, 사우나 배관시설물 관리, 위생 설비류 등을 관리한다.

▣ 세부업무

① 배관업무에 대한 작업 요청 처리
② 영업장 배관류 작업 요청 처리
③ 주방 위생설비 보수
④ 사우나 설비류 보수
⑤ 욕실 수전, 욕조, 변기 막힘 외 객실 단발성 오더처리
⑥ 수영장 설비보수
⑦ 호텔이 외부에 영업장을 갖는 경우 그 시설부문 설비와 배관업무를 지원

(4) 가스담당

업무범위 : 합법적인 범위 내에서 냉 · 난방 설비류를 최상의 상태로 유지관리한다. 각종 가스설비류를 최상의 상태로 유지하고, 가스류를 지속적으로 관리하므로 안전사고를 예방하며, 냉 · 난방 설비류를 지속적으로 관리함을 의무로 한다.

▣ 세부업무

① 냉 · 난방 작업 주문 처리
② 가스 설비류 관리
③ 정압실 관리
④ 냉 · 난방 외주 공사 관리
⑤ 냉 · 난방 예방정비 관리
⑥ 공조기, 제빙기 외 정기적 유지보수일지 기록
⑦ 호텔 내부 공조기 관리
⑧ 제빙기, 정수기, F.C.U 외 위생환경 필터관리
⑨ 객실 냉 · 난방 장비류 유지보수

⑩ 영업장 냉 · 난방 장비류 유지보수
⑪ 주방 스팀류 관리
⑫ 공조설비 관리
⑬ 사우나 헬스클럽의 설비류 관리
⑭ 냉 · 난방 매뉴얼 숙지 이행
⑮ 호텔이 외부에 영업장을 갖는 경우 그 시설부문 유지보수업무 수행

(5) 냉동담당

업무범위 : 합법적인 범위 내에서 냉 · 난방 설비류를 최상의 상태로 유지 및 관리한다. 전 주방 및 영업장의 냉동고, 냉장고를 관장한다. 냉동 · 냉장고의 정기적 점검을 의무화하며, 냉 · 난방 설비류의 유지보수와 관리를 의무화한다.

▣ 세부업무

① 냉 · 난방 작업 오더 처리
② 전 주방 냉동고 및 냉장고 관리
③ 냉 · 난방 외주공사 관리
④ 냉 · 난방 예방정비 관리
⑤ 공조기, 제빙기 외 정기적 유지보수일지 기록
⑥ 호텔 내부 공조기 관리
⑦ 제빙기, 정수기, F.C.U 외 위생환경 필터관리
⑧ 객실 냉 · 난방 장비류 유지보수
⑨ 영업장 냉 · 난방 장비류 유지보수
⑩ 주방 스팀류 관리
⑪ 공조설비 관리
⑫ 냉 · 난방 매뉴얼 숙지 이행
⑬ 호텔이 외부에 영업장을 갖는 경우 그 시설부문의 유지보수업무 수행

(6) 정화조 담당

업무범위 : 합법적인 범위 내에서 냉 · 난방 설비류를 최상의 상태로 유지관리한다. 정

화조 수질상태를 매일 점검하므로 최상의 하수 수질상태를 유지하며, 정화조 설비류 점검으로 고장률을 최소화하고, 냉 · 난방 설비류의 유지보수 관리를 의무화한다.

▣ 세부업무

① 호텔 정화조 관리
② 정화조 수질상태 수시점검
③ 외주공사 관리
④ 위생환경
⑤ 정화조설비 점검
⑥ 펌프류 정기체크
⑦ 법정수치 관리

5) 방제과장(Head of Fire & Emergency)

방제과장은 화재와 안전예방활동을 펼쳐 호텔을 재해로부터 자유롭게 하며, 긴급사고 발생 시 응급처치를 진행한다. 호텔 화재안전을 위해 방화관리자를 두며, 방화물을 정기적으로 점검하여 문제점을 보완할 뿐만 아니라 자동화재경보기, 전기누전탐지기, 비상방송기기, 건물 내에 설치된 소화설비, 비상탈출용 기계 및 기구 등의 유지관리와 소방훈련 업무를 담당한다.

방제과장의 업무는 재해로부터 호텔을 보호하는 것이지만, 환경분야도 함께 관리하는 호텔들이 있으므로 호텔 내 정화조 관리 및 법정기준치 수시 확인 등의 업무도 소관에 두고 있다.

(1) 방재담당

업무범위 : 합법적인 범위 내에서 방재시설을 최상의 상태로 유지한다. 용접작업 등의 화기업무 관리 및 화재 예방업무를 담당하며, 정기적 소방시설물의 유지보수 관리로 인적 · 물적 손실을 최소화하는 데 힘쓰고, 안전사고 예방을 위해 노력한다.

▣ 세부업무

① 소방관련 작업오더 처리

② 소방관련 대관업무 협조
③ 방재시설 수시점검
④ 소방설비 운전 및 유지보수 관리
⑤ 방재업무 작업계호기 수립 및 진행
⑥ 방재업무 예방정비
⑦ 화재감시반 수시점검
⑧ 소방훈련 및 교육
⑨ 시설관련 보수부분 업무지원
⑩ 안전관리 책임지원
⑪ 방재 외주공사 관리
⑫ 용접작업 외 화기업무 지속적 관리
⑬ 호텔이 외부에 영업장을 갖는 경우 그 소방부문 업무지원

4 시설관리부서의 업무표준화에 의한 교육

호텔의 시설관리는 고객에게 품격 있는 서비스를 제공하기 위한 것이므로 모든 구성원이 한마음이 되어 이를 유지관리하여야 한다. 따라서 전 구성원이 호텔시설과 설비의 상시 관리에 대한 숙련이 필요하며, 비상사태가 발생하면 협동하여 일사분란하게 업무를 처리함으로써 고객의 생명과 재산, 종업원의 생명과 호텔의 재산을 지켜내야 한다. 아래 제시된 설비에 대한 표준, 운영 매뉴얼, 점검 내용 등은 가상호텔인 The World Best Smile Hotel의 매뉴얼에 제시된 것으로 시설관리부서뿐만 아니라 영업부서원, 또한 관련 부서원 모두가 숙지하고, 업무에 활용하도록 제작된 것이다.

1) 객실 설비에 대한 표준
2) 부대시설 설비에 대한 표준
3) 엘리베이터 기본설비에 대한 표준
4) 비상시 정전, 화재 운영에 대한 매뉴얼
5) 비상시 가스 운영에 대한 매뉴얼
6) 비상시 전기, 보일러 운영에 대한 매뉴얼

7) 비상시 한전 정전 운영에 대한 매뉴얼
8) 비상시 사고 정전 운영에 대한 매뉴얼
9) 비상시 엘리베이터 운영에 대한 매뉴얼
10) 비상시 시설운영에 대한 매뉴얼
11) 객실복도 설비 표준에 대한 점검 내용
12) 객실 설비 표준에 대한 점검 내용
13) 연회장 설비 표준에 대한 점검 내용

1) 객실 설비에 대한 표준

분류	항목	Standard Upgrade
수압	수압	4.8~5.6kg
온수온도	온수온도	52~58℃(126~136°F)
조명	복도	37Lux
	침대 쪽	81Lux
	데스크 쪽	184Lux
	입구 FOYER	120Lux
	옷장 쪽	162Lux
	욕실	324Lux
	샤워실	120Lux
냉 · 난방	객실온도	-객실 개별 온도 조절
	냉 · 난방 선택	-냉 · 난방 선택 가능
	소음	-FAN Unit은 시끄럽지 않아 고객을 방해하지 않아야 한다.
	냄새	-냉 · 난방된 공기는 화학약품 냄새가 나지 않아야 한다.

분류	항목	Service Standard Upscale
객실	전원전압	110[V]와 220[V]전압 전기기기를 동시 사용 가능하도록 설치한다.
	콘센트방식	미국식과 유럽식 콘센트를 동시 사용 가능하도록 설치한다.
	전화	2 Line 전화 및 이동전화 포딩과 메시지 등 다양한 접속 가능한 기능을 갖춘다.
	FAX	다기능 FAX 서비스 기능을 설치한다.
	LAN	유선 10[Mbps] 속도 이상을 유지한다.

2) 부대시설 설비에 대한 표준

분류	항목	Standard Upgrade
체련장	온도	체련장의 조도는 150[lux]를, 실내온도는 상시 20℃를 유지한다.
남자 사우나	실내온도	동절기(24℃), 하절기(22℃)를 유지한다.
	건식 사우나	건식 사우나 90~91℃를 유지한다.
	습식 사우나	습식 사우나 48~58℃를 유지한다.
	냉탕	냉탕 18~20℃를 유지한다.
	온탕	온탕 40~40.5℃를 유지한다.
여자 사우나	실내온도	동절기(24℃), 하절기(22℃)를 유지한다.
	건식 사우나	건식 사우나 90~91℃를 유지한다.
	습식 사우나	습식 사우나 48~58℃를 유지한다.
	냉탕	냉탕 18~20℃를 유지한다.
	온탕	온탕 40~40.5℃를 유지한다.
수영장 수질	실내온도	실내온도 30℃를 유지한다.
	Pool	Pool 29℃를 유지한다.
	탁도	탁도는 5도 이하를 유지한다.
	잔류염소량	잔류염소량 : 0.2mg/ℓ ~1.0mg/ℓ, 관리목표(0.4mg/ℓ ~0.6mg/ℓ)
	PH 중성유지	PH 중성(6.5~8.5)을 유지한다.
	과망간칼슘	과망간칼슘은 12mℓ/ℓ 이하를 유지해야 한다.
	세균검출	대장균은 50mℓ 중 3개 이하를 유지해야 한다.
	체육관	체육관, 요가실 온도는 20℃를 유지한다.

3) 엘리베이터 기본설비에 대한 표준

분류	항목	Service Standard Upscale
승강기	운행 감시	운행상태를 24시간 감시하여 이상 발견 시 2분 내 출동 조치한다.
	휴지 대기	손님의 원활한 이용을 위하여 1개호기 대기 검토
	실내온도	운행 시 항상 쾌적한 공기를 공급하며, 실내온도는 20℃를 유지한다.
	음악	운행 중 음악(BGM)을 제공하며 50dB 이하를 유지하여 소음이 되지 않도록 한다.
	일반조도	운행 시 쾌적한 환경을 위해 일반조명은 200[lux]로 한다.
	비상조도	운행 시 쾌적한 환경을 위해 비상조명은 1[lux]로 한다.

4) 비상시 정전, 화재 운영에 대한 매뉴얼

분류	항목	Standard Upgrade
정전	비상전원 공급	정전 시 비상발전기 가동은 정전과 동시에 자동으로 기동되어 5초 이내에 비상전원을 공급할 수 있어야 한다.
화재	자체 진화 불가능한 경우	화재 발생으로 인명 및 치명적 자산 피해 및 안전에 관련한 긴급출동 시는 즉시 사태를 파악하고, 초등 진화 및 자체 수습이 불가능할 경우 방재실에 보고하여야 한다. 보고를 받은 방재실은 당직지배인의 지시에 따라 119 신고 및 고객 대피 등의 조치를 취하고, 기타 비상연락망에 의해 소집과 보고 등 필요한 조치를 취한다. 이 경우 홍보실장에 연락하고, 언론기관 대응은 홍보실장의 지시를 받아 행동한다.
	자체 진화 가능한 경우	화재 발생으로 인명 및 치명적 자산 피해 및 안전에 관련한 긴급출동 시는 즉시 사태를 파악하고 초등 진화 및 자체 수습이 가능할 경우 방재실에 보고하여야 한다. 보고를 받은 방재실은 필요한 지원부서의 협조를 받으며, 사태 확대 등이 발생할 가능성 및 초기 진화 실패 시를 대비하여 현장과 수시 연락을 취하고, 기타 비상연락망에 의해 소집과 보고 등 필요한 조치를 취한다.

5) 비상시 가스 운영에 대한 매뉴얼

분류	항목	Standard Upgrade
가스	가스누출처리	가스담당자는 가스사고처리 지침에 따라 가스누출 발견가능 중간밸브 및 콕크밸브를 잠갔는지 확인하고, 주변에 가스누설 사실을 알리고 화기사용을 금지시키고, 자연통풍 조치(배기팬, 선풍기 사용금지) 등의 필요조치를 지시하고 긴급히 무전기로 기계실 직원에게 연락하여 필요한 조치를 취한다.
	자체 처리 불가능한 경우 안전 조치 후 관련기관 기술 지원	가스누출, 다량누수, 보일러, 변압기 등의 심각한 위험사태, 건물 붕괴 징후 및 인명 및 치명적 자산 피해 관련한 긴급출동 시는 즉시 사태를 파악하고 사고가 확대되지 않도록 자체 수습이 가능한 안전조치를 취한다. 보고를 받은 사무실은 비상연락망에 의해 보고 등 필요한 지시 및 조치를 취한다.
		가스누출 : 중간 및 메인 밸브를 차단하고 불씨를 제거하며, 환기를 시키고, 관련기관에 신고하여 진단을 받는다.
긴급사태 조치사항	자체 처리 가능한 경우	가스누출, 다량누수, 보일러, 변압기 등의 심각한 위험사태, 건물 붕괴 징후 및 인명 및 치명적 자산 피해와 관련한 긴급출동 시는 즉시 사태를 파악하고 사고가 확대되지 않도록 자체 수습이 가능한 안전조치를 취하고 사무실에 보고하여야 한다. 보고를 받은 사무실은 비상연락망에 의해 필요한 지시 및 조치를 취한다.
긴급가스 차단	가스공급 회사중단	가스공급 회사로부터 불시 가스공급 중단 및 사전공문이나 전화 등으로 가스공급 중단을 통보받으면 가스공급 중단 사유, 가스공급 중단시간 및 재공급시간 등을 정확히 조사하여 가스공급 중단이 통보되면, 가스공급 중단 신고 최초 접수자는 즉시 방재실로 통보하며 방재실은 방재실 내 가스 경보기의 차단기 제어장치가 가스공급을 중단시키거나 기계실에 연락하여 조치하도록 한다. 시설과장은 대책을 수립하여 임원 및 관련부서에 통보한다.

긴급가스 차단	자체사고로 인한 가스 밸브차단 공급중단	호텔 내에서 가스 누설, 시설파손사고 및 화재 등 재해로 인하여 가스공급 중단사태 시 다음과 같이 조치한다. 방재실은 방재실 내 가스 경보기의 차단기 제어장치의 가스공급을 중단시키거나 기계실에 연락하여 다음과 같이 조치하도록 한다. 기계실은 GOVERNER ROOM 앞쪽 가스공급 메인 밸브 차단유무를 결정하여 조치한다. 사고 위치 주변에 가스누설 사실을 알리고 화기 사용을 금지시키고, 자연통풍조치(배기팬, 선풍기 사용금지) 등의 필요조치를 지시하고 긴급히 무전
가스기구	가스기구 고장처리	가스기구 수리 전 주변의 사용자에게 가스기구수리를 알리고, 중간밸브 및 콕크밸브를 잠갔는지 확인하고 밸브에 수리 중 절대 밸브를 열지 마십시오라는 수리 중 안내문을 설치하고 작업하여야 한다. 수리기간이 장시간 소요될 경우 밸브와 기구를 분리하여 파이프 끝에 마개용 플러그를 설치하여 혹시 밸브가 열리더라도 가스누출을 막을 수 있다. LNG기구를 LPG에 사용하지 않도록 하여야 한다. (열량 과다 시 노즐을 교체 사용하여야 한다.)

6) 비상시 전기, 보일러 운영에 대한 매뉴얼

분류	항목	Standard Upgrade
급수배관	다량누수	다량누수 : 시수 또는 급수라인의 메인 밸브를 차단시키고, 관련기관에 신고한다.
보일러	저수위	보일러 : 장시간 저수위로 인한 보일러 수관의 변형 가능성이 있을 경우 절대 급수를 하지 말고, 보일러의 가스공급을 중단하고, 보일러가 완전히 식은 다음 관련기관에 신고하여 진단을 받는다.
전기	자체처리 불가능한 경우	변압기 : 과부하 및 절연유 열화 등에 의한 변압기 과열(기준 50℃ 이하 유지에서 90℃ 이상으로 상승한 경우)과 ACB 차단 후 2차측 무부하투입 불가 상태에서 각종 계전기 Reset 후에도 재투입이 2회 이상 되지 않는 경우 비상연락망을 통하여 보고하고 지시를 받는다. 지시 불가능한 경우 협력회사에 연락하여 진단을 받는다.

7) 비상시 한전 정전 운영에 대한 매뉴얼

분류	항목	Standard Upgrade
정전	한전 단전 정전	한전 정전으로 호텔 전체 정전 시 전기실 근무자는 수전실 사고 등을 점검하여야 하고, 전기실 근무자는 엘리베이터 고객을 구출하고, 신속히 변전실로 복귀하여 변전실 사고의 징후 및 이상이 없을 경우 아래와 같이 한다. 1) ATS 250A와 ATS 160A 동작을 확인한다. 2) 메인 및 뷴기 VCB용 계전기를(UVR : 저전압 계전기) Reset시킨다. 3) 한전 전원이 복원되면 E/V OFF시킨다. 4) 비상 발전기를 정지시키면 한전전원으로 ATS가 작동한다. 5) 수전실의 ATS 작동 확인 후 E/V ON시킨다. 6) 호텔 내부 전기판넬 전원을 확인하고 순회점검하여 이상유무를 확인한다. 7) E/V 타이머 수정, 외등 조명 타이머를 수정한다. * 한국전기안전공사 문의 및 정전 시 지침을 참고로 한다.

8) 비상시 사고 정전 운영에 대한 매뉴얼

분류	항목	Standard Upgrade
사고 정전	사고 정전 조치	1) 사고로 인한 정전인 경우 긴급사태 조치 사항을 따라야 한다. 2) 비상연락망에 의해 보고를 하고 필요한 지시를 받아 조치를 취한다. 3) 한전의 전기공급이 중단되고 비상발전기 고장이나 변전실 사고 등으로 호텔 내에 전원공급이 불가능한 사태 발생 시 시설과장(일과시간 90 : 00~18 : 00), 당직지배인(일과 후 및 공휴일 18 : 00~익일 90 : 00)은 사태를 파악하여 비상방송지침에 따라 고객에게 알린다. 4) 고장수리 또는 한전 등 외부기관의 지원으로 복구하여야 하며 필요한 경우 비상대피를 시킨다. * 비상연락망을 통해 전기 및 시설팀 비상소집을 실시한다.

9) 비상시 엘리베이터 운영에 대한 매뉴얼

분류	항목	Standard Upgrade
엘리베이터 신고	고장신고 방법	정전 또는 엘리베이터 고장 시 고객 엘리베이터 탑승자는 Service Express로, 화물 엘리베이터 탑승자는 S/E로 엘리베이터 내 인터폰으로 구출을 요청한다.
구출	구출방법	1. 승객에게 잠시만 기다려 달라며 안심시킨다. 2. 인터폰으로 어느 층에 갇혀 있는지 확인한다. 3. 엘리베이터가 정지된 층을 확인 후 한 명은 기계실로 또 한 명은 갇혀 있는 층으로 올라간다. 4. 갇혀 있는 층에 도착하여 승강 DOOR KEY로 승강 DOOR를 살짝 열어본 후 LEVEL 차이가 많이 나지 않았을 경우 승강 DOOR KEY로 문을 강제로 연다. 5. 열기 전 승강 DOOR 왼쪽 중앙에서 15cm 정도 윗부분을 밀면서 연다.
		1. 승객에게 잠시만 기다려 달라고 안심시킨다. 2. 어느 층에 있는지 확인하고 승강 DOOR 문을 살짝 열어본다. 3. LEVEL이 정상일 경우 승강 DOOR KEY로 문을 열면 문이 열린다. 4. LEVEL이 정상이 아니고 층과 층 사이에 있으면 한 사람은 기계실로 올라가서 토글S/W인 오토(자동)-핸드(수동) S/W를 핸드 쪽으로 내린다.
섹션별 행동강령	전기실	고객 갇힘 시 연락을 받으면, 전기실 근무자는 하던 일을 멈추고 서비스익스프레스와 연락하여 손님을 안심시키고 출입문에서 멀리 떨어지게 한 후 엘리베이터 기계실에서 기계 이상 여부를 확인하고 기계적 이상이 없고 전기적인 정상 가동이 불가능할 경우 엘리베이터 구동장치 구출방법에 따라 구출한다.
	Service Express 역할	엘리베이터에 문제가 있어 고객이 엘리베이터 안에서 전화를 한 경우 현재 몇 층이며 몇 분이 함께 있는지 확인하고 10초 이내에 시설과 당직지배인에게 연락하고, 고객과 통화를 계속하여 손님을 안심시키고 출입문에서 멀리 떨어지게 한 후 조치를 취하고 있다고 안내하고, 구출될 때까지 통화를 계속하여야 한다.

섹션별 행동강령	당직지배인의 역할	1) 정지된 승강기 내부의 고객들과 전화를 통해 접촉하고 구조 중임을 확신시킨다. 고객들의 이름과 객실번호 등을 알아둔다. 2) 일정 간격으로 승강기 내부의 사람들을 안정시키기 위해 연락을 취한다. 3) 시설직원과 함께 승강기의 조명, 공기조절장치 등이 적절히 작동되고 있는지 확인한다. 4) 승강기를 수동으로 움직여야만 한다면 탑승자가 느린 움직임 때문에 두려워하지 않도록 알려주어야 한다. 5) 문이 열리게 되는 층에서 기다려 탑승한다.

10) 비상시 시설운영에 대한 매뉴얼

분류	항목	Standard Upgrade
누전	누전점검	누전 차단기 및 과전류 차단기가 Trip된 경우 먼저 차단기 Trip 원인을 파악하여 반드시 과전류에 의한 Trip인지를 확인하고, 절연저항 측정기로 선로 절연 저항값이 0.3MΩ 이상이어야 하며, 전선 허용 전류 용량과 비교하여 전선 과열이 발생하지 않는지를 확인하고, 교대 근무자에게 인계하여 재발 시 중점 점검 사항으로 관리하도록 한다.
소음	소음	다수 고객 불편 우선 처리 (일반소음(55dB 이상) 및 공사소음). 연회장 및 영업장의 고객의 소음에 관련한 불편은 무전기로 연락하여야 하고, 근무자는 하던 일을 멈추고 신속히 출동하여 공사 소음은 우선 작업을 멈추게 하고 사후 재공사 승인 전까지 못하도록 재차 다짐을 받고 보고 후 지시에 따라 처리하도록 한다.
단수	단수	주방 및 영업장 단수는 다수 고객 불편 우선 처리(단수 및 수전 설비고장). 근무자는 하던 일을 멈추고 우선적으로 처리한다.
주방기구	주방기구	주방 위생 관련 업무 우선 처리(냉장고 온도, 주방 전열기구, 기타 주방기구). 냉동 기사에게 우선적으로 처리하도록 한다.
공조기	냉 · 난방	영업장 냉 · 난방 고객 불편 우선 처리(실내온도, 공조 및 배기). 근무자는 하던 일을 멈추고 우선적으로 처리하도록 한다.
전구	전구 교체	일반 연회장 및 영업장의 영업시간 중 전구 교체는 불가하나 부득이 지배인의 요구 시 교체할 수 있다.
산업재해	목적	재해발생 시 효율적이고 신속한 치료와 보고체계를 확립하고 원인규명을 통하여 개선대책을 수립함으로써 복리를 증진하고 재해를 예방함을 그 목적으로 한다.
	작업중단 환자후송	재해발생 시 목격자, 본인 및 관계자는 급박한 위험이 있을 때에는 즉시 작업중단 및 대피 등 필요한 조치를 취하고, 즉시 피해자를 의무실로 후송하거나 인근 병원으로 후송하며 응급 시에는 119의 도움을 받아 외부 병원으로 후송한다.
	사고보고서	재해발생 시 24시간 이내에 사고보고서(별첨양식)를 작성하여 보고한다. (재해처리 지침에 따라)

공기질	미세먼지	미세먼지, 이산화탄소, 일산화탄소, 이산화질소, 유기화합물, 석면 등 법규 내 수치관리

11) 객실복도 설비 표준에 대한 점검 내용

분류	항목	Standard Upgrade
보안	CCTV	고객의 시선을 피하여 설치하고, 고화질을 녹화 및 재생 가능하도록 한다.
복도안내	사인물	고객의 호실과 아이스룸을 찾기 편리하도록 눈높이를 맞추고 식별가능하도록 설치한다.
객실자동화	판넬	객실층 판넬은 수시로 점검하여 객실 상황에 맞도록 한다.
아이스기계	제빙기	아이스카빙 기계는 위생적으로 관리되어야 하며 대장균 및 기타 세균이 검출되지 않아야 한다.
대피시설	비상구	비상시 대피가 용이하도록 대피시설에 장애물 유무를 수시로 점검하여 대피로를 확보한다.
	비상계단	비상시 대피가 용이하도록 대피시설에 조도를 유지하고, 장애물을 수시로 점검하여 대피로를 확보한다.
	비상구 표시	비상구 표시등은 식별이 용이하도록 밝기를 유지하고, 수시로 점검하여 보수한다.

12) 객실 설비 표준에 대한 점검 내용

분류	항목	Standard Upgrade
출입문	카드키	2011년 변경되는 타입변경(삽입식 → 터치식)으로 오작동 '0'화를 위한 수시 점검 및 승강기 감지 시에도 오작동을 사전 예방한다.
외기에 따른 냉, 난방 전환 운전	동절기	외기 온도 감안 객실자동화 PC에서 온도를 세팅하여야 하고, 실내온도는 적정선을 유지하며, 객실 히터난방 적정온도(40℃) 이상을 유지하여야 한다.
	환절기	외기 온도가 -3℃ 이상~13℃ 이하인 경우 객실 자동화 PC에서 냉방 모드로 전환하여야 하고 객실 내 온도는 20℃를 기준온도로 하며, 냉각탑 냉수공급 방식으로 운영하고 냉수는 19℃ 이하로 유지하여야 한다.
	하절기	외기 온도가 14℃ 이상인 경우 객실 자동화 PC에서 냉방 모드로 전환하여야 하고 객실 내 온도는 20℃를 기준온도로 하며, Chiller를 가동하여 냉수공급 15℃ 이하로 유지하여야 한다.
습도	가습기	각 객실에 설치된 FCU 내부 가습기 점검으로 적정 습도가 유지되도록 관리한다.
		정기적 필터관리로 청결상태를 유지한다.
소음	소음(dB)	객실 소음도 적정선을 유지하도록 관리한다.

온수	공급온도	고객이 화상을 입지 않도록 욕실 온수 공급 온도는 48~52℃를 유지하여야 한다.
음용수	음용수 관리	생수 공급, 수소이온농도(PH) : 중성유지(7~8), 대장균 불검출
전원 차단	전원 차단	전원 차단 문제 접수 시 30초 이내에 연락하여 즉시 처리한다.
전구	객실전구	고객 체크아웃 이후 H/K 현장 순찰 후 전구 교체 요구 시 즉시 처리한다.
냉난방	온도	냉, 난방 문제 시 냉난방 자동 시스템으로 온도를 조절한다.
처리	객실출입	객실입구의 재실 확인 센서를 통하여 손님 재실을 확인하고, 부재 시 작업을 하여야 하고 부득이한 경우에는 차임벨 2회와 노크 1회를 하여 손님에게 충분한 출입 동의 시간을 주어야 하고 작업 전 손님의 물건 배치 상태를 확인하여 물건 이동작업을 하고, 완료 후 원위치를 하여 손님의 불편을 최소화하여야 한다.
	소음	고객작업 처리는 소음작업을 할 수 없음을 원칙으로 하되 부득이한 경우 고객의 동의를 득하여야 한다.
	처리메시지	부재 중 작업을 할 경우 손님에게 작업 완료 사항과 작업을 하여 대단히 죄송하다는 메시지를 Command Center를 통해 전달한다.
수전	욕실변기	욕실의 변기 문제 시 시설팀에 즉시 요청 처리한다.
	욕조 세면대	욕실의 욕조 세면대 급, 배수 문제 시 시설에 즉시 요청 처리한다.
TV	TV	객실 내 TV에 문제가 있을 시 30초 이내에 Maginet에 연락하여 소요시간을 확인하고, S/E에게 알려준다.
냉장고	온도	객실용 냉장고에 문제가 생기면 시설에서 즉시 점검 후 조치한다.
	냉장고	영업장용 냉장고 온도는 3℃ 이하를 유지하도록 하여야 한다. 일일 수회 점검을 하여야 하고, 이상 즉시 점검 보수하여야 한다. 냉장고 온도와 관련한 오더는 우선 처리하여야 한다.
객실	장시간	단시간 고장처리가 불가능할 경우 그 사항을 시설팀에 보고하고 작업 내용 등을 협의하고, 당직 지배인에게 고장 사항과 작업 예정 일정 등을 설명하고, 고객에게 당직지배인이 그 사항을 설명하게 하고, Room change는 당직과 상의하여 고객의 동의하에 이루어져야 하며, 고객이 원하는 시간과 날짜를 정확히 받고 Room change를 실시한다. 시설 보고에 의해 협의된 작업 일정에 따라 시간을 두고 완벽하게 처리한다.

13) 연회장 설비 표준에 대한 점검 내용

분류	항목	Standard Upgrade
예약 및 행사진행 Q-사인 협의	음향부분	고객과 예약 전 협의 고객 요구사항 수용 가능 여부와 고객 요구가 무리한 경우 발생 가능한 상황에 대하여 충분히 설명하여 예약을 받도록 하고, 불가능한 요구는 예의를 갖추어 정중히 설명하고 거절하여야 한다.

예약 및 행사진행 Q-사인 협의	조명부분	행사 담당자는 고객과 명함을 교환하고 행사 담당자임을 밝히고 고객이 필요한 부분을 즉각 응대해 줘야 한다. (고객의 명함은 사무실 고객 명함 보관함에 보관하고 다음 행사를 위해 행사의 제반사항 및 특이사항을 기록한다.) 행사 내용과 조명 사용 여부 및 조명기사 Stand-By 시간과 사전 리허설 여부 고객 요구 수용 가능 여부를 충분히 설명한 후 예약을 받도록 하고, 불가능한 요구는 예의를 갖추어 정중히 설명하고 거절해야 하며, 행사용 사용가능 전력 이내에서 최대한 협조 운영한다.
	통신부분	예약 전 협의 전화 및 이지체크기와 LAN선로 수량 가능 여부와 속도 등 발생 가능한 상황에 대하여 충분히 설명하고, 불가능한 요구는 정중히 예의를 갖추어 설명하고 거절하여야 한다.
EVENT ORDER	음향	EVENT ORDER에 ENGINEERING의 작업사항을 사전 준비와 관련 작업 확인 및 작업 내용을 보고하여 근무 조정을 한다.
	전기	EVENT ORDER에 ENGINEERING의 전원 설치 작업사항 및 조명 조정과 조명 기사 Stand-By 등을 확인. 사전 준비와 관련 작업 내용을 보고 근무 조정을 한다.
	통신	EVENT ORDER에 ENGINEERING의 전화기 및 LAN 설치 작업사항 등을 확인. 사전 준비와 관련 작업 내용을 보고 근무 조정을 한다.
행사준비	냉, 난방 가동	연회장 행사 전 및 영업장 개점 1시간 전에 가동하고, 20분 전에 온도를 점검한다.
	조명	1시간 30분 전에 OUT된 전등을 교체하고, 1시간 전에 행사 관련 Setting을 완료한다.
	음향	30분 전에 행사 관련 Setting을 완료한다.
사전협의	식순 협의	고객과 사전 협의된 무대 세팅(무대 세팅 시 음향 및 전기실과 사전 협의) 및 연회팀과 행사와 관련 조명 등 특이사항을 협의 진행하도록 한다.
조명조정	MAC 조정	신부입장, 무대 색상, 주례, 촛불점화, 케이크 커팅 등 식순에 따라 사전 조정 후 프로그램에 입력한다.
	PAR 조정	무대와 꽃길, 양가부모, 계단, 무대 기둥 꽃 등을 무대 사항과 사전 협의 사항에 따라 조절한다.
	SPOT 조정	사회자, 피아노, 연주 및 합창단, 신랑대기, 커튼조명 등을 사전 협의 사항에 따라 조절한다.
	기둥조명	무대 기둥 설치 사항에 따라 등을 사전 협의 사항에 따라 조절한다.
행사 조명 운영	식전조명	하우스 조명, 무대 조명, 커튼조명, 무대, 피아노, 꽃길 조도에 비례하여 점등한다.
	사회자 입장	Spot light는 사회자 정위치 안내 말씀 시작 전에 점등한다.

호텔 개관프로젝트와 시설관리

호텔 개관프로젝트와 시설관리

1 호텔 개관프로젝트의 의의

1. 호텔 개관프로젝트의 개요

호텔은 초대규모, 대규모, 중소규모를 막론하고 다양한 소유형태와 경영형태로 창업되고, 경영관리되고 있다. 호텔업에 관심이 많은 투자자는 좋은 입지에 화려한 호텔을 건설하여 소유와 경영관리에 참여하고 싶은 욕망을 느낄 것이다. 왜냐하면 호텔은 최초투자가 높은 만큼 가시적인 부동산의 존재를 확인할 수 있고, 이 지역의 여행객은 누구나 이를 이용하게 되며, 국제적인 대규모 컨벤션부터 지역사회의 소규모행사까지 다양한 계층의 고객이 호텔을 이용하므로 교류의 중심지가 되기 때문이다. 호텔기업은 타 산업군의 기업을 경영하는 법인이나 개인에게는 사업 다각화에 바람직한 투자대상임을 알고 있기도 하다. 나아가 체인호텔에 가입하면 선진화된 경영관리기법으로 상당한 투자수익을 안정적으로 확보할 수 있는 이점도 있기 때문에 돋보이는 사업으로 부각되고 있다. 투자자들이 호텔사업에 착수할 때는 신축에 의해 개관을 하거나 기존 호텔을 구입하여 영업을 하게 되고, 이는 개관이라는 의식행사를 치르면서 영업을 시작하게 된다. 이렇게 개관이라는 의식을 치르고 영업에 착수하기까지는 다양한 과정과 절차, 수많은 시간, 수백억 원 또는 수천억 원의 자금이 투입되며, 이에 따른 적절한 의사결정을 필요로 하게 된다. 호텔은 개관 전의 의사결정이 개관 후의 경영성과에 큰 영향을 미치게 되므로 개관프로젝트에서 향후 호텔경영관리에 대한 심도 있는 협의와 검토를 필요로 하게 된다.

2. 호텔 개관에 따른 의사결정의 중요성

호텔기업의 설립목적은 경영관리방향을 결정하는 중요한 전략적 지표가 되고, 호텔기업의 사업영역과 경영관리의 효율성을 측정하는 중심이 된다. 호텔사업은 개관 전의 의사결정이 개관 후의 경영관리에 큰 영향을 미치고, 이는 호텔의 장기적인 이익과 비용의 산출근거가 되므로 다양한 과학적 예측과 타당성을 바탕으로 업무를 하나하나 추진하고, 이를 정리해 두어야 한다. 호텔사업은 입지의 선택, 시설의 구성, 최초 이미지의 구축, 이용하는 고객의 구성에 따라 마케팅활동에 큰 영향을 미치게 되며, 이는 호텔경영관리의 근간을 이루는 가격전략에도 직접적인 영향을 미치게 된다. 호텔기업은 건물과 시설물이 곧 서비스상품이 되므로 경영관리자가 건물 설계단계부터 관여해야 하고 설계자는 호텔경영관리를 잘 이해하는 사람이 맡아야 호텔기업의 성공을 보장받을 수 있다. 호텔기업에 투자할 때 중요한 의사결정단계는 첫째, 입지, 규모, 시설내용, 경영형태, 재무구조, 시장, 경영관리주체, 개관시기 등 사업구상에 대해 합리적인 의사결정을 내린다. 둘째, 신축 또는 구입을 위한 개관 전 프로젝트를 보다 효과적으로 관리하기 위해 전문가집단으로 구성된 실행팀을 구성하여 프로젝트 전 과정을 관리한다. 셋째, 개관 후 효율적인 경영관리를 위해 능력 있는 경영관리팀을 구성하여 경쟁시장에 적극적으로 진입하게 된다.

3. 호텔 구입과 재정 확보

호텔사업을 경영하고자 하는 개인이나 법인은 일반적으로 두 가지의 기대가치를 염두에 두게 된다. 첫째는 대지, 건물, 비품 등 부동산의 가치가 상승할 것을 기대하고, 둘째는 호텔을 소유하거나 경영관리하므로 영업이익을 얻을 것으로 기대하게 된다. 현재 운영되고 있는 호텔을 인수하고자 할 때는 위와 같은 두 가지의 가치를 분석하여 의사결정을 하게 되며, 신축 중인 호텔을 인수할 때는 입지와 상권 등을 분석할 수 있으나 영업에 대한 확신을 얻기 위해서는 많은 연구와 조언이 필요하게 된다. 호텔에 투자하는 것은 눈앞에 보이는 건물과 토지에 대한 평가와 시장에서의 가치가 함께 고려되어 의사결정을 하게 되므로 시장에서의 입지가 중요한 요인으로 작용할 수 있다. 뿐만 아니라 거대한 자금을 금융기관의 도움 없이 조달하기에는 매우 어려울 것이다. 금융기관으로부터 호텔의 구입자금이나 신축자금을 차용할 때는 많은 서류들을 미리 준비하여야 하므로 철저한 일정관리와 내용검토가 있어야 할 것이다.

1) 호텔을 인수하여 개관

현재 운영 중인 호텔을 인수하는 일은 규모와 빈도는 다르지만 흔히 있는 일이다. 매도인의 사정에 따라 부동산 시장에 매물로 나온 호텔을 여러 가지 경로를 통해 접촉하여 구입을 검토할 수 있다. 매물에 대한 정보는 대부분 중개인을 통해 얻을 수 있고 매우 구체적인 내용까지 파악한 후 협상을 통해 적정한 금액과 지불조건을 제시하여야 한다. 호텔을 구입하여 운영하고자 할 때, 경영관리자로서 이행하여야 할 중요한 검토사항은 다음과 같이 고려하여야 한다.

첫째, 향후 호텔을 운영하면서 호텔의 발전 가능성과 부동산 가치의 상승을 연차별로 분석하여 예측 가능한 정보를 보유하고, 이를 토대로 구입에 임해야 한다.

둘째, 이때 검토해야 할 주요 사항으로는 위치, 체인호텔이라면 브랜드의 가치, 예방관리프로그램의 운영, 동일 브랜드 내에서 고객만족도 지수, 객실점유율, 객실평균요금 등이 있다.

호텔을 알차게 운영해 온 기업은 그렇지 못한 호텔기업에 비해 상대적으로 가치가 높게 평가된다. 그러나 매출의 상한점을 유지한 호텔은 향후 경영관리를 잘 하더라도 이익이 크게 신장되지 않는다는 것도 유념해야 한다. 만약 매출이 경쟁호텔에 비해 크게 저조했다면 무엇보다 시설의 개보수가 따라야 할 가능성이 높으므로 별도의 개보수자금도 구입자금에 함께 계상해야 한다. 동일 시장 내 경쟁호텔이 많거나 위치가 좋지 못한 호텔은 구입해서 경영개선을 이루기에는 매우 힘들 것이므로 구입을 자재해야 할 것이다.

2) 호텔을 신축하여 개관

호텔을 창업하여 경영관리에 참여하고자 하는 사람이 충분한 자금력을 확보하고 있다면 그는 입지와 상권을 고려하여 새로운 장소를 찾아다닐 것이다. 새로운 상권이 형성되고, 아직까지 경쟁호텔이 없는 곳이면 가장 매력도가 높은 위치라고 할 수 있으며, 그곳이 자연경관도 함께 갖추었다면 금상첨화일 것이다. 호텔의 건물이 신축되기까지는 호텔의 전문가, 건축설계사, 실내디자이너, 건축시공자, 호텔 체인본부, 호텔의 협력업체,

행정업무를 대행하는 변호사와 법무사 등이 협력하여 업무를 진행하게 된다. 가끔 호텔을 신축하고자 할 때 도시계획에 의한 용도와 고도제한, 주차공간의 확보 등 각종 장애에 부딪치게 되는 경우가 있다. 호텔을 신축하고자 할 때 고려하여야 할 내용은,

첫째, 위치를 잘 선택하여야 한다. 상권과 허가될 수 있는 조건을 면밀히 검토한다.

둘째, 가입하고자 하는 호텔체인본부에 먼저 확인한다. 왜냐하면 규모에 따라서 단독호텔이 성공할 수 있는 확률은 그다지 높지 않으므로 브랜드를 도입하고자 할 때 체인본부에서 필요로 하는 호텔의 규모, 객실의 크기, 객실 수, 부대영업장의 수용범위, 고급스러움, 투자여력 등의 제약에 대해 확인하는 것이 중요하다.

셋째, 빌딩에 대한 디자인을 확인해야 한다. 호텔 빌딩은 그 자체가 하나의 작품이라고 할 수 있다. 뿐만 아니라 잘 설계된 호텔은 경영관리에 용이하며, 이익을 높이고, 비용을 줄일 수 있는 매력도 가지게 된다.

넷째, 호텔을 신축할 때는 경영관리자가 건축 진행과정에 참여하여야 한다. 호텔의 경영관리자는 건축설계사, 체인본부, 실내디자이너, 건축시공사 등과 수시로 만나 호텔기업주의 의견을 전달하고, 영업에 필요한 내용들을 논의하여 향후 호텔의 운영에 장애요소를 사전에 차단한다.

다섯째, 체인본부에서 제안하는 가구의 선택은 호텔의 브랜드 이미지를 높인다.

여섯째, 공사기간 중에 개관준비도 함께 진행하여야 한다. 호텔의 건물과 조경이 완성되고 난 후 개업 준비에 돌입하게 되면 시간을 헛되이 소모할 수 있으므로 공사가 진행되는 상황과 개관준비를 동시에 진행하여야 한다.

3) 호텔의 평가와 재정의 확보

호텔을 구입하거나 신축을 결정하면 먼저 선행되어야 하는 것이 재정의 확보일 것이다. 호텔은 소규모 호텔이라 하더라도 객실당 약 5천만 원에서 초대규모 호텔인 경우 3억 원 이상이 투입되는 매우 큰 규모의 부동산이라고 할 수 있다. 따라서 대부분 호텔기업을 창업하고자 할 때 금융기관을 통한 융자를 염두에 두고 이에 대한 자금계획을 세우게 된다. 아마 이러한 작업이 중요한 과정일 수도 있을 것이다. 왜냐하면 호텔은 그 자체가 부동산으로 평가되기 때문에 근저당물로써 적합할 수 있고, 경영환경과 경영관리 능력에 따라 꾸준히 성장할 수 있는 기업이기 때문이다. 그러나 호텔은 공간산업이기 때문에 매

출의 한계가 있을 수밖에 없으므로 수용능력을 초월한 영업예측은 허망된 꿈일 수도 있다. 호텔에 투자하는 것은 눈앞에 보이는 건물과 토지에 대한 평가와 시장에서의 가치가 함께 고려되어 의사결정을 하게 되므로 시장에서의 입지가 중요한 요인으로 작용한다. 금융기관으로부터 호텔의 구입자금이나 신축자금을 차용할 때는 많은 서류들을 미리 준비하여야 한다.

(1) 시장에서 호텔의 가치평가

비록 부동산 전문가라고 하더라도 호텔의 가치를 평가하기에는 많은 어려움이 따른다. 예를 들어 호텔의 위치가 좋고, 건물과 비품의 상태가 좋다 하더라도 그간의 경영관리진이 능력이 모자라서 영업상태가 좋지 않았다면 그 호텔은 이익을 낼 수 없었을 것이다. 이러한 호텔의 가치는 낮게 평가될 수밖에 없을 것이다. 그러나 경영관리진이 경영을 잘 해 높은 수준의 경영성과를 내었다면 호텔의 가치는 올라갈 것이지만 구입하는 매수인의 입장에서는 성장세가 둔화될 것을 염려하지 않을 수 없다. 따라서 호텔을 평가하는데 현재의 매출이익이 크게 작용하는 것은 틀림없는 사실이다. 호텔을 선택하는 주요 요인으로 매출목표의 달성, 호텔건물과 비품의 상태, 위치, 체인의 브랜드, 경험이 많은 호텔의 종업원 등 내부적인 요인과 호텔분석자료, 경쟁관계, 지역 내 새로운 호텔의 신축, 지역시장의 성장세 등 외부적인 요인이 검토의 대상이 된다. 호텔을 구입하기 위해 평가를 하고자 할 때 접근하는 방법으로 대체적 접근, 매출 추세적 접근, 객실판매가격 비교적 접근, 수익자산 평가적 접근, 투자회수적 접근 등이 있으며, 어떠한 방법으로 분석하고, 평가하든 간에 가장 중요한 것은 전체적인 가치를 볼 수 있어야 하는 것이다.

① 대체적 접근

대체적 접근은 호텔의 구매자가 같은 지역의 동일한 위치에 호텔을 신축할 때 투자되는 금액 정도를 구매 적정가격으로 보는 경우이며, 이는 동일지역이라 하더라도 길 목이 좋은 곳은 그리 흔하지 않기 때문에 신뢰성이 강하지 못하다.

② 매축 추세적 접근

매출 추세적 접근은 호텔은 매출이 가장 중요한 평가요인이기 때문에 객실의 매출에 따라 평가되어야 하며, 매출이 높으면 높을수록 호텔의 가치는 높아진다는 것을 전제로 접근하는 방법이다. 이 경우 호텔의 평가가치를 객실매출의 2~4배로 보는 방법이다.

③ 객실판매가격 비교적 접근

이 분석방법은 동일 시장 내에서 동일한 규모의 호텔들의 객실판매가격을 비교하여 각각의 순위를 정하고, 특정호텔이 매각되면 그 호텔과 비교하여 가격을 결정하는 방법이다.

④ 수익자산 평가적 접근

이 분석방법은 호텔이 보유한 각 영업장의 연간 수입, 연간 지출되는 비용, 시장의 가치 등을 평가하게 된다. 이때 호텔의 잠재적 매출에 대한 성장의 예측, 비용의 예측, 호텔 이익의 예측, 수익용 자산의 가치 등을 평가하기 때문에 방대한 분석방법과 자료가 동원된다. 일반적으로 금융기관이나 구매자가 가장 많이 활용하는 호텔 가치에 대한 평가방법이다.

⑤ 투자 회수적 접근

이 접근방법은 호텔의 가치를 구매주가 투자한 금액의 회수율로 보는 것으로 투자된 금액의 회수(ROI : return on investment)가 빠를수록 투자가치가 높다는 분석이 나올 수 있다.

(2) 호텔 구입재정의 확보

호텔을 구입할 때 금융차입비율을 어느 정도로 할 것인지에 대한 의사결정은 호텔기업주가 예상하는 금융비용과 변제능력일 것이다. 이것의 기본이 되는 자료는 근저당을 설정하려 하는 호텔의 부동산과 영업권에 대한 평가가치임에 틀림이 없다. 최적의 부채비율에 대한 분석은 복잡하고, 상황에 따라 매우 다른 결과가 나올 수 있으므로 투자전문가의 자문을 받아 의사결정을 하는 것이 바람직하다. 다만 본인이나 기업체가 보유한 자본금이 계약금과 1차 중도금을 치를 수 있는 상황에서 금융기관의 융자도 가능할 것이다. 금융기관에서 차용한 자금은 일정기간 내에 원금을 상환해야 하고, 매월 약정한 금융이자를 지불하여야 한다. 만약 제때 이자가 지불되지 못하면 전액상환의 요구를 받게 될 것이다. 차입할 수 있는 금융기관은 다양하다. 은행, 투자회사, 보험회사, 저축은행, 새마을금고, 투자금융, 관광진흥개발기금 등이 있으며, 외국은행에서의 차입도 가능하다. 그러나 모든 금융기관은 호텔업에 융자하는 것에 대해 신중을 기하고 있기 때문에 대상 금융기관과의 신뢰성을 구축하면서 사전에 의사를 타진하는 것이 필요하다. 차입을 고려할 때 협상력을 강화하는 요인은 다음과 같다.

① 강력한 시장

호텔이 현재의 투자가치가 높거나 향후 영업이 빠르게 신장될 것을 예측하게 되면 융자를 해줄 금융기관은 대출에 대한 매력을 느낄 수 있을 것이다. 반면에 미개발지역이나 대학가, 빈민촌 등에 호텔을 신축하겠다는 제안을 낼 경우 이를 수용해 줄 금융기관은 없을 것이다. 따라서 매출과 이익이 높을 수 있는 강력한 시장을 선정하여 호텔의 인수를 고려한다면 금융기관과의 상담도 용이할 것이다.

② 적절한 자기자본의 구성

금융기관은 융자에 대한 위험 부담을 최소화하기 위해 여러 가지 조건을 제시하게 되므로 투자자는 충분한 담보능력과 자기자본의 비율을 높여야 한다. 가령 호텔에 투입되는 자금이 1,000억 원이라면 금융기관에서 융자를 받게 되는 돈은 금융권에 따라 다를 수 있지만 약 500억 원 정도일 것이다.

③ 강력한 호텔체인에 가입

호텔의 가치를 구성하는 요소 중에는 체인의 브랜드가 큰 몫으로 작용하게 되므로 규모와 위치, 시설과 경관, 이미지에 적합한 호텔체인에 가입하여 브랜드 핵우산 아래 있게 되면 자산의 가치가 상승하게 된다. 메리어트, 하얏트, 웨스틴, 쉐라톤, 힐튼, 리츠칼튼 등 세계적인 호텔 브랜드는 금융기관에서도 매력성을 인정하고, 높이 평가되고 있음을 주지하여야 한다.

④ 경영관리자의 능력

금융기관은 그들이 융자하는 자금이 산업발전에 기여하고 금융기관이 바라는 기간 내에 원리금을 상환할 수 있는 능력과 경험을 갖춘 경영관리인에게 대출을 하려고 할 것이다. 따라서 호텔기업에 뜻이 있는 투자자는 호텔경영에 많은 경험과 지식, 그리고 신뢰성과 성실성이 검증된 총지배인으로 하여금 호텔을 인수하고, 경영관리할 수 있도록 계획을 세워야 한다.

⑤ 객관적인 평가에 필요한 자료

호텔을 구입하여 경영관리에 참여하려는 투자자는 호텔의 현재 가치를 초월한 대금을 치르려 하지 않을 것이다. 금융기관도 현재의 값어치에 대해 면밀히 분석하여야 할 것임은 주지하는 바이다. 따라서 그 호텔의 가치를 객관적으로 입증할 수 있는 증빙자료는 매우 유용하게 활용할 수 있기 때문에 대상호텔의 경영계획, 매출예측보고서 등을 작성하는 것이 중요하다. 만약 기존 호텔의 구입이 아닌 신축을 원한다면 금융기관은 호텔신축의 타당성조사보고서(feasibility study report)를 요청할 것이다. 호텔경영계획서를 작성할 때 다음과 같은 내용이 포함되어야 함에 유의해야 한다.

첫째, 호텔에 대한 일반적인 개요 설명

둘째, 호텔의 마케팅 계획

셋째, 호텔의 재정 운영계획

넷째, 호텔의 부문별 영업계획

객관적인 평가자료를 바탕으로 잘 짜여진 경영계획서는 매우 높은 설득력을 가지게 되며, 이는 금융기관의 자금을 도입하는 데 결정적인 역할을 하게 된다. 경영계획을 작성하는 순서는 아래와 같다.

❖ 호텔인수 시 작성되는 경영계획서

호텔인수경영계획서(○○○○년)
1. 현재 경영관리에 대한 요약
2. 호텔의 개요 ▪ 호텔의 규모, 시설의 내용, 시설의 상태 ▪ 증축 및 개보수 계획 ▪ 평가에 대한 요약
3. 마케팅 계획과 시장에 대한 요약 ▪ 경쟁호텔 ▪ 현재 시장의 마케팅 노력과 결과 ▪ 잠재 시장의 마케팅 노력의 방향과 방법 ▪ 예상되는 잠재시장의 마케팅 노력에 대한 결과
4. 재정 계획(동원 가능한 자산의 상태와 필요로 하는 조달 규모) ▪ 예측되는 총매출 ▪ 예측되는 수입과 지출 규모 ▪ 손익분기점 분석 ▪ 운영자금계획과 대차대조표

5. 경영관리 계획

- 현재 경영관리팀에 대한 설명
- 잠재적 경영관리팀에 대한 구상
- 당해 호텔의 경영관리에 대한 철학과 전략
- 잠재적 경영관리팀에 대한 이력서

6. 증빙 서류

- 호텔 부동산에 대한 감정서
- 구매계약서
- 체인호텔경영계약서
- 기타 증빙에 도움이 되는 서류

2 호텔 개관프로젝트의 관리과정

1. 개업을 위한 관리과정

호텔기업을 창립하여 이를 경영관리하기 위해서는 법률상의 규정을 먼저 검토하여 요건을 갖추고, 그 절차에 따라 단계적으로 개업을 위한 관리과정을 이행해 나가야 한다. 호텔기업의 업종과 업태, 사업범위와 시장규모, 소유형태와 경영관리형태, 자금의 조달, 소유자들의 이익배분 원칙, 정부규제의 범위, 조직구조, 세제상의 문제점 등을 검토하고, 이를 바탕으로 개업에 따른 계획을 수립하여 관리해 나가야 한다. 특히 호텔기업은 입지가 매우 중요하므로 입지에 따른 상권의 형성, 규모, 시설의 내용, 고객을 위한 편의시설, 종업원을 위한 편의시설 등을 충분히 수용할 수 있는 대지의 확보가 검토되어야 한다. 만약 투자 주체가 법인이 되어야 할 경우 회사의 설립에 따른 정관의 작성, 창립총회, 대표이사의 선임, 설립등기 등의 절차를 거쳐 회사를 설립하게 된다. 이와 더불어 기업의 근간이 되는 인적 · 물적 자원의 확보와 재정확보를 위한 구체적인 계획도 함께 설계하여야 한다.

2. 호텔의 기본전략 수립

앞서 개업을 위한 관리과정에서 언급되었던 절차를 진행하고 난 후, 호텔경영관리를 위한 호텔의 경영철학, 경영목표, 경영정책을 설정하고, 각종 방침을 신설하는 단계를 이행하게 된다. 이때 호텔기업의 사명(mission statement)과 전략 도메인(strategy domain)을 결정하게 되는데, 사명의 주요 내용은 호텔기업의 철학, 경영이념, 경영방침, 소유주의 호텔기업가정신과 전략적 방향을 제시하게 된다. 기업사명의 전개는 호텔기업에 기회와 위협이 될 각종 외부환경과 호텔이 가질 강점과 약점을 중심으로 내부여건을 철저히 분석하여 전략의 기본으로 삼게 된다. 전략적 도메인의 정의에는 다음 내용이 포함된다.

첫째, 자사의 잠재력을 확인

둘째, 타사의 도메인을 파악

셋째, 중 · 장기적으로 호텔기업이 바라는 마케팅의 상태를 기술

넷째, 호텔사업의 전개방법을 제시

다섯째, 마케팅의 방향을 어떻게 구상할 것인가를 내용으로 한다.

궁극적으로 전략도메인은 추진하고자 하는 호텔사업의 본질을 파악하고, 향후 호텔기업이 나아가야 할 방향을 명확하게 제시함으로써 구성원의 마음을 모으고, 각자의 업무에 최선을 다하도록 할 수 있는 직무몰입의 기본을 이루게 된다.

1) 호텔기업의 목표설정

호텔기업의 목표는 당해 기업이 달성하고자 하는 결과수치를 다양한 근거에 의해 정하는 과정이다. 목표설정은 여러 가지 환경 속에서 당해 호텔기업을 정의하고, 최고경영자가 정확한 의사결정을 할 수 있도록 도와주며, 호텔의 경영성과를 평가하는 데 기준을 제공하는 전략경영과정의 선행요소이다. 호텔기업의 목표설정은 신규투자를 전제로 일정한 투자기간 내에 성장에 따른 수익의 실현이며, 호텔기업의 이해 당사자의 요구를 충족시키는 기업활동의 방향을 제시하게 된다. 호텔기업의 경영은 마라톤과 같아 보다 장기적인 관점에서 다양한 예측에 의한 계획을 세우고 이를 이행하여야 한다. 매출의 성장은 느리지만 높은 고정비용을 줄이는 데는 각고의 노력과 시간이 필요하게 된다.

2) 경영관리전략의 수립

호텔기업이 새로운 시장에 진출할 때 자원의 축적과 배분에 의거하여 경쟁우위를 확보하는 방안으로 호텔 서비스상품의 범위와 침투할 시장의 범위를 결정하게 된다. 호텔

은 객실, 식음료영업, 부대시설영업 등과 같이 각각 다른 시장을 대상으로 마케팅활동을 펼치게 되며, 크게는 하나의 시장에 침투하게 된다. 호텔기업은 각 사업단위별로 경쟁사에 대해 경쟁우위를 확보할 수 있는 전략적 대안을 수립하여야 하고, 각 단위사업 내의 여러 기능별 활동의 통합화에 초점을 맞춘 상승효과(synergy effect)가 중요한 평가기준이 된다. 따라서 다수사업을 전제로 하여 기업 전체의 수익성과 안정성을 동시에 꾀하기 위하여 장래 이익의 최적치를 이끌어내는 데 초점을 맞추게 된다. 호텔은 위치와 규모에 따라 매출액과 시장점유율을 확대하여 호텔기업의 성장성, 수익성을 달성할 수 있도록 전략의 방향이 맞춰져야 한다. 호텔기업이 경영관리전략을 수립하기 위해서는 경쟁자, 고객, 산업구조, 사회환경 등 외부환경을 분석하고, 호텔기업이 보유한 각종 장점과 단점을 파악하여 전략수립의 기본자료로 활용하여야 한다. 이때 보다 현실적이면서 분석적인 태도를 견지하므로 객관적으로 수긍할 수 있는 경영관리전략의 수립이 가능하게 된다.

3) 호텔 개관 실행계획의 수립

호텔기업이 창립되면서 사업목적서, 전략적 도메인과 목표를 설정하고, 경영관리전략을 수립하고 난 후에는 각 부문별로 이러한 전략을 추진하기 위한 세부적인 이행계획을 수립하여야 한다. 앞서 언급한 부분이 전략이라면 실행계획은 전술이 된다. 즉 제시된 목표와 방향을 달성하기 위해 어떻게 할 것인가가 주제인 것이다. 여기에는 부문별 구체적인 수치가 제시되고, 행동요령이 제안되어 업무 추진을 위한 구성원의 자세와 태도를 요구하게 된다. 뿐만 아니라 자원의 배분과 평가에 대해서도 구체적인 계획을 수립하게 된다.

3. 개관프로젝트를 위한 시스템의 구축

호텔기업에 투자하기 위한 의사결정이 내려지고 사업목적이 정해지고 난 후, 다양한 전략이 수립되면 개관을 위한 프로젝트가 이뤄지게 된다. 개관프로젝트는 도시계획법, 건축법, 관광진흥법, 숙박관련법규, 식품위생법, 식음료영업 및 부대시설영업에 필요한 각종 관련법규를 검토한 후에 이를 보완하여 시스템을 구축하여야 한다. 개관프로젝트를 추진할 때 중요한 의사결정은 호텔의 위치, 규모, 건축물의 형태, 인테리어(interior)와 익스테리어(exterior) 디자인, 호텔의 경영관리를 위한 각종 시스템, 정보전산시스템과 부문별 조직 등에 대한 것이 있다. 이때 제시된 시스템의 요소와 세부 내용은 면밀히 검토되고 최고경영자가 참석한 자리에서 하나하나 결정되어 확정지어지게 된다. 개관프로젝트를 추진하기 위한 준비계획을 수립할 때는 보다 자세한 증빙자료를 첨부하여 의사결정이 제때 잘 이뤄지도록 만반의 준비를 하여야 한다. 프로젝트에 필요한 추진조직과 인력의 투입계획을 제시하고, 작업계획에 따른 일정계획, 예산편성, 정보체계와 보고체계를 갖추어야 한다. 개관프로젝트는 건물의 신축을 전제로 하더라도 기본적인 운영조직은 사전에 구성되어야 하며, 특히 총지배인은 호텔의 모든 계획에 주도적인 입장에서 전략을 입안하고, 운영계획을 작성하여야 향후 영업을 성공적으로 이끌어갈 수 있다. 부문별로 준비해야 할 운영계획은 다음과 같다.

첫째, 마케팅계획 : 개관 전후에 이뤄질 다양한 마케팅, 판매촉진, 광고 및 홍보 활동에 대한 구체적인 일정과 내용에 대한 계획 수립

둘째, 부문별 영업계획 : 객실, 식음료영업, 부대시설영업, 조리부문의 운영 등에 대한 구체적인 계획을 입안

셋째, 지원부문 운영계획 : 건물의 신축을 위한 각종 허가서부터 개업 후의 업무를 지원하기 위한 총무, 인력관리, 정보전산, 재무관리, 경리 및 회계 관리, 시설관리, 안전관리 등에 대한 계획 수립

1) 사용자 요구사항의 수렴

개관프로젝트팀은 각 부문별 사용자가 요구하는 사항을 문서화하여 접수하고 필요한 검토과정을 거쳐 발주함으로써 적시에 설치 또는 공급하므로 개관에 차질이 없도록 한다. 이때 결정하게 되는 내용으로는 호텔기업의 사업목적에 의한 서비스의 수준과 이에 따른 설비수준, 시설의 규모, 객실의 층별 계획(floor plan), 객실조합(rooms mix), 객실당 면적, 식음료영업장의 종류와 규모, 각 영업장과 지원 파트의 면적비율, 공공장소, 지원부문의 공간, 종업원을 위한 공간 등을 할당하고, 이에 따른 각종 시스템을 결정한다. 이때 각 부문별 사용자 요구서에 각 시스템의 기능과 예측되는 성과를 기술하게 하여 업무진행의 참고자료로 활용한다.

2) 기본설계

사용자요구서에 의해 의견을 수렴하고, 이를 바탕으로 기본설계를 의뢰하게 된다. 앞

서도 언급하였지만 호텔은 다양한 용도를 함께 수용해야 하는 매우 특수한 건물이며, 건물 그 자체가 서비스상품이 되므로 호텔의 운영에 깊은 관심과 조예가 있는 이로 하여금 설계를 맡도록 하여야 한다. 호텔을 설계할 때 고려하여야 하는 사항에는 위치와 영업목적에 맞는 건물의 형태와 규모, 건물부문별 효율성의 제고, 객실과 공공장소와 업무지원 공간의 면적배분, 로비와 프런트 오피스의 위치, 견본 객실(mock-up room)의 설치와 승인, 내장과 외장 계획, 벽체와 바닥 및 천장 마감계획, 종업원 공간 계획, 방재시설계획, 조명계획, 색채계획, 잠정적 공사금액 배분 계획, 공정관리 계획 등이 있다. 뿐만 아니라 각 부문설계에는 사용자 요구사항을 적극적으로 반영하여야 하며 예상되는 비용의 배분에 대한 계획도 함께 제시되어야 한다. 다음에 제시된 건물 모형은 각급 호텔이 보편적으로 선택하는 건물모형이며, 각각은 비즈니스호텔이나 리조트호텔이 요구하는 특색을 갖추고 있으므로 프로젝트를 앞두고 참고하면 도움이 될 것이다.

❖ 고려할 수 있는 신축 호텔의 모형들

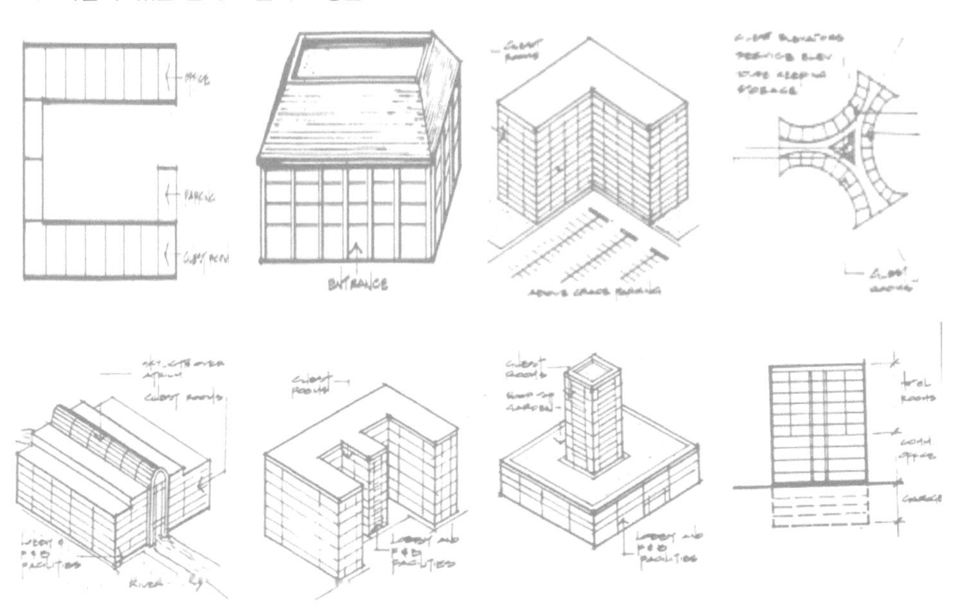

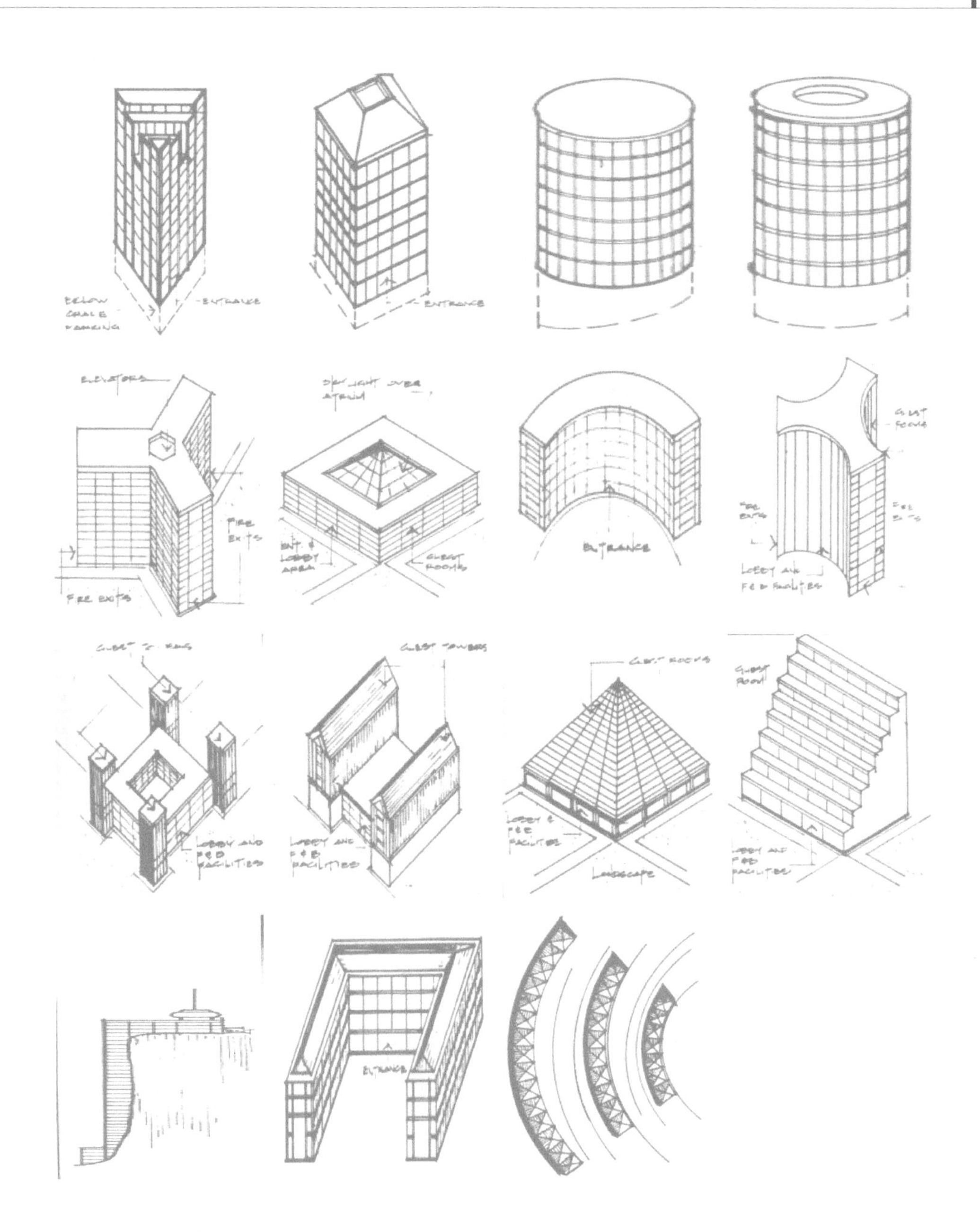

3) 상세설계

기본설계의 도면을 근거로 실시공사에 필요한 세부적인 도면의 제작과 도서제작과정을 말하며, 이의 제작에 포함되는 내용은 다음과 같다.

첫째, 설계시방개요와 마감재 및 그 방법

둘째, 평면, 입면, 단면설계도

셋째, 각 부문별 건축상세도

넷째, 구조도와 구조계산서

다섯째, 전기, 공조, 위생, 조리부서 등의 공사설계도

여섯째, 객실내부, 가구 및 비품, 설치물, 인테리어 설계도

일곱째, 공공부문, 식음료영업장, 연회장, 국제회의장, 부대시설영업장의 상세설계도

여덟째, 간판, 표지, 비상유도표지 등의 설계도

아홉째, 조경, 장식, 작품비치 등의 설계도

열째, 주차장과 외곽 진입로에 대한 상세설계도

❖ 고려할 수 있는 객실 상세도

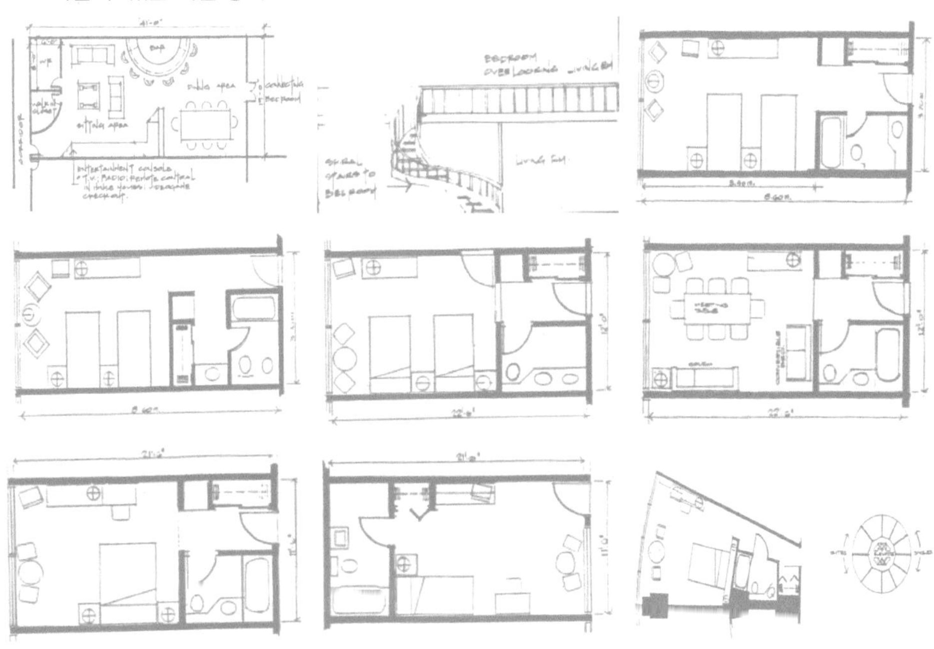

3 개관프로젝트와 시설관리

1. 호텔 개관의 준비과정

호텔을 신축하거나 기존의 호텔을 인수하여 개관하거나 개관의 준비단계는 비슷하게 이루어진다. 대부분의 호텔들은 오랜 기간 동안 준비팀을 구성하여 총지배인의 지휘하에 일일업무를 수행하게 된다. 호텔개관은 물자와 인력이 제때 갖추어져야 가능하므로 기간별 할 일과 달성해야 할 목표를 상세하게 정리해 두고, 이를 이행해 나가면서 문제점을 보완하여 일정에 차질 없이 완결하여 개관을 하게 된다.

1) 개관 6개월 전

총지배인이 부임하고, 개업팀이 구성되면 그들이 일할 수 있는 공간을 마련하고 필요한 사무용 가구와 문구류를 갖추게 한다. 이때 마케팅활동에 필요한 각종 인쇄물도 함께 준비해야 한다. 사무실에 전화기를 설치하고, 컴퓨터, 팩스 등도 함께 갖추며, 영업을 위한 주요 보직에 합당한 후보자를 물색하고, 시설관리를 위해 시설관리부서장을 영입한다. 체인호텔에 가입하였다면 체인본부와의 의사소통을 위한 채널을 구축하고, 그들의 매뉴얼에 의한 개업과 경영관리가 될 수 있도록 표준화에 힘쓴다. 개업에 필요한 작업을 구체화해 보면 다음과 같다.

▣ 개업에 필요한 업무

① 호텔이 객실과 각 영업장, 사무실에 설치할 전화기 시스템을 결정하고, 이를 발주한다. 이때 경영관리에 필요한 유무선 시스템과 장비를 함께 고려한다.

② 외부에 호텔개업에 대한 대형 안내판을 설치한다.

③ 지역의 상공인 모임에 회원으로 가입하고, 명부에 등재하고, 지역 소식지에 지속적으로 홍보한다.

④ 체인본부의 예약망이나 세계적 전문 예약망(Global Distribution System)에 가입하여 호텔의 위치, 규모, 시설, 서비스, 운영방법, 예약 등에 관해 홍보를 진행한다.

⑤ 지역 은행에 호텔의 예금계좌를 개설한다.

⑥ 호텔이 영업과 고객관리에 필요로 하는 차량을 주문한다.

⑦ 호텔의 정보전산시스템(PMS) 도입에 대한 검토작업에 착수한다.
⑧ 조경공사에 대한 검토와 발주에 들어간다.
⑨ 건물 외벽과 외부에 설치할 간판, 안내판의 제작을 위한 주문에 들어간다.
⑩ 호텔 내부에 부착할 각종 안내판의 주문에 들어간다.
⑪ 판매촉진 전략에 의한 다양한 홍보를 펼치고, 개업에 초청할 인사들의 명단을 확보하고, DM을 발송한다.
⑫ 호텔에 설치할 시설장비, 세탁 장비를 발주한다.
⑬ 개업에 필요한 각종 물품의 지불에 관련된 규정과 절차를 정비한다.
⑭ 호텔이 필요로 하는 협력업체를 모집하고, 이들과 협력관계를 구축한다.
⑮ 영업을 위해 관공서로부터 취득해야 하는 각종 인·허가를 신청한다.
⑯ 각국의 사업용 전화번호부(Yellow Page)에 광고를 게재한다.
⑰ 각 직급에 대한 직무기술서를 정리한다.
⑱ 각 객실에 비치할 가구를 발주한다.

❖ 고려할 수 있는 PMS(property management system) 네트워크

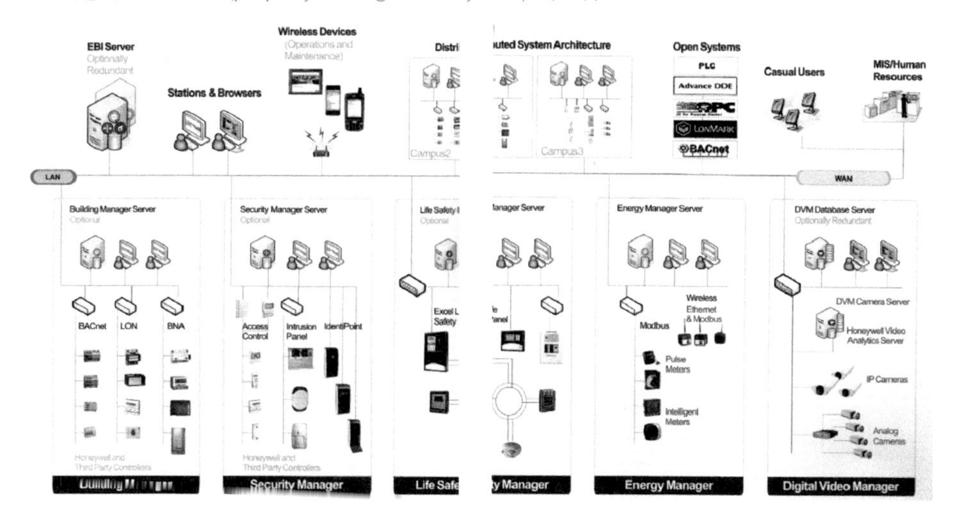

❖ 고려할 수 있는 호텔의 시설, 에너지, 안전 통합관리시스템 구축

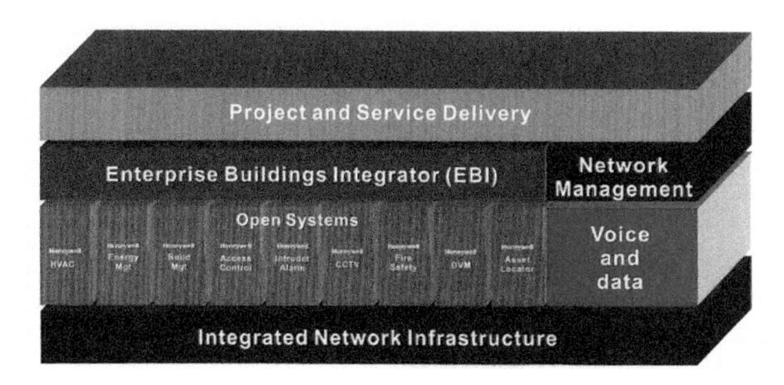

❖ 고려할 수 있는 호텔의 도어록(door lock)시스템 구축

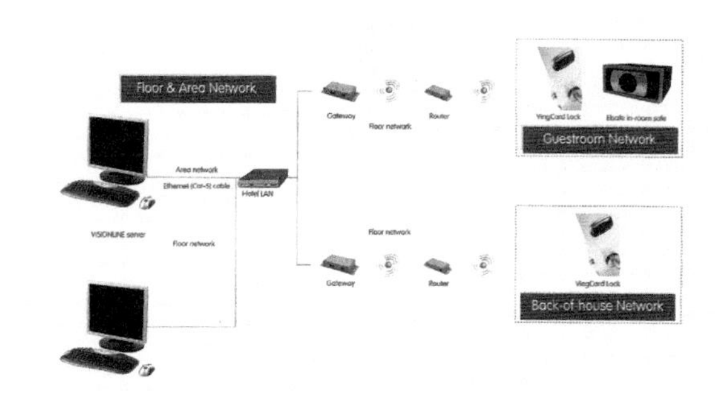

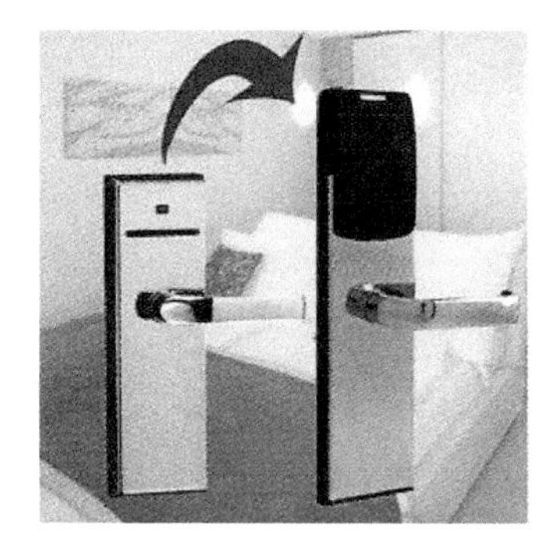

2) 개관 3개월 전

세일즈와 마케팅을 담당하는 임원이 결정되면, 이때부터 본격적으로 마케팅활동에 돌입하게 된다. 경영관리를 위해 구성되는 임원회의의 구성이 완성되고, 호텔의 시설을 안전하게 운영하고, 관리할 시설관리부서와 안전관리부서의 간부진이 구성되어 본격적으로 업무에 돌입할 수 있어야 한다. 각 분야별 업무는 보다 세분화되어 개업 준비에 착수해야 한다.

▣ 개업을 위한 구체적인 업무의 착수

① 식음료 부문의 냉동 식자재와 수입 음료를 발주하여 영업에 대비한다.

② 종업원의 급여 테이블을 만들기 위해 전국적, 지역적으로 조사에 착수한다.

③ 종업원 선발을 위한 공고를 신문, 라디오, TV, 리크루트 잡지 등에 낸다.

④ 객실과 식음료부서장이 업무에 착수하도록 하고, 각 분야별 인력선발에 앞장서도록 한다.
⑤ 예약시스템을 가동한다.
⑥ 객실부문에 필요한 각종 체크인, 체크아웃 장비와 인쇄물을 발주한다.
⑦ 헬스, 사우나, 조리부서, 하우스키핑에 필요한 장비를 납품받아 설치하고, 시운전에 들어간다.
⑧ 객실에 필요한 침대, 가구, 편의품, 리넨을 발주한다.
⑨ 프런트데스크와 각 영업장에 영업회계 시스템을 설치하고, 시운전에 들어간다. 시운전을 진행하면서 필요한 부분을 보완하고, 담당직원이 채용되면 교육에 들어간다.
⑩ 건물 내 · 외부를 소독할 수 있는 체계를 구축하고, 소독 준비에 돌입한다.
⑪ 객실에 비치할 성경, 불경, 전화번호부를 주문/요청한다.
⑫ 연회장에 들어갈 각종 시청각, 조명장치에 대한 발주에 들어간다.
⑬ 세탁실에 필요한 세제, 인쇄물 및 포장지를 발주한다.
⑭ 안전관리실의 화재경보시스템을 작동하고, 비상열쇠시스템(emergency keys control system)을 확립한다.
⑮ 필요한 인력을 선발하고, 교육계획에 의한 교육에 들어간다.
⑯ 선발된 인원에 대해 각 영업장별 유니폼을 발주한다.
⑰ 개관준비계획을 수립하고, 각 분야별 업무를 분장한다.

3) 개관 1개월 전

개관 3개월 전에 인력의 영입과 장비의 도입에 대한 작업이 진행되어 개관 1개월 전까지 대부분의 업무가 종료되게 된다. 이때부터는 시설과 장비가 정상적으로 가동되고, 고객이 투숙할 때 전혀 불편함이 없도록 전관의 공기도 정화시켜야 한다. 이즈음에 이뤄져야 하는 업무는 다음과 같다.

▣ 개업을 위한 시험가동 업무

① 각종 보험을 검토하고, 누락된 부분은 추가로 부보한다.
② 고객을 위한 안전금고를 납품받아 설치하고, 운전에 들어간다.
③ 내 · 외부에 필요한 안내판과 번호판을 부착한다.

④ 화재안전시스템을 관리할 운영업체를 선정하고, 소화기를 제자리에 비치한다.
⑤ 모자라는 서비스직을 추가로 모집하고, 교육에 들어간다.
⑥ 개관에 초청할 인사들에게 초청장을 발송한다.
⑦ 유니폼을 납품받아 필요한 세탁을 실시한다.
⑧ 체인호텔의 홍보물을 접수받아 관련 부서에 배부한다.
⑨ 구급함을 설치하고, 필요한 약품과 소모품을 비치한다.
⑩ 각 객실에 번호표를 부착하고, 'None-smoking'에 대한 안내문을 부착한다.
⑪ 각 객실 출입문에 피난통로, 비상시 행동요령을 부착한다.
⑫ 각 영업장과 헬스 및 사우나에 대한 일일점검체계를 구축하고, 이를 이행한다.
⑬ 세탁실에 세제, 화공약품과 물비누 배분기(soap dispenser)를 구입하여 설치한다.
⑭ 판촉지배인이 담당 시장에서 활동할 수 있도록 지원한다.
⑮ 개관에 대한 홍보와 광고를 대대적으로 이행하고, 개관행사의 이벤트에 대해 일일 점검체제에 돌입한다.
⑯ 객실가구는 광택을 내고, 각종 편의품을 제자리에 비치한다.
⑰ 안전관리위원회를 구성하고, 안전관리부서가 중심이 되어 호텔의 인명과 재산을 위험관리(risk management)체계로 전환한다.

4) 개관 1주일 전

개관 1주일을 앞두면 건물 내・외부에 모든 불을 밝히고 개관 분위기를 만들어야 한다. 새로운 탄생을 경축하는 분위기는 내부 구성원의 마음으로부터 시작되며 모든 구성원의 축제이기도 하다. 영업부문은 연일 정상적인 영업에 돌입하고, 각 영업장은 내부 고객인 종업원을 초청하고 시식회를 갖고 품평을 받으며, 시설물은 종업원들에게 공개하여 미리 사용해 보도록 함으로써 구성원의 상품지식을 높이고, 고객만족을 실현하는 데 구전효과를 올린다. 개관 전에 종업원의 사기를 극대화할 수 있도록 부서별 단합대회를 주관하는 것도 필요한 행사일 것이다. 개관을 앞둔 시점에서 확인하고, 이행해야 할 사항은 다음과 같다.

▣ 개업을 위한 실제 상황 업무

① 모든 구성원의 사기를 확인한다. 구성원들이 상하좌우로 보다 많은 커뮤니케이션

을 할 수 있도록 분위기를 조성한다.

② 호텔의 자산관리시스템(PMS : property management system)과 각종 시스템의 작동 상태를 점검하고, 체크리스트를 작성한다.

③ 수질에 대한 점검과 배수 상태를 확인한다.

④ 전기의 수전과 배전을 확인하고, 비상발전시스템을 점검한다.

⑤ 모든 시설물에 대한 전등을 확인하고, 조도를 조절한다.

⑥ 안전시스템을 실제 상황에서 확인하고, 비상시에 대비한다.

⑦ 냉·난방시스템과 공조시설(HVAC)을 점검하여 개관 일에 몰릴 많은 고객에게 첫 인상을 좋게 한다.

⑧ 지역 매스컴을 활용한 홍보에 돌입한다.

⑨ 비즈니스에 영향을 미칠 인사들을 초청하여 투숙시키고, 음식을 시식토록 한다.

⑩ 종업원들이 근무에 임할 때 불편한 점이 없는지 살피고, 항상 미소를 띠며 고객을 맞이할 수 있도록 교육한다.

5) 개관 후 활동

호텔의 경영관리는 시스템에 의해 운영되므로 개업시점에서 발생하였던 다양한 문제점을 밝혀내어 이를 보완하고, 잘 되었던 일은 홍보자료로 활용할 수 있도록 발굴하여 자료화한다. 호텔의 역사는 개관 전부터 기록되지만 영상자료를 만들어 활용할 수 있는 것은 개관시점부터이다. 따라서 다음과 같은 내용을 점검하고, 자료화하도록 한다.

① 개관식에 참석하였던 모든 고객에게 대표이사나 총지배인의 명의로 감사의 편지를 보낸다.

② 개관에서 나타난 모든 문제점을 기록하고, 이를 경영관리에 반영할 수 있도록 자료화한다.

③ 개관에 참여하였던 모든 매스컴에 감사의 뜻을 전한다.

④ 개관식에서 수고한 호텔종업원 모두에게 총지배인이 직접 감사의 뜻을 전한다.

⑤ 종업원의 서비스교육을 강화하고, 활기찬 조직문화가 정착되도록 한다.

⑥ 판촉지배인의 활동을 강화하고, 빠른 시일 내에 마케팅부문이 안정되도록 지원한다. 최초의 마케팅활동은 창업비용으로 간주하고, 예산을 집행하여야 한다.

⑦ 각 부문별로 목표를 달성할 수 있도록 분위기를 조성하고, 이에 대한 공정한 평가제도를 확립하여 이행한다.

⑧ 일일 경영관리의 수월성을 확보할 수 있는 경영정보시스템을 강화한다.

6) 개관 전 · 후 필요한 인 · 허가 내용

관광호텔업을 개업하여 경영할 때, 당국으로부터 아래와 같은 인허가를 받아야 영업을 할 수 있으므로 사전에 점검하여 개업 준비에 차질이 발생하지 않도록 조치한다.

▣ 관광사업등록증

① 사업계획서, 신청인(법인인 경우 대표자 및 임원)의 성명 및 주민등록번호를 기재한 서류

② 법인 등기부등본, 부동산 등기부등본, 부동산 임대차계약서/사용승낙서(공증)

③ 외국인투자촉진법에 의한 외국인 투자 증명서류(외국투자일 경우)

④ 사업계획에 포함된 부대 영업을 하기 위한 다른 법령의 규정에 의한 증빙 서류

⑤ 시설의 평면도 및 배치도 각 1부

⑥ 시설별 일람표 각 1부(별지 서식 있음)

▣ 호텔등급심사

① 호텔등급 결정신청서

② 호텔업 시설현황

③ 호텔업 세부 등급 평가 기준에 의한 자율평가 결과

▣ 사업자등록증

① 건축물 준공 후 처리

▣ 공중위생관리법(숙박업, 목욕장업, 이용업, 미용업 및 세탁업의 신고) : 접수 후 처리기간 (5일 이내)

① 영업신고서

② 법인 등기부등본

③ 영업시설 및 설비 개요서

④ 전기 안전점검 확인서 사본
⑤ 부동산 임대차계약서
⑥ 건축물 관리대장등본
⑦ 도시계획 관계 확인서

■ 식품위생법 : 접수 후 처리기간(즉시)
① 식품영업신고서
② 국민주택 채권 교부 영수증
③ 법인등기부 등본
④ 영업시설 및 설비 개요서
⑤ 영업장 면적(업장별 면적 도면 첨부 준비)
⑥ 액화석유 완성 검사필증 : LPG 사용 시(도시가스 제외)
⑦ 소방/방화 완비증명서 : 지하 66㎡ 이상, 2층 이상, 100㎡ 이상인 경우
⑧ 부동산 임대차계약서/사용승낙서(공증)
⑨ 건축물 관리대장등본
⑩ 토지이용 계획 확인서

■ 주세법 : 처리기간(전산조회 종료 시)
① 신청인 인적 사항
② 판매장 위치
③ 판매할 주류의 종류

■ 외국환 거래법 : 접수 후 처리기간(즉시)
① 환전업무 등록신청서
② 법인 등기부등본 2장
③ 영업장에 관한 증빙서류(영업장 도면)
④ 부동산 임대차계약서
⑤ 건물 등기부등본

▣ 담배사업법 : 접수 후 처리기간(7일 이내)

① 소매인 지정신청서

② 부동산 임대차계약서

③ 점포의 사용에 관한 권리를 증명하는 서류

▣ 체육시설의 설치, 이용에 관한 법률 : 접수 후 처리기간(3일 이내) ; 해당 사항 없음

① 체육시설업 신고서

② 시설 및 설비 개요서(해당 없음)

③ 회원모집 계획서(해당 없음)

④ 법인 등기부등본

⑤ 부동산 임대차계약서

⑥ 건축물 관리대장

⑦ 영업장 면적

⑧ 토지대장

▣ 학교보건법 : 해당사항 없음

① 유흥시설 설치(학교환경위생정화구역에서 관광숙박업 및 관광객이용시설업을 경영하려는 경우만 해당)

▣ 해상교통안전법 : 해당사항 없음

① 해상 레저활동의 허가

▣ 의료법 : 병원관할 서류

① 부속의료기관의 개설신고 또는 개설허가

▣ 영업허가증

① 급수공사 신고서/승인서

② 관광호텔업 사업계획 승인 조건 이행 신고서

③ 숙박영업 신고증

④ 체육시설업 신고증

⑤ 집단급식소설치 신고증

⑥ 일반음식점 영업 신고증
⑦ 식품소분, 판매업 영업 신고증
⑧ 주류판매업 영업 신고증
⑨ 담배 소매인 지정서
⑩ 세탁업 영업 신고증
⑪ 목욕장업 영업 신고증

▣ 각종 허가증

① 음식물 쓰레기 감량의무 이행 계획 신고필증
② 옥외 광고물 등 각종 표시 허가증
③ 건축허가서
④ 도로점용(차량출입시설) 허가처리
⑤ 공중위생관리허가서

▣ 건축물 준공 전 구비서류

① 소방공사 완공 검사필증
② 소방, 방화시설 완비 증명서(근린생활지구, 판매시설 등)
③ 전기 안전점검 확인서
④ 가스사용 검사완성, 검사필증
⑤ 미술장식품 설치계획 심의
⑥ 통신공사 검사필증(신축 시)
⑦ 경관조명(심의용)

4 호텔시설의 개 · 보수 관리

1. 시설 개 · 보수 계획

호텔은 영업환경에 따라 변화를 반복할 수 있는 시설이 필요하다. 영업에 따른 공간 확장 내지 변경 또는 영업장 분위기를 쇄신하기 위하여 내부 인테리어를 새롭게 단장하는 등의 이유로 개 · 보수 작업을 하는 것은 흔한 일이다. 물론 시설물들을 오래 사용하여 노후화되어 개 · 보수 작업이 필요한 경우도 있다. 대체적으로 체인호텔들은 새로운 호텔에 투자하는 금액보다 개 · 보수에 투자하는 비용을 일종의 자본적 투자에 의한 공사(capital projects)라고 하며, 주기적으로 계획에 의해 진행하고 있다. 일반적으로 개 · 보수나 증축공사는 다음과 같은 이유에서 추진된다고 볼 수 있다.

■ 개 · 보수, 증축공사의 필요성

① 시장경쟁력을 계속 유지하기 위한 투자
② 시장경쟁력을 개선하기 위한 투자
③ 호텔시설물을 확장하기 위한 투자
④ 호텔시설물의 효율적인 운전을 위한 투자
⑤ 호텔시설물의 안전을 유지하고, 개선하기 위한 투자
⑥ 노후화된 장비를 교체하기 위한 투자
⑦ 세금을 줄이기 위한 투자

시장경쟁력을 지속적으로 유지하기 위해서 투자하는 대표적 예로는 객실의 정기적인 개 · 보수공사와 식음료영업장 및 부대시설영업장에 대한 개 · 보수작업 등을 들 수 있다. 이 부분에 대한 투자는 호텔 재무상태의 분석에 영향을 받기보다는 일정 기간마다 투자하는 경향이 있다. 호텔 개 · 보수의 경우 대개 신설 후 5년 단위로 카펫, 벽지, 페인트, 의자나 소파의 천갈이, 주요 가구의 교체 등으로 이뤄진다. 또한 10년 후에는 각종 시스템을 교체하고, 조리부서의 장비, 배관, 덕트 등을 교체하며, 식당장비, 전화교환설비, 각종 자동제어장치, 방재설비, 컴퓨터 등을 교체하게 된다. 이는 시장경쟁력을 개선하기 위한 투자로서는 각 영업장의 내부 인테리어를 변경하거나 내부 가구들을 모두 교체하는 것 등을 생각할 수 있는데, 투자액에 대한 회수기간을 사전에 충분히 검토하여야 한다. 호텔 시설물을 확장하기 위한 투자는 호텔을 처음 지을 때의 개념과 마찬가지로 타당성 조사를 통하여 투자대비 이윤을 면밀히 분석해야 한다.

호텔 시설물의 효율적인 운전을 위한 투자는 시설부와 관련된 사항으로서 주로 에너지 비용절감을 위한 투자로 볼 수 있다. 객실에 관련된 개 · 보수공사는 객실관리부문 체크리스트에 의해 5년 단위로 공사를 기획하게 되며, 일반적으로 투자액 대비 회수기간이

3~4년 이내이면 경제성이 있다고 볼 수 있다.

이런 경우 비교적 다른 분야보다 투자의 우선권을 갖게 된다. 호텔 시설물의 안전을 개선하기 위한 것과 노후화된 장비를 교체하기 위한 투자는 경우에 따라서 우선순위가 지연될 수 있으나, 꼭 필요한 투자라고 볼 수 있다. 세금을 줄이기 위한 투자는 초기 호텔설계 시 검토하는 것이 바람직하며, 심야전기 사용을 위한 시스템 구축, 중수도설비의 도입 등은 세제감면 혜택을 받을 수 있는 프로젝트들이다.

2. 디자인과 개 · 보수공사

호텔건물의 유지관리는 최초 호텔건물의 디자인과 시설의 규모, 설비의 종류, 시설의 내용과 연결된다. 대규모급 이상의 호텔은 객실, 식음료, 연회장을 비롯하여 수영장, 헬스장과 같은 부대시설을 많이 갖추게 되므로 한정적 서비스를 제공하는 중저가호텔과는 비교가 되지 않을 만큼 많은 시설관리비용을 감당하여야 한다. 또한 리조트호텔은 주변의 조경과 부대시설을 유지관리하기 위해 도심호텔보다 더 많은 시설관리비를 계상하여야 할 것이다. 호텔이 계상하는 개보수공사 공사비는 보편적으로 총매출액(GOR : gross operating revenue)의 2~4%이며, 호텔의 영업상황과 재무적 상황에 따라 조금씩 다르게 적용된다. 호텔은 공간의 개보수는 물론이고, 내부에 장착되는 설치물(Fixture), 비치되는 가구(Furniture), 배치되는 장비(Equipments)에 대한 예산도 함께 고려되어야 한다. 호텔건물의 개보수를 계획할 때는 고급스런 디자인과 시설, 고품질의 설비, 내구성이 강한 자재를 활용하는 디자인을 깊이 있게 고려하여 장기적으로 관리비용을 낮게 투입할 수 있는 방안을 모색하여야 한다. 에너지비용은 건축과 인테리어의 설계와 직접적인 관련이 있기 때문에 현관문, 영업장문, 객실 및 복도의 문과 창문 등도 소재와 설치기술이 뛰어난 업체를 통해 공급받아야 한다. 호텔의 시설관리비용은 일반적으로 다음과 같은 패턴을 가지고 있다.

■ 호텔건물과 시설의 생애주기

① 1~3년 : 최저의 관리비용으로 유지관리

② 3~6년 : 관리비용이 점점 증가

③ 6~8년 : 건물의 도색, 벽체의 페인트, 객실의 도배 등 교체작업 시작

④ 8～15년 : 식음료영업장, 부대시설영업장 등 소규모 개보수작업 추진
⑤ 15～22년 : 객실 및 로비지역의 대규모 개보수공사 추진
⑥ 22년 이상 : 건물의 노후화로 인한 잦은 개보수와 많은 유지관리비용 투입
⑦ 40년 이상 : 건물감가상각 완료

▣ 개보수의 범위와 FF&E의 교체

① 객실
- 소규모 : 커튼, 침대보, 매트리스, 객실전등, 카펫, 소파, 수도꼭지 등의 교체
- 대규모 : 침대와 매트리스 모두 교체, 벽등, 벽지, 객실가구, 욕실세면대, 욕조, TV, 전자제품 등 재설치 및 교체

② 식음료영업장
- 소규모 : 카펫, 의자, 각종 의자 및 가구의 천갈이, 식탁상단, 그릇과 집기 등 교체
- 대규모 : 장식전등, 식탁, 서비스 집기 및 장비, 벽체 페인트 및 도배, 식당 재배치공사 등

③ 부대시설영업장
- 소규모 : 휴게실 및 파우더룸 카펫 교체, 벽지 교체, 헬스기구 보완, 샤워헤드 교체, 욕탕내부 온도기 교체 등
- 대규모 : 공간 재배치, 바닥 및 천장 교체, 헬스기구 전면 교체, 사우나 시설 재설치 등

④ 공공장소
- 테이블 램프, 로비 가구, 로비 카펫, 로비 벽지, 회의실 벽지 등의 교체 작업
- 로비 천장 샹들리에, 로비 마블, 복도 카펫, 복도 벽지, 화장실 개보수 등

3. 공사장 관리

개 · 보수 공사나 증축공사는 공사규모나 호텔조직에 따라 차이는 있겠지만, 대부분의 경우 시설관리부서의 책임하에 프로젝트팀을 구성하여 시행한다. 이러한 공사들은 호텔영업을 이행하면서 개 · 보수 작업을 해야 하기 때문에 호텔영업에 지장을 주지 않도록 사전에 기술검토를 철저히 하여 전체 스케줄에 차질이 없도록 해야 한다. 특히, 공사기간

동안의 소음문제, 분진발생, 페인트 냄새 등과 함께 용접작업에 의한 화재발생, 작업자들의 안전사고 발생, 기존 시스템과의 연결문제 등은 모두 시설관리부서에서 관리·감독해야 할 사항들이다.

기존 시스템과의 연결작업 때에는 대부분의 경우 단수나 정전상황이 발생하게 되므로 주로 심야시간대에 작업을 해야 하며, 객실관리부서와 협조하여 투숙객과 호텔 이용객에게 사전에 안내하여 불편함이 없도록 세심한 배려가 필요하다.

또한 외부업체 작업자들의 경우, 호텔 내부사정을 잘 알지 못하므로 이들이 이동하는 동선관계나 영업장의 출입금지 문제, 또는 도난사고가 발생되지 않도록 사전 교육이 필요하며, 매일매일 작업일지를 제출하도록 하여 작업진행상황을 파악하고, 호텔영업과 고객 불편을 최소화하도록 한다.

5 관광호텔 등급심사

우리나라 「관광진흥법 시행령」 제66조 제2항 및 「관광진흥법 시행규칙」 제25조 3항의 규정에 의거 호텔업 등급결정기관의 등록과 등급결정기준 및 그 절차 등에 관한 세부적인 사항을 정함으로써 등급결정이 합리적이고 효율적으로 이루어지도록 하고 있다.

관광호텔업을 경영하고자 하는 자는 사유가 발생한 날로부터 60일 이내 문화체육관광부에 등록하도록 하고 있으며, 등록을 위해서는 심사위임기관인 한국관광공사를 통해 등급심사를 받도록 하고 있다. 신축개업을 하게 되는 경우 개관 전에 등급심사를 요청하며, 갱신을 하는 경우 매 3년마다 위임기관을 통해 심사를 받아 그 결과에 따라 등급을 부여받게 된다.

각 등급은 해당 등급에 걸맞은 서비스 기준을 정하고, 그에 따라 항목을 정하여 평가를 받게 되는데, 호텔의 공용공간 서비스부문, 객실 및 욕실부문, 식음료 및 부대시설부문, 부가점수 등으로 구분되어 있다. 평가 대상이 되는 호텔의 건물, 객실, 영업장, 주차, 정원, 인터리어 등 하드웨어와 이를 운영하는 각종 시스템, 이 시스템을 구동하는 인력에 대한 평가를 추진하므로 외국인 관광객에게 관광호텔의 품질을 보증하겠다는 취지라고 볼 수 있으며, 대부분이 시설관리와 연계되어 있기 때문에 호텔시설관리의 중요성이 강조된다고 볼 수 있다.

❖ 호텔등급심사 등급별 기준

구분		5성	4성	3성	2성	1성
평가기준 (단위: 점)	현장평가	700	585	500	400	400
	암행평가 및 불시평가	300	265	200	200	200
	총배점	1,000	850	700	600	600
결정기준	공통기준	· 시설물 정밀안전진단, 소방시설, 승강기시설, 도시가스, 에너지이용합리화, 전기검사 필증 제출				
	등급별 기준	총배점 90% 이상 획득	총배점 80% 이상 획득	총배점 70% 이상 획득	총배점 60% 이상 획득	총배점 50% 이상 획득

* 규모, 시설, 서비스 수준에 대한 평정기준은 「관광진흥법 시행규칙」 제25조 2,3항에 의함(2015년 2월 13일 개정).

❖ 호텔의 등급별 요구되는 시설 및 서비스 수준

등급	시설 및 서비스 기준
1성급 호텔	고객이 수면과 청결유지에 문제가 없도록 깨끗한 객실과 욕실을 갖추고 있는 조식이 가능한 안전한 호텔
2성급 호텔	고객이 수면과 청결유지에 문제가 없도록 깨끗한 객실과 욕실을 갖추며 식사를 해결할 수 있는 최소한 F&B 부대시설을 갖추어 운영되는 안전한 호텔
3성급 호텔	청결한 시설과 서비스를 제공하는 호텔로서 고객이 수면과 청결유지에 문제가 없도록 깨끗한 객실과 욕실을 갖추고 다양하게 식사를 해결할 수 있는 1개 이상(직영 또는 임대 포함)의 레스토랑을 운영하며, 로비, 라운지 및 고객이 안락한 휴식을 취할 수 있는 부대시설을 갖추어 고객이 편안하고 안전하게 이용할 수 있는 호텔
4성급 호텔	고급수준의 시설과 서비스를 제공하는 호텔로서 고객에게 맞춤 서비스를 제공. 호텔로비는 품격 있고, 객실에는 품위 있는 가구와 우수한 품질의 침구와 편의용품이 완비됨. 비즈니스 센터, 고급 메뉴와 서비스를 제공하는 2개 이상(직영 또는 임대 포함)의 레스토랑, 연회장, 국제회의장을 갖추고, 12시간 이상 룸서비스가 가능하며, 피트니스 센터 등 부대시설과 편의시설을 갖춤
5성급 호텔	최상급수준의 시설과 서비스를 제공하는 호텔로서 고객에게 맞춤 서비스를 제공. 호텔로비는 품격 있고, 객실에는 품위 있는 가구와 뛰어난 품질의 침구와 편의용품이 완비됨. 비즈니스 센터, 고급 메뉴와 최상의 서비스를 제공하는 3개 이상(직영 또는 임대 포함)의 레스토랑, 대형 연회장, 국제회의장을 갖추고, 24시간 룸서비스가 가능하며, 피트니스 센터 등 부대시설과 편의시설을 갖춤

❖ 호텔등급 표식

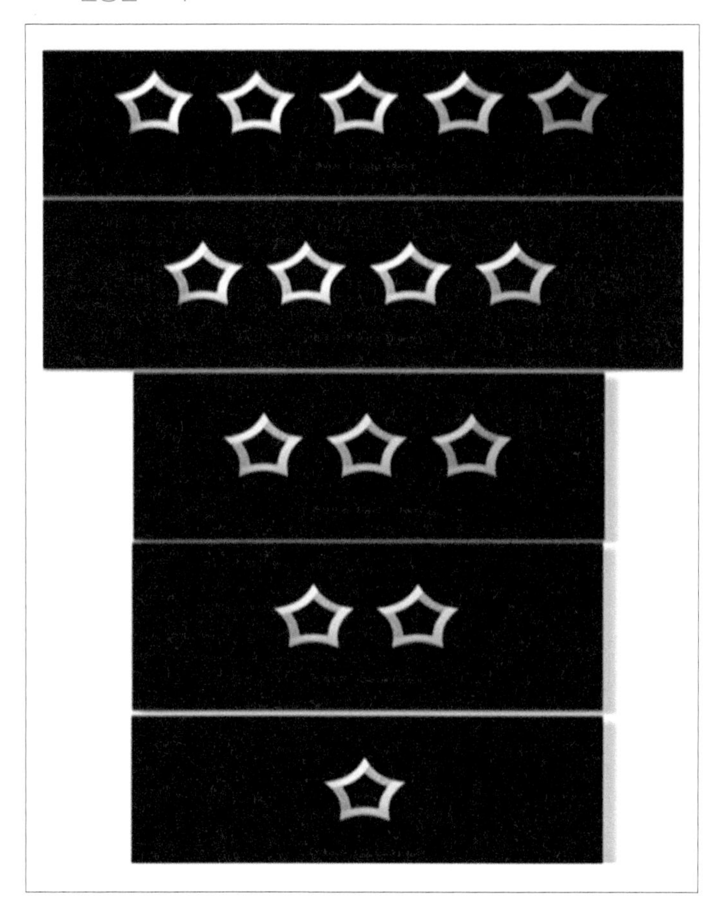

호텔 객실부문의 시설관리

호텔 객실부문의 시설관리

1 현관부분의 시설관리

1. 호텔 로비지역의 시설관리

현관과 로비는 많은 사람들이 왕래하는 곳이며, 호텔의 규모와 고급스런 이미지를 고객에게 보여주는 첫 공간이다. 따라서 각종 시설물이 최상의 상태를 유지하도록 관리하여야 한다. 로비지역에 설치된 시설물은 천장의 샹들리에, 벽과 바닥의 대리석, 바닥의 카펫, 출입문과 회전문, 각종 그림과 조각, 분수대, 대형 화분 등 고객의 시선을 끌면서 편리와 안락감을 제공해 주는 공간과 설치물들이다. 또한 계단과 엘리베이터는 많은 고객이 항상 이용하게 되므로 보다 깨끗하고 광택이 나며, 기능적으로 완벽하게 유지관리되어야 한다.

호텔 현관과 로비지역에 설치된 다양한 시설물은 궁극적으로는 시설관리부서에서 설치하고, 유지관리하여야 하지만 고객의 입장에서는 관리의 책임을 구분하여 시설물을 바라보는 것이 아니라 전반적인 호텔의 서비스품질을 평가하는 대상이 되므로 그 구역에서 근무하는 호텔종업원이 1차적인 관리책임자라는 인식이 강할 수밖에 없다. 이에 각 부서는 시설물관리표준을 설정하고, 그 표준에 맞게 일상관리에 임하도록 한다.

항상 깨끗이 관리되어야 하는 샹들리에와 천장등

1) 로비지역의 유지관리

대부분의 특급호텔들은 로비 중앙에 생화로 된 꽃꽂이, 조형물, 조각품 등으로 장식하여 로비의 화려함을 더하게 된다. 호텔마다 꽃꽂이 전문가를 두어 로비, 식음료영업장, 연회 및 파티에 필요한 꽃 장식을 하는가 하면, 호텔의 로비에 자연감과 구획(partition) 역할을 하는 천장까지 높은 나무와 길 가장자리를 연상시키는 낮은 키의 식물을 배치하기도 한다. 꽃꽂이, 조형물, 조각품, 화분 등의 상태나 관리의 책임은 로비를 담당하는 객실관리지배인이 책임지고 있지만 시설관리부서와 긴밀한 업무협조로 유지관리하고 있다.

❖ 외국 초대형 호텔의 로비

❖ 국내 대규모호텔의 로비

2) 로비지역 엘리베이터 유지관리

로비지역에 설치된 고객용 엘리베이터는 고객과 고객서비스요원이 이용하게 되므로 고객서비스부서에 구성된 고객안내원(Guest service attendant), 고객관리담당(Guest relations officer), 당직지배인(Assistant manager on duty)은 평소 승강기 상태를 살피면서 근무에 임하며, 이상이 발견될 때는 일상관리 표준에 따라 일사분란하게 대응하게 된다.

근무 시에 확인할 내용은 엘리베이터의 심한 유격, 실내온도, 배경음악, 실내등의 밝기 등을 살펴서 이상이 발견되면 시설관리부서에 연락하여 즉시 조치되도록 한다.

❖ The World Best Smile Hotel의 승강기관리 표준

분류	항목	Service Standard Upscale
승강기	운행 감시	운행상태를 24시간 감시하여 이상 발견 시 2분내 출동 조치한다.
	휴지 대기	손님이 원활한 이용을 위하여 1개호기 대기 검토
	실내온도	운행 시 항상 쾌적한 공기를 공급하며, 실내온도는 20℃를 유지한다.
	음악	운행 중 음악(BGM)을 제공하며, 50dB 이하를 유지하여 소음이 되지 않도록 한다.
	일반조도	운행 시 쾌적한 환경을 위해 일반조명은 200[lux]로 한다.
	비상조도	운행 시 쾌적한 환경을 위해 비상조명은 1[lux]로 한다.

❖ The World Best Smile Hotel의 승강기 고장관리 표준

분류	항목	Standard Upgrade
엘리베이터 신고	고장신고 방법	정전 또는 엘리베이터 고장 시 고객 엘리베이터 탑승자는 Service Express로, 화물 엘리베이터 탑승자는 S/E로 엘리베이터 내 인터폰으로 구출을 요청한다.
구출	구출방법	1. 승객에게 잠시만 기다려 달라며 안심시킨다. 2. 인터폰으로 어느 층에 갇혀 있는지 확인한다. 3. 엘리베이터가 정지된 층을 확인 후 한 명은 기계실로 또 한 명은 갇혀 있는 층으로 올라간다. 4. 갇혀 있는 층에 도착하여 승강 DOOR KEY로 승강 DOOR를 살짝 열어본 후 LEVEL 차이가 많이 나지 않을 경우 승강 DOOR KEY로 문을 강제로 연다. 5. 열기 전 승강 DOOR 왼쪽 중앙에서 15cm 정도 윗부분을 밀면서 연다.
		1. 승객에게 잠시만 기다려 달라며 안심시킨다. 2. 어느 층에 있는지 확인하고 승강 DOOR 문을 살짝 열어본다. 3. LEVEL이 정상일 경우 승강 DOOR KEY로 문을 열면 문이 열린다. 4. LEVEL이 정상이 아니고 층과 층 사이에 있으면 한 사람은 기계실로 올라가서 토클S/W인 오토(자동)-핸드(수동) S/W를 핸드 쪽으로 내린다.

❖ The World Best Smile Hotel의 승강기 고장 시 행동 요령

분류	항목	Standard Upgrade
섹션별 행동강령	전기실	고객 갇힘 시 연락을 받으면, 전기실 근무자는 하던 일을 멈추고 서비스익스프레스와 연락하여 손님을 안심시키고 출입문에서 멀리 떨어지게 한 후 엘리베이터 기계실에서 기계 이상 여부를 확인하고 기계적 이상이 없고 전기적인 정상 가동이 불가능할 경우 엘리베이터 구동장치 구출방법에 따라 구출한다.
	Service Express 역할	엘리베이터에 문제가 있어 고객이 엘리베이터 안에서 전화를 한 경우 현재 몇 층이며 몇 분이 함께 있는지 확인하고 10초 이내에 시설과 당직 지배인에게 연락하고, 고객과 통화를 계속하여 손님을 안심시키고 출입문에서 멀리 떨어지게 한 후 조치를 취하고 있다고 안내하고, 구출될 때까지 통화를 계속하여야 한다.
	당직지배인의 역할	1) 정지된 승강기 내부의 고객들과 전화를 통해 접촉하고 구조 중임을 확신시킨다. 고객들의 이름과 객실번호 등을 알아둔다. 2) 일정 간격으로 승강기 내부의 사람들을 안정시키기 위해 연락을 취한다. 3) 시설직원과 함께 승강기의 조명, 공기조절장치 등이 적절히 작동되고 있는지 확인한다. 4) 승강기를 수동으로 움직여야만 한다면 탑승자가 느린 움직임 때문에 두려워하지 않도록 알려주어야 한다. 5) 문이 열리게 되는 층에서 기다려 탑승한다.

2. 호텔 로비지역의 대리석 관리

1) 대리석의 설치와 일상관리

호텔이나 대형건물의 바닥 또는 벽에 설치하는 대리석은 돌의 일종으로 대부분의 돌은 형성과정에 따라 3가지로 구분되는데, 그 종류로는 화성암, 수성암, 변성암이 있다. 첫째는 화성암으로 불에 의해 만들어진 것이다. 불에 용해되면서 불순물이 모두 타고 난 다음 식어 덩어리가 된 것이라서 밀집도가 매우 강하다. 일반적으로 이것을 화강암이라고 한다. 둘째는 수성암으로 오래된 강바닥이나 홍수지역에서 미네랄과 진흙이 쌓여서 형성된 것이다. 수성암은 다른 대리석이나 화강암에 비해 구멍이 더 많고 입자가 덜 밀집되어 있다. 이 종류의 대표적인 돌로는 석회암과 사암이 있다. 셋째는 변성암으로 지구의 변화에 따라 강력한 압력과 열로 인해 변화된 진흙, 탄소, 미네랄 등이 혼합된 형태이다. 변성암이 여러 가지 혼합과정에서 생성된 수정조직체가 일반적인 대리석이다. 이것은 화성암보다 밀집도가 약하지만 수성암보다는 밀집도가 강하다.

돌은 자연의 산물이다. 그래서 일반적으로 돌을 자연석이라 한다. 그러나 보다 더 중요한 것은 돌은 아직 자연상태 그대로인 상품이다. 따라서 어떤 목적으로 어디에 쓰려고 하든 그 돌의 특성을 알아야 한다. 좀 더 세분화하면 화강암, 수성암, 변성암, 석회암, 점판암, 사암 등으로 불리고 있다. 돌에 광택이 나면 대리석이라 부르지만, 정확한 명칭은 아니다. 왜냐하면 지구상에는 8,000여 종류의 돌이 있기 때문에 그 성향을 일괄적으로 정의할 수는 없다. 일반적으로 모든 돌에는 구멍이 있어 유공성이라고 한다. 돌은 숨을 쉬며 바람이 잘 통하지 않거나 습기가 많은 곳에서는 구조가 분해되거나 돌 안에 있는 칼슘, 석회, 산화물이 반응을 일으킨다. 흔히 대리석이 검어지거나 하얗게 보일 때 풍화작용이 일어나고 있음을 알 수 있다. 따라서 호텔시설관리요원이 알아야 할 것은 돌의 이름이 아니라 대리석의 성향일 것이다.

(1) 대리석의 설치

멋진 대리석으로 장식된 천장, 벽, 바닥은 고급스런 건물의 상징이다. 대리석을 설치할 때는 전문가에 의해 설계되고 고급 장비가 동원된다. 현관지역의 대리석 설치작업은 출입문, 프런트데스크의 위치, 영업장의 입구, 엘리베이터의 위치 등을 고려한 동선의 흐름이 좋아야 하며, 대리석의 문양과 크기도 주위 분위기와 조화롭게 선택되어야 한다. 다음 그림은 호텔들이 즐겨 선택하는 대리석의 문양이며 천장, 벽, 바닥에 알맞게 선택되고 있다.

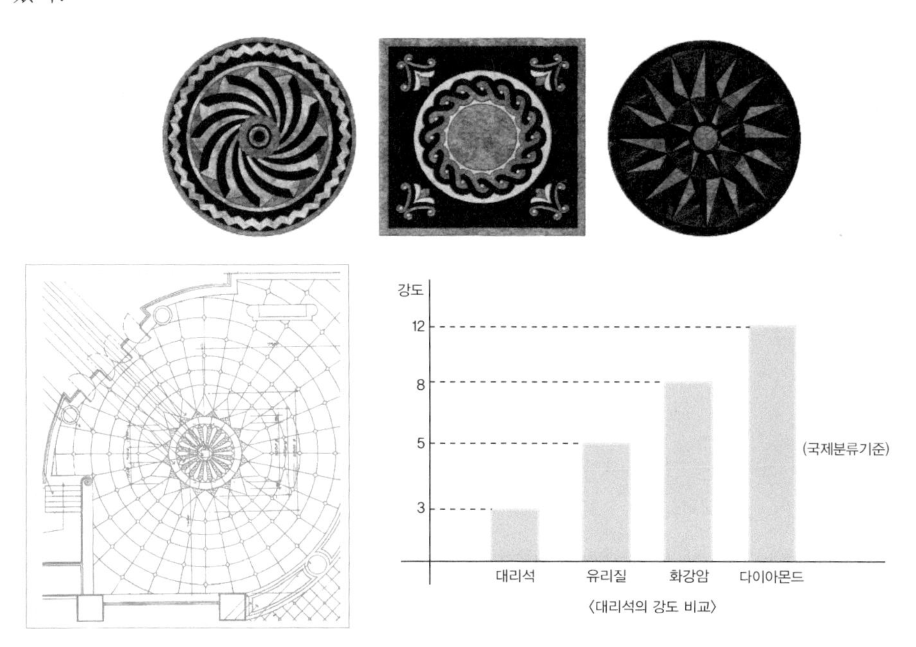

〈대리석의 강도 비교〉

(2) 대리석의 관리

대리석은 고액의 설치비를 요구할 뿐만 아니라 강도도 타 건축재료에 비해 약하므로 특별히 관리하지 않으면 금이 가거나 깨어져 품위를 유지하기가 매우 어렵다. 대리석은 세제나 약품에 민감하게 반응하며, 화공약품에 민감하게 반응한다. 화강암은 오물에 약하여 연마제를 사용하지 않으면 오점의 제거가 어렵다. 따라서 이들을 잘 관리하기 위해서는 이 분야의 기능에 뛰어난 숙련공을 보유하거나 아웃소싱에 의존하여 관리하지 않으면 안 된다. 일반적으로 대리석은 강도가 약해서 관리가 조금만 소홀해도 쉽게 손상되며, 주성분이 석회질(CaCo₃)인 관계로 각종 오염물질이 쉽게 침투되고, 화학적 반응에 아주 민감하여 쉽게 변색되고, 훼손된 부분은 원상복구가 거의 불가능하다. 또한 정상적인 유지관리에 고도의 기술이 필요하여 유지관리에 많은 비용이 든다. 대리석의 관리방법에는 자연상태 유지, 기름걸레 사용, 왁스(wax) 사용법, 연마법, 네토클라(nettoklar) 액체 처리법 등이 있으며, 최근에는 포트폴리오(portfolio) 약품 처리법도 도입되고 있다. 우리나라 대부분의 호텔들은 독일 헨켈(Henkel)사가 개발한 네토클라 액체 처리법을 쓰고 있으며, 이는 대리석을 연마한 후 약품을 발라 미세한 솔(brush)로 문질러 평평하게 하여 말리는 방법으로 적은 비용으로 오래도록 광택을 유지할 수 있다.

관리방법	장 점	단 점	비 고
자연상태유지 (물걸레만 사용)	별도의 유지비가 필요없다 (단순 인건비 투입)	· 대리석의 훼손이 극심하다 · 광택이 전혀 없다 · 대리석 고유의 화려함과 우아함을 전혀 느낄 수 없다	시멘트 바닥과 같은 느낌
기름걸레 사용	별도의 유지비가 필요없다 (단순 인건비만 소요)	· 바닥이 심하게 미끄럽다 · 변색이 심하다 · 기름이 스며들어 원상회복이 불가능	선진국에서 사용 기피
왁스 사용법	비교적 비용이 저렴하다	· 통행에 따른 긁힘 현상이 심함 · 미끄러운 현상 발생 · 왁스를 바르고 벗겨내는 작업을 자주 해야 함(사용 전면 통제) · 기계작업 시 다량의 분진 발생 · 폐수발생(중금속 알칼리 등) · 오래 사용 시 대리석의 변색 현상	선진국에서 사용 기피
연마법	고광택이 가능	· 비용이 매우 비싸다 · 수명이 짧다(1~4개월마다 부분 연마작업. 1년에 1회 정도 전체 재연마 작업이 필요함) · 장기간 이용 시 바닥이 얇아질 수 있다	
네토클라 액체 처리법	· 미끄럽지 않다 · 연마법에 비해 비용이 저렴 · 고도의 광택을 장기간 유지 · 대리석의 표면 강도 향상 및 천연광택 유지 · 항상 일정한 광택 유지 가능	· 고도의 전문기술이 필요 · 초기 작업 시 많은 장비와 시간, 인력이 소요됨	최근 많은 호텔이 이용

(3) 대리석의 광택복원과 유지관리

■ 기존오염의 제거

① 왁스를 바른 바닥의 경우 : 왁스를 완전히 제거한 후 왁스 잔유물 및 박리제 잔유물이 남지 않도록 충분히 헹구어낸다.

② 일반 바닥의 경우 : 바닥 오염 제거제를 사용하여 바닥의 각종 기름기, 오염 등을 완

전히 제거한 후 충분히 닦아준다.

■ 건조작업

① 작업 상황에 따라 차이가 있으나, 30분~2시간 정도 건조시켜 바닥의 물기를 완전히 제거한다.

■ 광택복원 작업방법

① 대리석 광택기에 얇은 철사 패드(steel wool pad)를 붙인다.
② 대리석 바닥에 약품을 분무한다.
③ 약품을 분무한 바닥에 대리석 광택기를 천천히 돌려준다.
④ 광택이 올라올 때까지 작업을 수회 반복한다.
⑤ 바닥표면의 긁힌 자국(scratching)을 완전히 제거하고 광택을 내고자 할 경우 표면다듬기 작업(polishing type grinding)을 시행한 후 광택작업을 시행하면 뚜렷하고 깨끗한 광택효과를 얻을 수 있다.
⑥ 광택작업이 끝난 후 청소기나 밀마포를 이용하여 바닥에 떨어진 대리석가루나 패드가루를 완전히 제거한다.

■ 일상관리

① 밀마포 청소 : 바닥의 모래, 쓰레기 등을 제거한다.
② 물마포 청소 : 대리석 바닥관리용 세정제를 물에 희석하여 물마포를 이용하여 깨끗이 닦는다.

■ 광택보수작업

① 오랫동안 사용하여 광택이 소멸될 경우 보수작업을 통하여 원상 복원하게 되며, 이때에는 위의 광택복원작업방법을 택하게 된다.
② 이때, 초기 작업 시 소요된 시간이나 비용에 비해 훨씬 빠르고 저렴하며 쉽고 간단하게 할 수 있다.
③ 광택이 많이 소멸된 부분만 골라 작업을 시행한다.

3. 호텔 로비지역의 카펫 관리

1) 카펫의 설치와 일상관리

카펫의 기원은 석기시대 동굴생활에 사용한 동물의 가죽이나 풀로 된 깔개에서 유래되었으며, 이러한 개념이 발전하면서 기원전 3세기경 고대 바빌로니아에서 직물을 사용한 카펫이 직조되었고, 기원전 40년경 이집트의 직물기술 발달로 상품으로서 시장에 유통되었다는 설이 있다. 기원전 7세기경 로마시대에는 색상을 첨가한 제품이 출현되어 융단산업이 크게 발달하였다. 근세에 와서 펠트나 누르기식 편면직물로부터 파일(pile) 형의 부피감 있는 직물로 발전하고 있다. 카펫은 호텔에서 꼭 필요한 실내장식 사새로서 그 효용성이 매우 뛰어난 창작물이다. 고객이 보행할 때 편안하고 안정감을 보장하며, 실내 분위기를 따뜻하게 할 뿐만 아니라 소음을 흡수하고, 설치물, 가구류, 인테리어와 함께 좋은 실내장식을 이루게 된다. 뿐만 아니라 다른 바닥재에 비해 저렴하여 경제적이기도 하다. 호텔에서 카펫을 설치함으로써 아래와 같은 이점을 가지게 된다.

▣ 보행안전

① 보행은 바닥의 종류에 따라 감촉이 달라진다.

② 너무 딱딱하거나 부드럽고 미끄러워도 보행에 안전하지 못하다.

③ 따라서 제반요건에 가장 합당한 것이 카펫이다.

▣ 보온성

① 카펫은 단열재로서 효과가 크다.

② 섬유를 사용하므로 촉감이 좋고 맨발이라도 따뜻한 감촉이 있다.

▣ 흡음성

① 걸음걸이, 말소리, 기구이동 등에도 소음을 흡수해 준다.

② 부드러운 것이 흡음성이 높으며, 실내 음향의 50~60 %가 낮아진다.

▣ 장식성

① 대리석과 나무결은 그대로의 자연미가 있다.

② 카펫은 풍부한 색채, 품위, 촉감이 있어 정신적 충족감을 준다.

③ 의전에 적합한 장식품이다.

■ 경제성

① 융단은 손질이 쉽고, 다른 마루보다 보수비가 50~60%선에서 유지가 가능하다.

② 손질이 간편하고, 관리시간이 절약되며, 오래 쓸 수 있다.

(1) 카펫의 설치

카펫을 설치하는 목적은 아늑하고 우아한 실내분위기 조성과 보온 및 안전장치가 중요한 이유로 대두되고 있다. 따라서 호텔건물에서 카펫은 그 효용가치가 높기 때문에 많이 이용되고 있으며, 장소에 따라 색상, 재질, 모양을 다르게 선택할 수 있다. 설치방법은 대리석과 같이 전문가에 의해 디자인되고 설치되어야 하는데, 주로 시멘트 바닥에 나무로 된 졸대를 일정한 간격으로 바닥에 고정시켜 설치하고, 펠트를 깐 후 카펫을 깔아 가장자리부분을 고정시키게 된다. 카펫은 신축성이 강하여 내 · 외부 온도와 습도에 민감하게 반응하므로 재질에 세심한 신경을 써서 선택하고, 계절을 고려하여 설치하여야 한다.

(2) 카펫의 관리

카펫의 종류로는 양모, 화학섬유, 혼방으로 직조된 것이 있으며, 이들을 관리하는 방법도 각각 다르다. 카펫을 관리하는 방법에는 진공청소와 샴푸가 있는데, 고급스런 카펫일수록 취급에 신중을 기해야 한다. 호텔에서는 많은 카펫이 설치되어 있고, 샴푸작업 그 자체가 기술이며, 기계를 사용해야 하므로 카펫 샴푸담당자는 기술직으로 분류하여 관리하게 된다. 카펫의 수명은 제품 자체가 중요하지만, 관리를 어떻게 하느냐 하는 것도 수명을 연장하는 데 큰 영향을 미친다.

■ 일상관리

① 일상관리는 진공청소기를 사용하여 실시하며 로비는 일일 3~4회 정도 실시한다.

② 손잡이진공청소기 또는 먼지수집기(Carpet Sweeper)로 부분청소를 실시한다.

▣ 오점제거 및 부분청소

① 카펫에 껌이 붙었을 경우 휘발유나 벤젠을 걸레나 솔에 흠뻑 묻혀 닦아낸다.

② 음식물이 엎질러졌을 때에는 마른 걸레로 닦아낸다.

③ 커피, 우유 등이 묻었을 때에는 더운물과 비누를 사용하여 그 부분만 집중 청소한다.

④ 위의 것으로 깨끗해지지 않으면 허락된 약품(카펫 프로텍터, 스테인리무버, 스프레이 클리너, 프리트리트먼트, 익스트랙션 클리너)을 이용해서 제거한다.

▣ 샴푸를 이용한 관리

① 연간계획을 세워 실시하며 비수기에 실시하므로 이용고객의 불편을 줄인다.

② 현관로비지역은 월 1회 이상 실시한다.

③ 탈색, 변질된 카펫은 교체하여 항시 깨끗하게 유지관리한다.

④ 작업은 훌륭한 기계와 좋은 약품 및 노련한 기술이 필요하므로 평소에 이런 자원을 확보한다.

4. 매트(mats)와 러너(runner) 관리

호텔의 현관, 로비, 영업장에 모래, 흙, 불순물이나 먼지, 물기가 유입되는 것을 방지하는 방법은 매트나 러너를 깔아두는 것이다. 매트나 러너는 사용목적과 주위의 분위기에 맞는 고급스러운 것을 선택하여 호텔의 이미지 관리에 세심한 배려를 해야 한다.

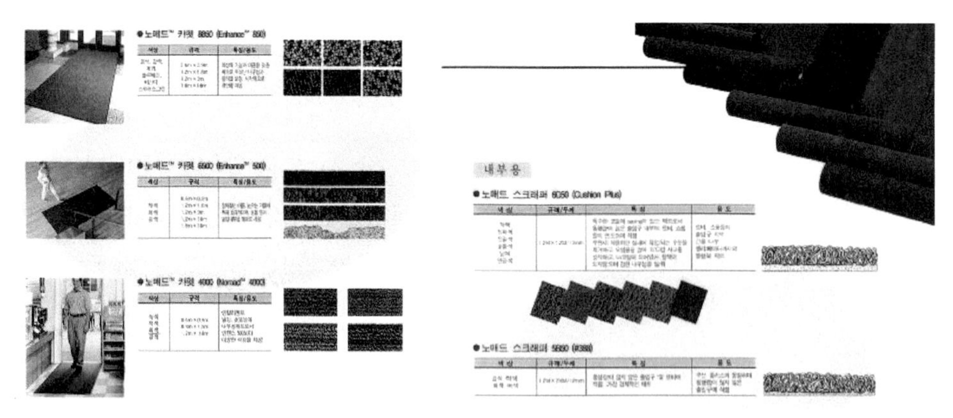

▣ 매트와 러너의 필요성

① 미끄러움을 방지하여 안전에 대비한다.

② 모래나 흙, 신발의 먼지로부터 카펫이나 대리석을 보호한다.

③ 호텔입구의 분위기를 살려준다.

2 객실의 시설관리

1. 객실상품의 종류별, 위치별 배치

호텔의 주력상품인 객실은 그 호텔을 이용하는 주고객과 잠재고객의 선호도에 맞게 종류와 층별 위치를 결정짓게 되는데, 이는 마케팅전략뿐만 아니라 경영전반에 큰 영향을 미치는 중요한 사안이므로 각 부서장과 총지배인이 충분히 검토하여 결정해야 할 것이다. 객실의 종류별, 위치별 개략(guest room mix summary)을 수립할 때, 시설관리부서는 의사결정에 적극적으로 참여하여 기술적 자문을 해야 하고, 룸믹스(room mix)가 결정되면 이에 따른 가장 적합한 FF&E를 구입하여 배치해야 한다. 다음의 표에서 보듯이 호텔은 규모가 크고, 시장이 세분화될수록 보다 다양한 객실상품을 구성하게 되는데 각 객실의 가구, 부착물과 장비를 과학적 · 인체공학적으로 배치(lay-out)하는 것은 시설관리부서와 객실관리부서의 몫이다.

The World Best Smile Hotel

객실의 종류별, 위치별 배치현황

	Color Scheme	Room Type	Floors 5-7	Floors 8-18	Floors 19-20	Floors 21	Floors 22	Floors 23	Quan-tity	Key	Module
TYPICAL DOUBLE		D-1	15	50	10	4	3		82	82	82
CONNECTING D/D		D-2	12	40	2	2			56	56	56
PERSON W/DISABILITY D/D		D-3	6	20	4				30	30	30
CORNER D/D		D-4	6	20		2			28	28	28
TYPICAL KING		K-1	15	50	10	3	4		82	82	82
CONNECTING KING		K-2	9	40	2	2			53	53	53
PERSONS WITH A DISABILITY KING		HK	3						3	3	3
CORNER KING		K-3	6						26	26	26
JUNIOR SUITE		SJ			4	2	3		9	9	18
EXECUTIVE SUITE		SE			4	2	2		8	16	24
PRESIDENTIAL SUITE		SP						1	1	1	6
CHAIRMAN'S SUITE		SC						1	1	1	6
SUBTOTAL									379	387	414
1 BR APT 5 TYPE								18	28		36
2 BR APT 4 TYPE								4	4		12
3 BR APT 1 TYPE								1	1		4
CLUB LOUNGE						1	5				6
								GRAND TOTAL	402		470

2. 객실 FF&E의 배치

객실에 비치되는 가구(furniture)와 설치물(fixture)과 장비(equipment)에는 객실출입문 구역, 벽장구역, 책상과 서랍장, 탁자와 스탠드, TV장, 미니바, 침대, 창문과 커튼, 응접실, 욕실 등에 있는 가구, 설치물과 장비가 있으며, 벽과 천장의 실내등, 냉방과 온방시스템 등이 있다. 각급 호텔들은 객실상품의 가치를 높이고, 이를 차별화하기 위해 다양한 고객 편의시설을 하고, 가구와 장비를 비치한다. 다음의 사진은 호텔들이 자랑하는 세계에서 가장 고급스러운 객실상품을 모은 것으로 호텔 객실상품을 이해하는 데 도움이 될 것으로 사료된다.

❖ 호텔의 다양한 객실과 침대

❖ 호화로운 응접실

❖ 호텔의 욕실

3. 5성급호텔 객실상품 구성의 추세

아래 제시된 객실 FF&E 배치도는 지난 달 우리나라에 개관된 특1등급호텔의 보통객실 꾸밈새를 옮긴 것으로 현시대의 호텔객실상품 구성을 확인할 수 있는 기회를 제공하게 된다. 고객의 안전을 위하여 실내 소방 및 안전 장비(완강기, 화재감지기, 화재경보기, 살수기, 소화기, 구내방송, 손전등, 실내 비상등)가 잘 갖추어져 있고, 대형 LCD TV를 설치하고, 안전금고와 미니바는 사무장비가 있는 책상(working table) 안으로 배치하였으며, 객실 내의 모든 전기제품, 전등 및 커튼 등은 나이트 테이블(night table)에 있는 제어장치(remote controller)로 제어가 가능하도록 설계되었다. 이는 호텔객실이 과학화된 증거일 것이다. 뿐만 아니라 욕실공간을 넓게 설계함으로써 쾌적한 환경을 제공하고, 누드형 욕조를 설치하여 청결한 느낌을 주며, 욕조와 샤워꼭지(shower booth)를 창문 옆에 비치하여 샤워를 즐기면서 외부의 자연경관을 함께 조망할 수 있도록 시설되어 고객만족도를 높이는 계기를 마련하였다. 아래 제시된 배치도에서 호텔객실의 천장에 설치된 부착물, 객실 및 욕실에 비치된 가구, 장비를 일목요연하게 볼 수 있다.

❖ 국내 특1등급호텔의 객실 가구, 설치물, 장비들의 배치도(lay-out)

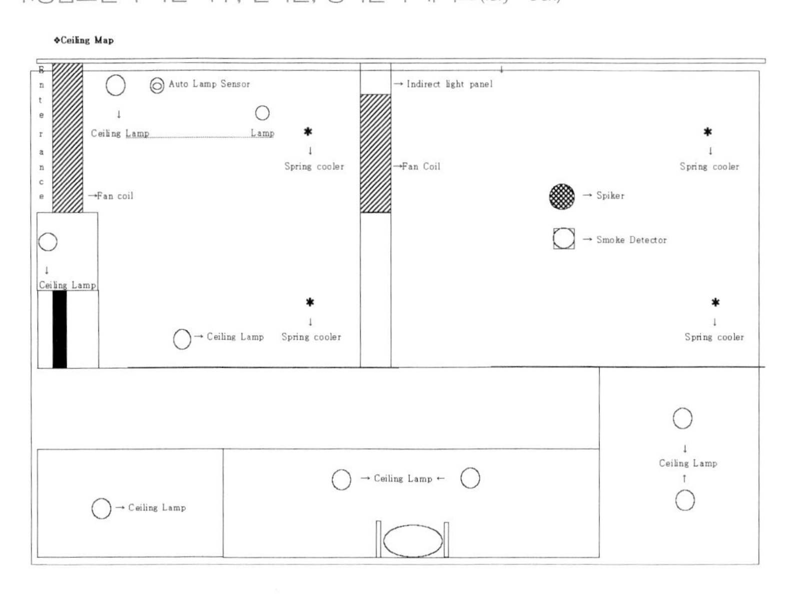

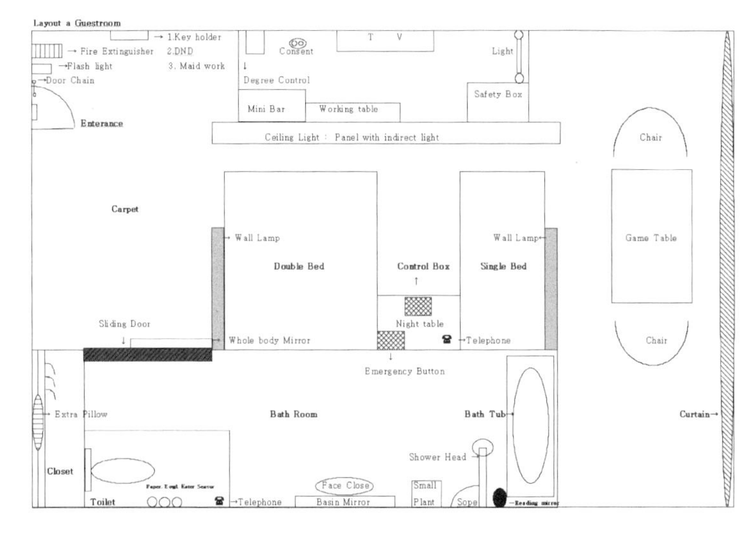

❖ 국내 특1등급호텔 객실의 가구, 설치물, 장비들

❖ 국내 특1등급호텔 욕실의 가구, 설치물, 장비들

4. 객실의 FF&E 관리

호텔의 객실은 방이라는 빈 공간에 가구, 부착물, 장비(FF&E : furniture, fixture & equipments)를 채워넣어 상품을 구성하게 된다. 호텔은 주상품인 객실의 가치를 잘 유지하고 있는가에 대해 점검하여 이에 따른 개·보수 계획을 수립하게 된다. 객실은 최소한 6개월에 한번은 대청소를 하면서 벽, 천장, 환풍구, 에어컨, 온방기계, 창문, 욕실, 커튼, 업무용 책상과 의자, TV 및 냉장고에 대해 점검하여야 한다. 이에 따른 리스트는 평소 객실상태에 대한 현장점검으로 이루어지며, 업무는 객실관리부서와 시설관리부서가 함께 진행하여야 한다. 책임감 있게 업무원칙을 지키는 객실점검원이 많을수록 그 호텔의 객실상품관리는 잘될 수 있으며, 고급화된 객실의 품질이 가격을 결정하는 데 영향을 미쳐 매출을 증대시키는 데 기여하게 된다.

1) 객실점검과 사후조치

객실관리부서는 매월 말, 모든 객실을 정기점검 후 체크리스트를 작성하고, 시설관리부서와 협조하여 시설관리 측면에서 예산을 확보하고 영선하도록 업무협조를 하게 된다. 이 모든 사항은 가정을 떠난 고객에게 가장 깨끗한 시설을 경험하게 하고, 호텔의 체류가 즐겁고 편안하며, 정감이 넘치는 가정과 같은 공간이 될 수 있도록 강한 애직심을 발휘하는 과정이 될 것이다.

The World Best Smile Hotel

Guest Room Maintenance Checklist(객실유지관리체크리스트)1/4쪽

Room Number

FORM "A"

Checked By : ___________________ Date : ___________________

Follow-up Inspection By : ___________________ Date : ___________________

		NATURE OF REPAIR NEEDED	DONE BY (INITIAL)	DATE
ENTRY DOOR	Door closer works			
	Locks automatically			
	Peephole in place			
	Chain on correctly			
	Door stop			
	Door strike			
	Security Plague			
ALL DOORS	Damaged			
	Thresholds			
	Handles			
	Locks work			
	Squeaking			
	Frames			
	Paint/Finish			
	Door strike fastened			
CLOSET	Hangers/hooks			
	Vale Pak hook			
	Shelf			
	Light/auto. switch			
	Clothes rod			
	Door fits/locks			
PAINT/VINYL	Walls : condition			
	Ceiling : condition			
	Inside closet			
ELECTRICAL	Lamps working			
	Switches in place			
	Cover plates/all sockets			
	A/C control			
	Clock/proper time/S hook			

Guest Room Maintenance Checklist(객실유지관리체크리스트)2/4쪽

Room Number

Checked By : ____________ Date : ____________

Follow-up Inspection By : ____________ Date : ____________

		NATURE OF REPAIR NEEDED	DONE BY (INITIAL)	DATE
ELECTRICAL(CONT.)	Message light			
	Electric blanket controls			
	Ligh bulbs (specify)			
	Electrical cords tied			
TV	Reception			
	Color			
	Antenna wire in place			
	Power wire plugged in			
	Control knobs			
RADIO	Working			
AIR CONDITIONER	Control buttons			
	Thermostat set			
	Unit clean			
	Covers in place			
DRAPERIES	Tracks working			
	Blackout when closed			
BASEBOARDS	In place			
WINDOWS	Frames			
	Handles			
SLIDING DOORS	Frames			
	Handles			
	Lock			
FURNITURE	Handles on drawers			
	Drawers slide properly			
	Headboards loose			
	Bedframe connected			
	Chair leg casters			
OTHER				

Guest Room Maintenance Checklist(객실유지관리체크리스트)3/4쪽

Room Number

Checked By : ________________ Date : ________________

Follow-up Inspection By : ________________ Date : ________________

		NATURE OF REPAIR NEEDED	DONE BY (INITIAL)	DATE
BATHTUB	Enamel			
	Grouting			
	Tile			
	Soap dish			
	Plug/drain stopper			
	Faucets/leaks			
	Shower head			
	Shower control			
	Water pressure/temperature			
	Does tub hold water			
	Clothesline			
	Shower rod			
	Shower curtain rings			
	Shower door			
	Shower door tracks			
TOILET	Flush			
	Water temperature			
	Seat			
	Seat bumpers			
	Water leaks			
	Water pressure			
	Cracks or discoloring			
	Grouting around stool			
VANITY	Grouting			
	Cracks			
	Metal soap dish			

Guest Room Maintenance Checklist(객실유지관리체크리스트)4/4쪽

Room Number

Checked By : ____________________ Date : ____________________

Follow-up Inspection By : ____________________ Date : ____________________

		NATURE OF REPAIR NEEDED	DONE BY (INITIAL)	DATE
BASIN				
FIXTURES				
MIRROR				
TILE				
WALLPAPER				
PAINT				
OTHER				

2) 실내장식 및 가구류 관리

호텔의 내부 장식은 인테리어 전문가에 의해 설계되고 장식되지만, 이를 평가하는 사람은 안목이 높은 전문가부터 일반인에 이르기까지 다양하다. 호텔의 실내장식을 우아하고, 품위 있고, 고급스럽게 관리하는 사람은 객실관리부서장과 시설관리부서장이어야 하며, 그들은 장식과 가구에 대한 전문가가 되어야 한다. 실내의 색상, 가구, 집기, 부착물 등이 균형 있게 배치되고 전체가 아늑하고 정감 넘치는 분위기를 연출해야만 훌륭한 상품으로서의 역할을 할 수 있다. 따라서 호텔건물의 모든 내부 장식은 주제 또는 중심적인 구상을 가지고 있어야 하며, 고객들로 하여금 '가정과 같은 정감이 있고 편안함'을 느끼도록 분위기를 연출하므로 호텔의 경영감각이 손님을 기쁘게 하고, 고객이 그 분위기에 매료되어 다시 찾도록 해야 한다. 색채는 객실장식의 주요한 부분이므로 전문가와 협의하여 호텔의 이미지를 돋보이게 한다. 주도적인 색깔은 방의 벽, 바닥, 천장 등에 사용하고, 부분적으로 강조하는 곳은 대조색을 사용한다. 가구는 재료, 색상, 크기 등이 사용목적에 적합해야 하고, 그 외양의 성질은 객실의 분위기와 전반적인 객실 디자인이 조화를 이루어야 한다. 객실가구는 사용하기 편리하고 쾌적한 모양으로 제작하며 넓이의 안배에도 신경을 써야 한다.

(1) 가구의 선택과 배치

가구의 색상은 건축적 특색과 밀접하게 연관되어 있으며, 객실 가구는 사용하기 편하고, 쾌적한 모양, 객실 분위기에 맞게 배열하고 일직선 배열은 피하는 것이 좋다. 특실은 주로 침실과 거실로 구성되므로 이들 두 방의 가구를 조화롭게 선택해야 고급스런 분위기 연출이 가능하게 된다.

(2) 가구류 관리

객실 가구류는 고가격, 고품질의 가구가 대부분이다. 가구류 관리는 객실정비원의 기본업무 중 중요한 부분이므로 가구의 재질에 따라 사용하는 세제를 잘 익혀 품위와 수명 연장에 유념해야 한다.

① 목재, 철재, 플라스틱 등 그 재질에 맞는 왁스나 세제류를 사용

② 니스로 마감된 것은 왁스 스프레이(wax spray)를 사용

③ 어두운 색 나무가구는 솔벤트 오일로 광을 냄

④ 물기 있는 천으로 닦은 곳은 반드시 마른 천으로 마감
⑤ 흠집이 난 곳은 가구와 같은 색으로 수선
⑥ 플라스틱 제품은 마른 천으로 닦고 스프레이 왁스로 마감
⑦ 유리제품에는 손자국이나 다른 마크가 없도록 유리세제로 닦음

(3) 실내배색관리

색채는 객실장식의 가장 중요한 부분이다. 객실의 분위기를 결정할 뿐만 아니라 객실의 크기, 형태, 다른 인테리어와의 조화를 강요하기도 한다. 호텔 객실에 사용하는 색채는 사용상 어떤 공식은 없지만 고객의 성향과 사용목적에 맞게 배색하는 것이 무난하다. 붉은색, 오렌지색, 노란색은 따뜻한 색깔로 햇볕을 등진 객실에 잘 어울리며, 푸른색, 초록색은 남향, 서향에 잘 어울린다. 밝은 색채는 햇볕이 많은 방향에 어울리고, 어두운 색상은 북쪽이나 구름이 많은 기후에 어울린다.

▣ 실내배색

① 벽의 색상은 밝은 중성계통이 쾌활하고 침착한 감을 나타내므로 천장보다 조금 무겁고 밝은 중간색을 택한다.
② 굽도리색은 벽이나 기둥의 아래쪽 굽도리에 쓰므로 벽과 같은 계통의 색이나 그보다 명도가 낮거나 진한 색을 사용한다.
③ 바닥 색은 벽과 다른 색을 쓰는 것이 좋다. 같은 계열의 색은 명도의 대비를 강하게 하므로 진한 색을 사용하면 무난하다.
④ 천장 색은 백색 또는 가능하면 백색에 가까운 밝은 색이 좋으며, 실내의 조명효과를 높이기도 하므로 벽과 동일한 색일 때에는 벽보다 명도가 높은 편이 무난하다.
⑤ 사무용 책상, 의자 등의 가구색상은 종이보다 조금 어두운 색이 좋다. 책상, 바닥, 벽은 서로 조화로운 색상을 선택한다
⑥ 커튼은 실내의 조화를 이루는 데 매우 큰 역할을 한다. 난색과 한색의 배열이 중요하다.

(4) 실내조명관리

실내조명은 너무 밝거나 어두우면 곤란하다. 전반적으로 사물을 확인할 수 있을 정도의 밝기와 분위기 조성을 필요로 하는 조명이어야 하며, 필요에 따라서 부분조명을 사용

한다. 객실의 크기에 따라 다르지만 보편적으로 33㎡ 규모의 객실에는 전등을 4개 정도 비치하면 적절하다고 보며, 전구의 광원은 백열등이 주로 사용된다. 백열등은 식당, 주방, 응접실, 침실 등에 사용하고, 고객의 장소에는 형광등을 사용하지 않는다. 객실에 비치하는 조명의 종류는 다음과 같으며 불빛이 향하는 방향은 아래 그림과 같다.

❖ 조명방향

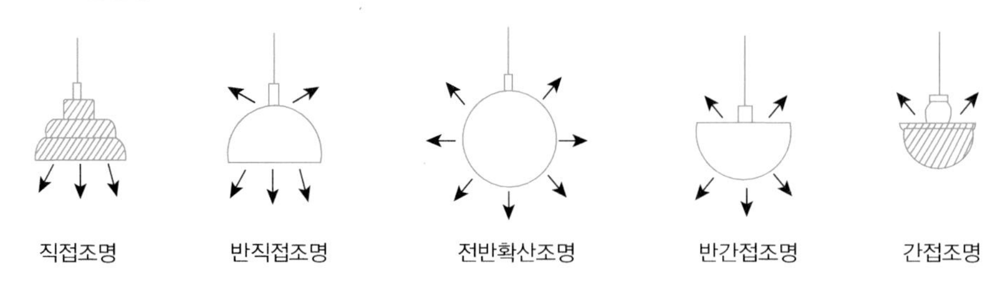

■ 객실내부의 위치에 따른 조명장식

① 전반조명 : 실내 전체 조명
② 국부조명 : 필요한 곳만 조명(응접세트, 사무용 책상, 화장대, 침대 머리맡, 벽장 내부 등)
③ 직접조명 : 광원으로부터 빛을 아래로 향하게 한다.
④ 반직접조명 : 대접형 갓으로 눈부시지 않게 일부 차단한다.
⑤ 전반확산조명 : 우유색 둥근 유리 갓으로 에워싸서 사방을 골고루 비치게 한다.
⑥ 반간접조명 : 빛의 일부는 아래로, 다른 일부는 천장으로 분산하여 실내가 부드러워지도록 한다.
⑦ 간접조명 : 빛이 천장이나 벽을 향하게 한다.

■ 조명에 대한 점검사항

① 적절한 밝기
② 눈부신 것을 제거
③ 필요에 따라 적당한 그림자
④ 빛의 색이 적당할 것
⑤ 경제적일 것

⑥ 보수를 간단히 할 수 있을 것

⑦ 안전성이 높을 것

❖ 객실조명기구

(5) 객실 에너지 관리

호텔은 객실이 판매되지 않더라도 건물 전체를 유지하기 위해 많은 전기료를 지급하게 된다. 경우에 따라 잘 관리하면 크게 절약할 수 있는 부분이 전기료이다. 빈 객실의 소등은 물론이고, 판매되지 않은 객실의 에어컨을 끄고, 투숙이 예정된 객실은 에어컨의 스위치를 절약형에 맞추어둔다. 주로 직원이 이용하는 서비스지역에 불필요한 전등을 소등하고, 각 사무실의 전기도 직원들이 자진해서 줄인다면 비용이 크게 개선되리라 본다. 호텔들이 설정한 객실전등의 에너지공급 표준은 다음의 표와 같다.

❖ 객실조명과 에너지 관리

전등 위치		볼테이지
객실	침대 옆	40w(크립톤)
	벽등 또는 걸개	데코램프 T5 21w 또는 12w(오스람)
	옷장	데코램프 T5 14w * 2(F/S)
		데코램프 T5 21w(Normal)
	테이블/데스크용	40w(크립톤)
	샹들리에	40w(크립톤)
	입구	25w(크립톤)
	한실	40w(크립톤) 21w(T5)
화장실	벽등	21w(T5)
	세면대	50w(할로겐)
	변기/샤워장	70w(삼파장)

3 객실관리부서의 장비관리

객실관리부서에는 호텔시설물을 정비하기 위해 다양한 장비를 보유하고 있다. 객실, 식음료영업장, 부대시설을 효율적으로 정비하기 위해서는 이러한 장비들이 제 기능을 충분히 할 수 있도록 최상의 상태를 유지해야 한다. 시설관리부서에서는 이러한 장비가 제 기능을 하는지 수시로 점검함으로써 업무를 지원한다.

❖ 호텔의 정비를 위한 장비들

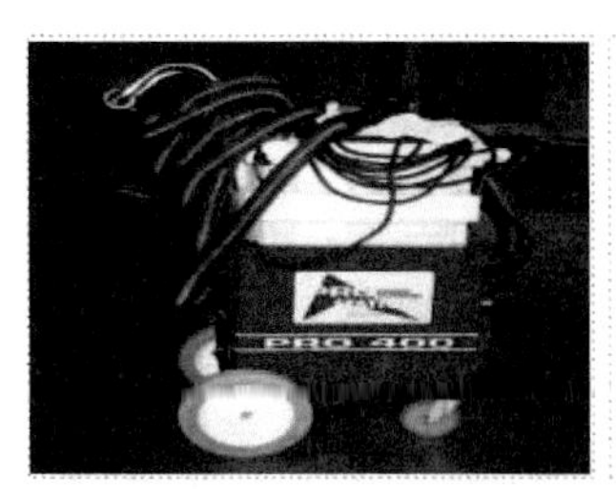

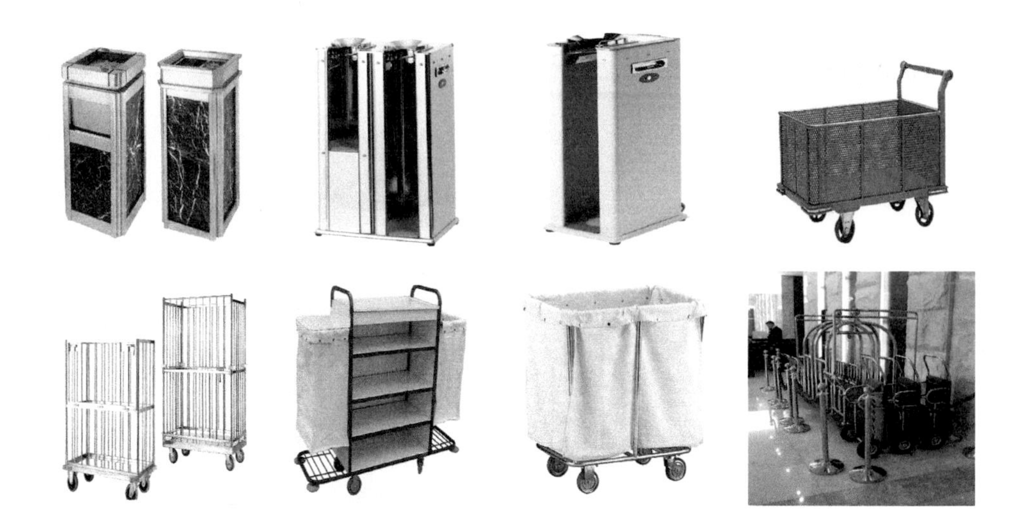

4 세탁실 시설 및 장비관리

1. 세탁실 시설관리

호텔의 세탁실은 고객이 요청하는 드라이클리닝, 세탁, 다림질, 수선 등의 업무를 진행하게 되며, 호텔의 영업을 지원하는 다양한 리넨을 생산하게 되므로 최초의 시설을 고려하는 단계부터 효율을 높일 수 있는 동선과 배치(lay-out)가 필요하다. 세탁실은 많은 양의 물과 기름을 이용하여 세탁업무를 수행하게 되므로 에너지 절약형 장비와 최적의 작업동선을 구축해야 한다. 뿐만 아니라 장비가 고장났을 경우 쉽게 장비에 접근할 수 있는 공간을 확보해야 하고, 하수구에 트레인을 설치하여 기름이나 오염된 물이 하수구에 직접 방류되는 것을 막아야 한다. 다음의 배치도는 서울에 있는 500실 규모 호텔에 설치된 장비의 배치를 고려하여 작성한 것이다.

❖ 세탁실의 장비 배치도

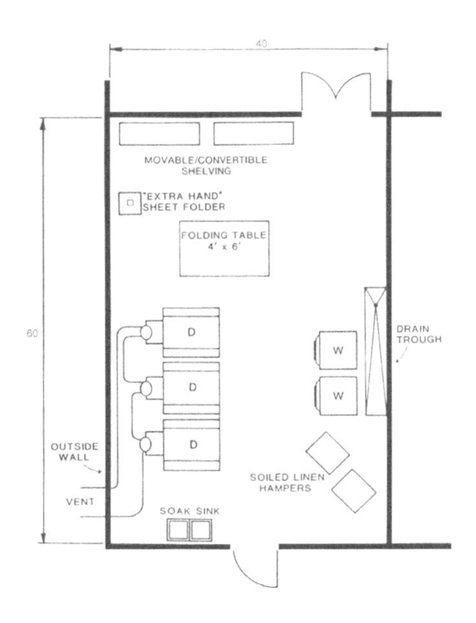

2. 세탁실 장비관리

호텔은 매일매일 영업의 규모에 따라 생산해야 하는 세탁작업량이 있으므로 세탁장비도 이런 영업의 규모에 따라 설비해야 한다. 일반적으로 객실점유율 80% 정도의 생산 가능한 설비를 갖추고, 계속해서 객실점유율이 높거나 식음료, 부대시설의 영업이 호조를 띤다면 근무조를 늘려서 생산에 만전을 기한다. 세탁장비에는 물세탁, 기름세탁, 건조, 다림질, 시트용 롤러 등을 호텔의 규모에 맞게 설치하게 된다. 세탁장비는 안전을 위해서 일상관리체계를 유지하며, 세탁실에서 고장신고가 있을 때는 시설관리부서에서 즉시 출동하여 정상화시킴으로써 생산 차질을 최소화한다.

❖ 호텔의 세탁장비들

5 주차장 시설관리

단기체재 외국인을 제외하면 호텔을 찾는 대부분의 고객은 호텔의 주차공간을 이용하고 있으며, 고급호텔일수록 고객이 운행하는 차량은 고가의 외제차량이나 중형차량이 많다. 이들이 안심하고 차량을 주차할 수 있는 공간을 확보하고, 안전하게 관리될 수 있도록 배려해야 한다. 호텔 개관프로젝트가 계획될 때 고객의 안전한 주차를 위해 지상에 충분한 주차공간을 확보하는 것이 검토되어야 하고, 지상에 충분한 공간을 확보하지 못할 경우 지하층과 별도의 주차건물을 고려할 수 있다. 이때 관련법에서 규정하고 있는 공간과 호텔의 객실 수, 그리고 영업장 수용인원을 감안하여 충분한 공간과 편리성을 확보함으로써 향후 발생할 운영인력에 따른 비용도 염두에 두어야 한다.

❖ 호텔의 주차시설

호텔 식음료부문의 시설관리

호텔 식음료부문의 시설관리

1 식음영업장의 시설관리

1. 식음료영업장의 시설관리

호텔에는 객실, 식음료, 부대업장 등 고객을 위한 공간이 다양하며, 식음료영업장은 최고 품질의 식음료와 서비스를 제공하기 위해서 최상의 시설과 설비를 갖춘 공간이어야 하며, 이러한 시설은 고객에게 만족감을 확신시켜야 한다. 식음료부문의 시설과 설비는 식음료가 신선하게 준비되고 매력적이며, 최상의 맛을 낼 수 있어야 하며, 이렇게 준비된 식음료가 고객에게 신속 · 정확하게 서비스되도록 설계되어야 한다.

호텔의 식음료영업장을 시설하고, 설비를 투입할 때는 대체적으로 아래와 같은 것을 고려해야 한다.

▣ 식음료영업장에 고려할 시설과 설비

① 종업원이 편안하게 준비하고, 서비스할 수 있도록 한다.
② 식음료 재료를 편하게 공급받을 수 있도록 한다.
③ 공간이용을 극대화할 수 있도록 한다.
④ 항상 청결이 유지될 수 있도록 한다.
⑤ 원가관리에 애쓸 수 있는 환경을 조성한다.
⑥ 고객에게 매력적인 공간이 되도록 인테리어에 세심한 배려를 한다.
⑦ 에너지 비용을 극소화할 수 있도록 채광에 힘쓴다.
⑧ 고객 동선과 종업원 동선의 효율성을 감안하여 구획한다.

아래 그림은 식당, 주장, 조리실이 함께 고려된 호텔레스토랑의 시설과 설비를 제시한 것이다.

❖ 실제 식당의 설계도

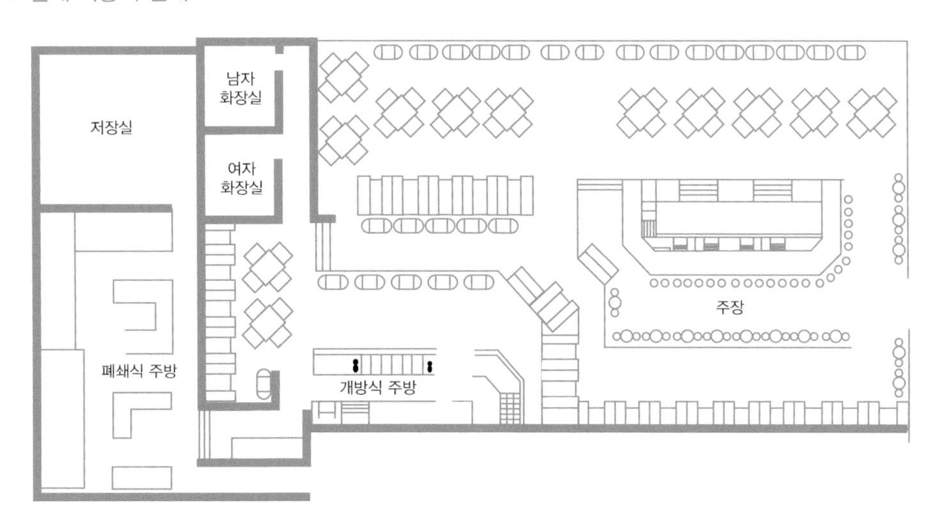

2. 바와 라운지 시설관리

주장의 분위기는 고객들이 그 주장을 이용할 것인지, 이용한다면 어떤 고객들이 이용할 것인지, 고객들이 얼마 동안 머물고, 얼마나 소비할 것인지, 그리고 그 고객들이 다시 방문한다면 다른 고객과 대동할 것인지를 결정하는 데 결정적인 영향을 미치게 된다.

시설과 장식은 분위기를 시각적으로 나타내는 것이므로 장식은 FF&E의 배치, 벽, 바닥, 천장, 조명, 창호, 설비 및 부속물, 특별 전시사항과 더불어 주장 자체의 전 · 후방부문을 포함한다. 이러한 각 요소는 전반적인 개념에 의해서 계획되고 배치되어야 한다.

실내장식을 하기 전에 고려해야 할 사항이 설비의 배치이며, 설비배치 시 고려해야 할 기본적 요소로는 가용공간, 그 공간에 적용되는 활동과 서비스, 매출액과 고객의 수, 레스토랑 또는 호텔에서 주장의 중요성 등이 있다.

이러한 실내장식과 설비배치상의 고려점을 인식하고, 각 주장을 설비하는 데는 다음과 같은 요건을 충분히 고려해야 할 것이다.

▣ 주장의 설비배치 시 고려사항

① 고객이 이용하기 편리한 위치와 출입구를 갖추어야 한다.
② 각 주장의 특색에 알맞은 구조와 디자인을 갖추어야 한다.
③ 각 주장의 특성에 알맞은 조명과 음악을 갖추어야 한다.

이상과 같은 요건이 충분히 고려되어 마주보며 환담을 즐길 수 있고 서비스를 제공할 수 있는 바 카운터 데스크와 각종 음료를 전시할 수 있는 가구도 갖추어져야 한다.

또한 회원을 위한 주장이라면 회원들의 음료를 보관하는 음료보관함(bottle keep box) 시설도 갖추어야 할 것이다.

바 카운터 데스크의 모형은 주장의 성격 및 규모에 따라서 공간을 경제적으로 이용할 수 있는 'L'형, 적은 공간에 많은 고객이 착석할 수 있는 'U'형, 고객이 각종 음료를 마시면서 환담을 즐길 수 있는 'I'형 등으로 나눌 수 있다.

일반적으로 바 카운터 데스크는 주장의 성격에 따라서 약간씩 다르게 설비되나 폭은 40㎝, 높이는 120㎝ 정도로 기준하여 설비하면 이상적이라고 하겠다.

❖ 식음료영업장 시설현황(Food & Beverage Outlets Facilities)

Description/Concept	Location	Kitchen		Meals			Seating Capacity
		Main	Outlet	B	L	D	
3-Meal Restaurant	Lobby Level	✓		✓	✓	✓	200
Specialty Restaurant	Roof top		✓		✓	✓	100
Lobby Lounge	Off Lobby facing front						50
Entertainment Lounge	Roof top						100

Public Spaces - Function Space

Meeting Rooms	Location	No.	Dimensions	Banquet Seating Capacity	Net Area Required	Prefunction Net Area Required
Subtotal Meeting Rooms Overall Net Area :						

Board Rooms	Location	No.	Dimensions	Banquet Seating Capacity	Net Area Required	Prefunction Net Area Required
Subtotal Board Rooms Overall Net Area :						

식음료영업장은 호텔의 품위를 결정짓는 공간이므로 음식의 맛 이상으로 깨끗한 분위기 연출이 선결되어야 한다.

식음료영업장의 청소는 영업시작 전과 후에 이뤄지며, 점심영업이 끝난 시점에 업장 바닥을 진공청소하여 저녁영업을 준비한다. 저녁영업 종료 후 야간 청소 담당자(night house person)가 출근하여 카펫 샴푸, 창문, 출입문, 의자, 테이블, 장식품, 가구류, 선반 등을 청소하게 된다. 이때 영업장 내의 꽃꽂이나 화분 등을 점검하여 시든 것은 드러내어 다음날 영업에 새로운 것으로 교체되도록 조치를 취한다.

연회장은 거의 모든 곳에 카펫이 깔려 있으므로 진공청소기를 이용하여 청소를 해야 한다. 진공청소는 행사 전후에 하게 되고 가끔 야간에 샴푸도 해야 하며, 행사 시 더럽혀진 부분은 가장 빠른 시기에 약품이나 세제로 부분 샴푸를 하여 상태가 더 나빠지지 않도록 조치를 취한다. 입구에 깔린 대리석은 광택기를 이용하여 항상 빛이 나도록 광택질(burnishing)을 해야 한다.

3. 영업장의 음식료 보관관리

대다수의 식음료영업장과 조리실에는 대형 냉장고를 설치하여 음식의 부패를 막는 데 최선을 다한다. 외부공기의 유입과 배출이 잘 되는 곳에 냉장고가 설치되어야 하며, 가능하면 공기에 관련된 파이프라인은 이중으로 설치하여 고장 시 자동으로 전환이 가능하도록 설치한다. 냉장고 내부의 냉동은 -12~-10℃(10.4~14℉)를 유지해야 한다.

❖ 식음료영업장에서 취급하는 식음료 보관 시 적정온도

Recommended Conditions for Refrigerated and Low-Temperature Areas			
Foods	Temporary Storage (℉)	Holding Storage (℉)	Recommended Relative Humidity (%)
Vegetables and fruits	36~42	32~36	95
Meats	34~38	32~36	85
Fish	30~40	30~40	85
Eggs	36~40	31~40	95
Butter and cheese	38~40	35~40	85
Bottled beverages	35~40	35~40	-
Frozen foods	10~30	0~10	-
Ice cream	6~12(for dishing)	0~10	-

4. 식음료영업장의 조명색상관리

호텔의 영업장은 격이 있는 식음료 서비스를 위한 최상의 공간으로 가꿔져야 하며, 이때 멋진 색상은 조명의 품질을 높인다. 푸른색으로 된 벽채는 붉은빛의 음식을 돋보이게 한다. 이는 벽의 색상에 갔던 눈이 음식에 와 닿으면서 색상의 조화를 이루기 때문이다. 핑크색, 짙은 청색, 아이보리색, 그 외 밝은색은 흰색 바탕을 더 밝게 한다. 붉은색, 주황색, 갈색, 회색, 그 외 어두운 색은 흰색에 투영될 때 밝기의 1/4 정도가 줄어든다.

강한 조명은 눈을 부시게 하며, 강력한 조명은 종업원의 업무능률을 저하시키게 된다. 뿐만 아니라 강력한 조명 뒤편에 그림자 효과를 일으켜서 사고의 원인이 되기도 한다. 영업장의 반짝이는 스테인리스 철판과 흰색 타일도 반사하므로 영업장 시설에 사용할 때 고려해야 할 사항이다. 따라서 영업장을 장식할 때는 천장, 벽, 바닥, 가구와 장비의 반사도 고려하여 색상을 선택하도록 한다. 전문가들이 권장하는 재료의 반사 정도는 천장 80%, 벽 50%, 바닥 30%, 가구와 장비는 35% 정도가 적절하다고 한다.

❖ 색상별 반사 정도

Reflection Factors of Common Colors	
Color	Reflection Factor
White	80~85
Ivory	60~70
Light gray	45~70
Dark gray	20~25
Tan	30~50
Brown	20~40
Green	25~50
Sky blue	35~40
Pink	50~70
Red	20~40

5. 식음료영업장의 소음관리

고객에게 쾌적한 환경을 제공하기 위하여 식음료영업장은 소음을 관리해야 한다. 이를 위해서는 개관프로젝트가 진행될 때부터 소음이 흡수되는 재료를 선별하여 설치해야 한다. '공간 내의 활동이 어느 정도인가? 외부에서 들려오는 소리는 어느 정도인가? 이에 따라서 어떠한 마감재를 쓰느냐?'라고 하는 것은 식음료영업장을 관리하는 지배인의 입장에서는 매우 중요한 영업환경이 되는 것이다. 소음을 가장 잘 흡입하는 재료는 유리제로서 주변의 소음을 35%까지 흡입한다. 카펫은 8%, 두꺼운 커튼은 14% 정도를 흡입하는 것으로 조사되고 있다.

또한 레스토랑 내부에서 들리는 고객들의 소리는 타인의 대화를 방해할 수도 있는데, 레스토랑의 영업목적에 따라 각각 다른 소음 허용구간을 정하여 고객유치에 차질이 없는 시설을 갖추고자 노력해야 한다. 호텔의 식음료영업장에 허용되는 소음은 35~45dBA(decibels : 소리의 강도를 측정하는 기준)이며, 일반적으로 고객이 많은 레스토랑에서 특정된 소음은 60~75dBA로 나타나고 있다.

소음재료별 흡입계수 비교

Sound Absorption Qualities of Some Materials				
	Coefficient of Absorption		Percent Sound Reflected	
Material	High Frequency	Low Frequency	High Frequency	Low Frequency
Glass	0.35	0.04	65	96
Carpet or foam rubber	0.08	0.63	92	37
Heavy drapery	0.14	0.65	86	35
Marble, Glazed tile, concrete, terrazzo, and painted brick	0.01	0.03	99	97

영업장별 소음 허용 구간

Recommended Noise Ranges	
Type of Space	dBA
Concert halls	20~30
Large auditoriums	30~35
Small auditoriums and theathers, large meeting and conference rooms	35~40
Hospitals, residences, apartments	35~45
Hotels, motels	35~45
Private offices, libraries	40~45
Large offices, reception areas	45~60
Restaurants	45~60

식음영업장 시설과 장비

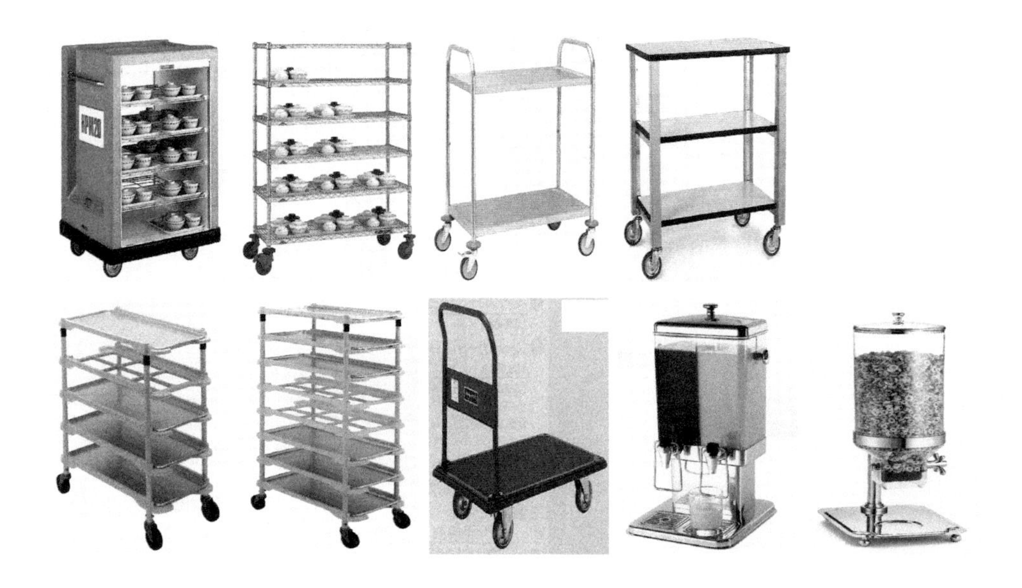

2 연회장의 시설관리

1. 연회행사의 준비

연회행사는 행사시간이 미리 정해져 있고, 많은 인원이 동시에 입장하게 되므로 행사의 성격에 맞게 사전에 준비해야 할 것이 많다. 행사장의 실내온도를 적절히 유지하기 위해서 충분한 시간을 두고 냉·난방을 켜두며, 조명과 음향을 행사 20~30분 전에 확인해야 한다. 전반적인 행사를 격식에 맞게 진행하기 위해서는 조명과 음향을 조정할 수 있는 엔지니어가 현장에서 업무를 진행해야 하므로 연회지시서(Function order)에 명시된 내용을 숙지하고 이를 이행한다. 가끔 야외행사가 이뤄지는데, 이때 필요한 무대, 연설대, 음향과 조명, 연회장비 등도 행사 주체측과 협의하여 사전에 준비하도록 한다.

분류	항목	Standard Upgrade
행사준비	냉, 난방 가동	연회장 행사 전 및 영업장 개점 1시간 전에 가동하고, 20분 전에 온도를 점검한다.
	조명	1시간 30분 전에 OUT된 전등을 교체하고, 1시간 전에 행사 관련 Setting을 완료한다.
	음향	30분 전에 행사 관련 Setting을 완료한다.

사전협의	식순 협의	고객과 사전 협의된 무대 세팅(무대 세팅 시 음향 및 전기실과 사전 협의) 및 연회팀과 행사와 관련 조명 등 특이사항을 협의 진행하도록 한다.
조명 조정	MAC 조정	신부입장, 무대 색상, 주례, 촛불점화, 케이크 커팅 등 식순에 따라 사전 조정 후 프로그램에 입력한다.
	PAR 조정	무대와 꽃길, 양가부모, 계단, 무대 기둥 꽃 등을 무대 사항과 사전 협의 사항에 따라 조절한다.
	SPOT 조정	사회자, 피아노, 연주 및 합창단, 신랑대기, 커튼조명 등을 사전 협의 사항에 따라 조절한다.
	기둥조명	무대 기둥 설치 사항에 따라 등을 사전 협의 사항에 따라 조절한다.
행사조명 운영	식전조명	하우스 조명, 무대조명, 커튼조명, 무대, 피아노, 꽃길 조도에 비례하여 점등한다.
	사회자 입장	Spot light는 사회자 정위치 안내 말씀 시작 전에 점등한다.

2. 연회행사의 장비관리

연회는 흔히 잔치라는 말로 좋은 일에 따르는 흥을 표출하는 자리이므로 수십 명에서 수천 명까지 많은 인원이 장비를 사용하므로 에에 필요한 장비가 완벽하게 준비될 수 있도록 업무를 지원해야 한다. 연회부서는 연회장의 넓은 공간에 비치되는 다양한 장비를 완벽하게 준비할 수 있도록 시설관리부서의 지원을 받아서 사전에 점검하고, 이를 주기별로 관리할 수 있는 체계를 구축해 두어야 한다.

국제회의는 연회와 워크숍을 수반하므로 프로그램에 맞는 시설관리부서 업무지원을 원활히 진행하는 것이 행사의 성공을 좌우하게 된다. 각종 회의를 위한 연회장의 장비로는 회의실 기자재(meeting equipments)와 시청각 시스템(audio-visual system), 조명 시스템(lighting system) 등이 있다.

(1) 일반 기자재

회의실 장비는 행사의 명칭, 시간, 장소 등을 안내하는 안내판을 비롯하여 조립식 무대, 무대 위에 까는 붉은색 카펫, 연설을 위한 포디엄(podium)과 렉턴(lectern), 브리핑에 사용하는 플립 차트(flip chart), 소형 화이트 보드(white board), 칠판(black board), 댄스 플로어(dance floor), 번호봉(numbering stand), 피아노, 각국의 국기 등이 있다.

(2) 시청각 시스템(audio-visual system)

시청각 기자재에는 각종 마이크(Microphone), 18㎜ Motion Picture, Overhead Projector,

Reel to Reel Recording System, Video Beam Projector, Video Camera & VHS Recorder, Slide Projector, Laser Pointer & Electric Pointer, Portable Screen & Automatic Screen, Multivision, Simultaneous Translation System, Walkie-Talkie, Turntable & Cassette Deck 등이 있다.

(3) 조명 시스템(lighting system)

호텔 연회장에는 연회장의 규모와 목적에 따라 많은 조명시설이 되어 있으며, 특별한 행사에는 여기에 맞는 조명을 추가로 설치하게 된다. 조명등의 종류로는 대상물에 고정하는 Pin Spot Light, 등장인물에 집중적으로 비춰주는 Long Pin Spot Light, 무대 위쪽 테두리를 비춰주는 Border Light, 무대 위쪽을 수평으로 비춰주는 Horizontal Light, 무대 중앙에 설치된 공모양의 회전용 조명인 Mirror Ball, 무대를 중심으로 번쩍거리는 Strobe Light, 무대 위에 안개를 뿜어내는 Fog Machine 등이 있다. 시설관리부서에서 업무지원을 해야 하는 공간, 시설, 장비는 아래 사진과 같다.

3 국제행사의 시설관리

국제교류는 국제교역, 교육, 정치, 문화, 예술, 경제, 외교, 과학, 사회적인 측면에서 다국 간의 만남의 장이 이뤄지는 것이다. 이러한 교류는 컨벤션이라는 회합을 통해 서로 만나서 얼굴을 맞대고 전문분야에서 각자의 입장을 밝히고, 토론하고, 상호 이해하고, 협조하여 공동의 발전을 모색하는 장이 된다.

국제행사를 진행하는 동안 원활한 행사의 진행을 위해서 필요한 장비를 지원하게 되는데, 특히 다국적 외국인을 위해서 동시통역시설과 장비, 음향과 조명을 집중적으로 관리하게 된다. 가끔 랜을 설치해야 할 때는 전선이 보이지 않도록 바닥을 하고, 가능하다면 무선랜을 설치해 두면 행사 때마다 인력과 장비가 투입되어 사전에 준비해야 하는 수고를 덜 수 있다.

뿐만 아니라 많은 인원이 동시에 모이고 행동하게 되므로 안전관리에 만전을 기해야 한다. 행사에 앞서 비상구와 비상대책 장비를 주최측에 알려주고 참가자들이 비상시 안전하게 대피할 수 있도록 조치를 취해 두어야 한다. 물론 행사 중에도 안전에 대한 이상 유무는 지속적으로 감시 · 통보되어야 한다.

분류	항목	Standard Upgrade
예약 및 행사진행 Q-사인 협의	음향부분	고객과 예약 전 협의 고객 요구사항 수용 가능 여부와 고객 요구가 무리한 경우 발생 가능한 상황에 대하여 충분히 설명하여 예약을 받도록 하고, 불가능한 요구는 예의를 갖추어 정중히 설명하고 거절하여야 한다.

예약 및 행사진행 Q-사인 협의	조명부분	행사 담당자는 고객과 명함을 교환하고 행사 담당자임을 밝히고 고객이 필요한 부분을 즉각 응대해 주어야 한다. (고객의 명함은 사무실 고객 명함 보관함에 보관하고 다음 행사를 위해 행사의 제반사항 및 특이사항을 기록한다.) 행사 내용과 조명 사용 여부 및 조명기사 Stand-By 시간과 사전 리허설 여부 고객 요구 수용 가능 여부를 충분히 설명한 후 예약을 받도록 하고, 불가능한 요구는 예의를 갖추어 정중히 설명하고 거절해야 하며, 행사용 사용 가능 전력 이내에서 최대한 협조 운영한다.
	통신부분	예약 전 협의 전화 및 이지체크기와 LAN선로 수량 가능 여부와 속도 등 발생 가능한 상황에 대하여 충분히 설명하고, 불가능한 요구는 정중히 예의를 갖추어 설명하고 거절하여야 한다.
EVENT ORDER	음향	EVENT ORDER에 ENGINEERING의 작업사항을 사전 준비와 관련 작업 확인 및 작업 내용을 보고하여 근무 조정을 한다.
	전기	EVENT ORDER에 ENGINEERING의 전원 설치 작업사항 및 조명 조정과 조명기사 Stand-By 등을 확인. 사전 준비와 관련 작업 내용을 보고 근무 조정을 한다.
	통신	EVENT ORDER에 ENGINEERING의 전화기 및 LAN 설치 작업사항 등을 확인. 사전 준비와 관련 작업 내용을 보고 근무 조정을 한다.
대피시설	비상구	비상시 대피가 용이하도록 대피시설에 장애물을 수시로 점검하여 대피로를 확보한다.
	비상계단	계단의 대피시설에 조도를 유지하고, 장애물 유무를 수시로 점검하여 대피로를 확보한다.
	비상구 표시	비상구 표시등은 식별이 용이하도록 밝기를 유지하고, 수시로 점검하여 보수한다.
산업재해	목적	재해발생 시 효율적이고 신속한 치료와 보고체계를 확립하고 원인규명을 통하여 개선 대책을 수립함으로써 복리를 증진하고 및 재해를 예방함을 그 목적으로 한다.
	작업중단 환자후송	재해발생 시 목격자, 본인 및 관계자는 급박한 위험이 있을 때에는 즉시 작업 중단 및 대피 등 필요한 조치를 취하고, 즉시 피해자를 의무실로 후송하거나 인근 병원으로 후송하며 응급 시에는 119의 도움을 받아 외부 병원으로 후송한다.
	사고보고서	재해발생 시 24시간 이내에 사고보고서(별첨양식)를 작성하여 보고한다. (재해처리 지침에 따라)
공기질	미세먼지	미세먼지, 이산화탄소, 일산화탄소, 이산화질소, 유기화합물, 석면 등 법규 내 수치관리

호텔 조리부문의 시설관리

호텔 조리부문의 시설관리

1 조리부서의 시설관리

호텔레스토랑에서 고객에게 음식을 서비스하기 위해서는 이를 공급할 수 있는 생산체계를 갖춰야 한다. 맛있는 음식을 제공하려는 마음은 조리부서를 책임지고 있는 총주방장이면 누구나 가지게 되는 신념과 철학일 것이다. 그러나 호텔경영의 기본이 그러하듯이 최상의 시설, 잘 갖춰진 시스템, 이를 원활하게 운영할 수 있는 능력을 가진 주방장과 조리사(chef and cook)가 있어야 맛있는 음식이 제공될 수 있을 것이다.

조리부서 시설은 사람이 움직이는 시스템공학이라 할 수 있으며, 고객에게 제공되는 최상의 요리는 각종 조리기구와 저장설비를 사용하여 기능적 · 위생적으로 생산하게 된다. 조리시설을 설치할 때는 생산성과 안전성을 고려한 동선을 구축해야 하고, 조리장비는 효율적 · 합리적으로 배치되어 완벽하게 유지관리되어야 한다.

주방시설의 활용목적과 조리기능을 최적화하기 위해서는 물리적 · 인체공학적 기능의 통합적 운영이 필요하다. 이를 통해 생산성과 안전성을 담보할 수 있고, 수준 높은 음식상품을 생산할 수 있게 되므로 조리부서 내의 구성원뿐만 아니라 에너지원을 공급하는 시설관리부서, 원자재를 공급하는 구매부서, 판매를 맡은 식음료부서와 총지배인 및 경영층의 관심과 효과적인 투자가 필요하다고 하겠다.

호텔의 조리부서는 재료를 준비하여 공급해 주는 준비실(butcher shop), 더운 음식 준비실(hot kitchen), 찬 음식 준비실(cold kitchen), 제과제빵실(bakery shop) 등으로 구분되며, 본부주방(main kitchen) 외에 각 레스토랑과 함께 설치된 영업장 주방(outlet kitchen) 등이 있다. 본부주방뿐만 아니라 모든 주방시설은 요리사의 작업환경을 고려하여 쾌적한 분위기를 목표로 만들어져야 한다. 조리실을 설치할 때는 충분한 작업공간을 확보해야 하는데, 보통 영업장의 30~40%에 해당하는 공간을 할애하게 된다. 이렇게 배당된 공간을 요리하기 좋은 최상의 상태로 만들기 위해서는 다음 사항을 고려하여 시설과 설비를 하게 된다.

첫째, 천장의 전등은 충분한 밝기의 조도를 유지

둘째, 내기와 외기가 원활히 소통될 수 있는 닥터시설

셋째, 각 조리기구가 기능을 발휘할 수 있도록 전기, 수도, 스팀 등의 원활한 공급체계 구축

넷째, 악취와 안전을 고려한 배수관(drain)의 설치

다섯째, 미끄럼방지가 잘 되는 바닥 마감재 사용

대규모 호텔 조리실에 설치된 장비는 아래와 같으며, 장비를 설치할 때는 철저히 작업 동선을 고려해서 설계해야 한다. 잘못된 동선과 설계는 조리부서 생산성에 큰 영향을 미치며, 조리사의 근무만족에도 영향을 미쳐 이는 고객만족에도 부정적 원인이 될 수 있다.

❖ 호텔의 조리부서 내부 환경과 장비

2 조리부서의 장비관리

1. 조리부서의 필요 장비

조리부서에는 육류와 생선(meet and sea food), 야채(vegetable), 수프(soup), 소스(sauces), 팬트리(pantry), 제과제빵부(bakery), 기물관리부(steward) 등의 시설과 장비가 설치되어 있다. 조리부서에는 조리법과 조리형태에 따라 취사도구, 솥, 오븐, 레인지, 브로일러, 그릴 등을 설치하게 된다.

❖ 조리부서 장비의 종류

2. 조리부서의 시설과 장비의 배치

조리부서의 시설과 장비의 배치(lay-out)는 메뉴 종류(menu items), 메뉴 생산량(menu productivity), 조리 과정(food preparing process), 조리 시간(cooking time) 등을 고려하여 설계하게 된다. 장비 배치는 사용자의 편리성과 안전성을 최우선으로 하며, 시간을 절약할 수 있는 동선을 마련함으로써 업무의 효율성과 편리성을 높이고, 비용을 절감하게 된다. 뿐만 아니라 동선의 최종적 목표는 고객지향적인 서비스에 있음을 인지해야 한다.

❖ 기능을 고려한 조리부서의 장비 배치

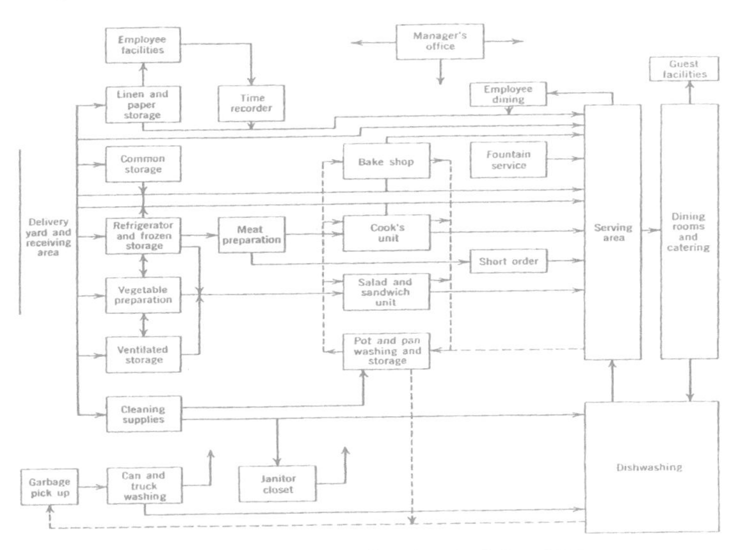

FIGURE 4.5 Flow diagram showing functional relationships.

❖ 조리부서의 시설과 장비의 배치

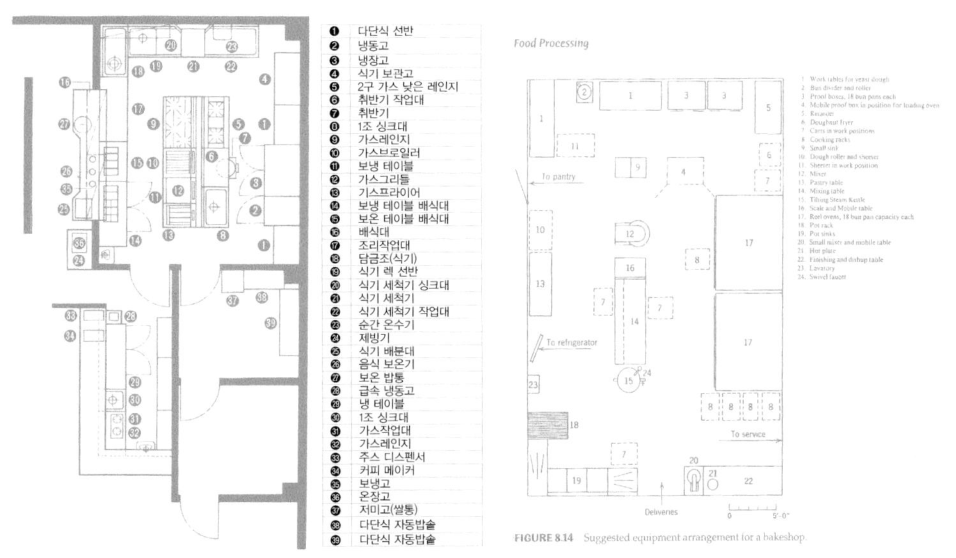

자료 : 한삭명, 최신 주방시설관리론, 2008.

조리부서의 장비배치방법에는 일렬형(linear type), 병렬형(parallel type), 정사각형(square type), L자형(L type), U자형(U type) 등이 있다.

1) 일렬형(linear type) 배치

조리작업대가 조리부의 벽면을 바라보고 한 줄로 늘어선다. 그 위에 배치해야 할 조리장비를 일렬로 배열한다. 이 방법은 작업의 능률을 높이고, 의사소통하기 편리하므로 호텔 조리부서 배치 시 흔히 활용되고 있다. 다만 직선배치는 조리작업장 안으로 들어가는 통로에 각각의 작업장이 설치되므로 많은 면적이 필요하게 되어 중소 규모의 조리장에서 사용이 가능하다.

2) 병렬형(parallel type) 배치

병렬형 작업대는 두 줄로 배치하는 것으로 중앙에 통로를 제공하게 되므로 홀 서버(waiter and waitress)들이 주방에서 음식을 가져갈 때 용이한 환경을 제공한다. 병렬형 조리대는 조리부서 중앙에 긴 조리작업 동선을 갖게 되므로 작업대 앞뒤에 세정대, 조리작업대와 가열조리기기를 배치하게 된다.

3) 정사각형(square type) 배치

정사각형 조리작업장은 동선이 길어 통행을 증가시키는 경향이 있고, 작업자들 사이에 충돌이 있을 수 있다. 그러나 정사각형 배치는 규칙적인 작업을 수행할 수 있도록 하며, 각각의 작업센터를 독립시켜 운영할 수 있다. 이 형태의 조리작업장은 레인지, 오븐, 브로일러, 그리들 등을 적절하게 배치할 수 있는 것이 장점이다.

4) L자형(L type) 배치

L자형 조리대 배열은 일자형 조리작업대를 변형시킨 것으로 벽면을 보면서 L자형으로 조리기구를 배치하게 된다. 이 방법은 단거리 동선이 장점이며, 조리실 전체를 한눈에 볼 수 있어 관리가 용이하다. 한 면에 레인지 종류, 다른 면에 세정대, 그리고 중앙에는 가열조리기를 배치하는 것이 권고되는 과학적인 배치이다.

5) U자형(U type) 배치

U자형 배치는 일자형과 L자형의 배치를 겸하는 것이며, 한정된 내부 공간을 합리적으로 이용하는 방법이다. U자형 조리실은 다른 작업동선에 지장받지 않고 넓은 공간을 확보할 수 있는 장점이 있다.

3 조리부서의 조명관리

조리부서의 조명은 여러 가지 광원을 사용하여 조도를 조정하므로 필요한 빛을 제공받아 쾌적한 환경에서 메뉴상품을 생산할 수 있도록 한다. 조리부서의 조명은 근무자의 심리적 · 감각적 분위기에 맞게 구성하여 물체의 식별을 확실하게 할 수 있게 해주므로 피로를 덜어주는 효과도 있다. 조리부서에는 주로 백열등을 사용하게 되는데, 이는 음식의 색상이 가장 자연스럽게 보이도록 해야 하기 때문이다. 조리부서의 벽면처리는 대부분 형광등으로 하게 되는데, 이는 형광등이 전기 소모율에 비해 조도가 높기 때문이다. 조리부서 작업장의 조도는 보편적으로 300~500lux를 유지하면 양호하다고 할 수 있다.

조리부서의 빛의 초점은 조리작업장 내의 어떤 물건을 강조하는 데 사용될 수 있다. 조리부서는 일정한 구역, 통로, 전처리시설, 음식보관장소 등 다른 구역과 비교하여 안전과 위생에 신경을 써야 할 뿐만 아니라 고객서비스 전 최종 점검과정에서도 집중조명이 필요하게 된다.

4 조리부서의 상 · 하수도관리

1) 상수도관리

조리부서에서 조리가 이뤄지는 가장 중요한 자원이자 시설은 급수일 것이다. 적절한 물이 제때 공급되어야 조리업무가 원활하게 이루어진다. 호텔에 공급되는 급수방식은 수도직결식, 고가수조 배관방식, 압력탱크 배관방식 등으로 구성되어 있다. 조리나 음용으로 사용되는 물은 수질이 좋아야 하고, 수도법의 기준에 의해 수질을 엄격히 규제하는 것이 일반화되어 있다. 수돗물의 공급과 보관이 어떤 형태로 이뤄지든 간에 음용이나 조리용으로 공급되는 물에는 다음과 같은 물질이 없는 깨끗한 물이어야 한다. 첫째, 병원미생물에 오염되거나 오염될 염려가 있는 물질, 둘째, 건강을 해칠 수 있는 무기물질 또는 유기물질, 셋째, 심미적 영향을 미칠 수 있는 물질, 넷째, 기타 건강에 유해한 영향을 미칠 수 있는 물질 등이며, 천연수는 자연적으로 필수 미량성분이 포함되어 있는 것이 좋다.

2) 수질검사

지방자치단체에서는 기간별로 호텔의 식수, 수영장 등의 물에 관해 수질검사를 하게 되어 있다. 이는 고객의 안녕과 건강을 위해 필히 이행해야 할 것으로 대상 항목은 일반세균, 대장균, 잔류염소에 관해 매월 1회 검사를 실시하게 된다. 수질검사 방법은 물리적 검사, 화학적 검사, 세균학적 검사, 생물학적 검사로 구분한다. 물리적 검사에서는 탁도검사, 색도검사, 냄새와 맛 등을 검사하게 된다. 화학적 검사는 pH(물의 액성, 알카리성, 중성, 산성의 정도를 수치로 표시), 알칼리도, 산도, 유리탄산, 암모니아성 질소, 암부미노이드성 질소, 아질산성 질소, 질산성 질소, 염소이온, 황산이온, 과망간산칼륨 소비량, 잔류염소 염소요구량, 증발잔유물, 경도, 철과 망간, 불소, 납, 동, 아연, 비소와 크롬, 시안과

수은 및 유기인, 페놀류, 중성세제 등을 검사하게 된다. 세균적 검사로는 일반세균 수, 대장균 수, 분뇨성 대장균, 비분뇨성 대장균 등을 검사하게 된다. 생물학적 검사는 물의 오염도 측정, 침전 및 여과 효율의 판정, 취미 원인의 발견, 정수방법의 검토 등이 있다.

3) 하수도관리

호텔 조리실의 배수시설은 사용한 물을 배수구를 통해서 신속하게 하수구로 배출시키므로 조리실 내부의 청결을 유지하게 된다. 하수구로 배출되는 물은 오수이므로 냄새가 날 수 있기 때문에 역류되지 않도록 배관을 해야 한다. 뿐만 아니라 배수로로 흐르는 하수에는 미생물의 영양원이 풍부하여 세균과 해충 등의 발생지 및 서식지가 될 수 있다. 따라서 쥐와 해충 등이 침입할 수 없도록 방충, 방서, 방균 설비를 완벽히 갖춰서 위생에 만전을 기해야 한다. 배수관은 수압에 의해 움직이지 않고 중력에 의해 흐르게 되므로 급수관보다 반경이 큰 경질염화 비닐관이나 아연도금 강관 등이 사용된다. 배수로는 청소하기 쉽도록 단면은 U자형으로 설치해야 하며, 깊이는 15cm, 넓이는 20cm 이상을 유지해야 한다. 배수시설에는 배수구, 배수관, 바닥배수 트렌치, 그리스 트랩(grease trap) 등이 있으며, 배수관은 물의 양에 따라 크기와 형태가 결정되어야 하고 청소하기 쉽고 물의 흐름이 신속히 이루어질 수 있도록 해야 한다. 배수관을 설치할 때 가능하면 실내를 가로지르는 것을 최소화하고, 겨울철 동파방지를 위해 단열재를 덧씌워서 마감한다. 배수로에는 방서, 방충, 부유물 유입 방지, 음식 찌꺼기 유입을 차단할 수 있도록 트렌치(trench)를 설치한다. 트렌치는 가능하면 바닥청소가 용이하고, 건조가 빠르게 이뤄질 수 있도록 조리실 중앙에 설치하는 것이 좋다.

5 조리부서의 안전관리

조리부서는 타 부서에 비해 많은 장비, 전기, 불, 가스 등을 이용하여 조리를 하는 곳이므로 항상 사고의 위험에 노출되어 있다. 조리부서의 안전을 위해서 안전예방과 안전사고활동을 추진하여야 하며, 안전예방을 위해 조명을 밝히고, 난간을 설치하며, 장비들은 구획을 두어 안전하게 설치하고, 전기장비에 안전차단기를 설치하고, 가스관을 수시로 점검하고, 기계장비의 움직임을 색상으로 표시함으로써 사고를 미연에 방지할 수 있다. 안전사고는 근무자들의 부주의가 가장 큰 원인이 되며, 불의 취급은 물론 고기절단기, 빵

절단기, 썰기, 믹서, 교반기, 갈기 등 식품공정에서 취급하는 기계에 안전장치가 사고 즉시 작동하게 하므로 손실을 최소화할 수 있는 방법을 강구해 두는 것이다. 조리부서의 안전관리는 부서와 개인이 안전수칙을 철저히 이행함으로써 사전에 방지할 수 있게 된다.

조리부서에서 발생하는 긴급사태에 대해 시설관리부서에서 신속하게 조치할 사항은 아래와 같다.

▣ **누전점검** : 누전 차단기 및 과전류 차단기가 이격된 경우 먼저 차단기 이격 원인을 파악하여 과전류에 의한 이격인지를 반드시 확인하고, 절연저항 측정기로 선로를 점검한다. 이때 선로 절연 저항값이 0.3MΩ 이상이어야 하며, 전선 허용 전류 용량과 비교하여 전선 과열이 발생하지 않는지를 확인한다. 원상복구 후에도 교대 근무자에게 인계하여 재발 시 중점 점검사항으로 관리하도록 한다.

▣ **가스누출** : 중간 및 메인 밸브를 차단하고 불씨를 제거하며, 환기를 시키고, 관련기관에 신고하여 진단을 받는다.

▣ **단수** : 주방 및 영업장 단수는 다수 고객에게 불편을 주게 되므로 우선적으로 처리해야 한다. 단수 및 수전설비 고장 시 근무자는 하던 일을 멈추고 우선적으로 처리하도록 한다.

▣ **주방기구** : 주방 위생 관련 업무는 생산의 중단을 가져올 수 있으므로 우선 처리한다. 냉장고 온도, 주방 전열기구, 기타 주방기구 등의 고장신고가 있을 때 냉동기사에게 우선적으로 처리하도록 한다.

▣ **부서안전 부칙**

① 불을 사용할 때 : 점화불로 점화하고, 성냥이나 라이터의 사용을 금한다.
② 튀김요리를 할 때 : 기름이 밖으로 튀지 않게 재료를 옆으로 밀어놓는다.
③ 뜨거운 것을 잡을 때 : 반드시 마른 수건을 이용한다.
④ 기름을 다룰 때 : 가스레인지 위에서는 기름이 튀지 않게 주의한다.
⑤ 끓는 것을 조리할 때 : 뚜껑을 멀리서 조심하여 열고, 김이 날 때는 반대쪽으로 연다.

⑥ 물건을 옮길 때 : 무거운 것은 두 사람이 함께 들고, 뜨거운 것은 각별히 조심한다.

⑦ 긴 기구를 다룰 때 : 손잡이가 통로 쪽을 향하지 않도록 하고, 불 위를 지나지 않도록 한다.

⑧ 소화기의 위치 : 소화기의 위치를 잘 파악하고, 비상시 즉시 사용할 수 있도록 훈련해 둔다.

▣ 개인안전 수칙

① 조리실 바닥은 미끄럽지 않게 항상 물기나 기름기를 제거하여 말려둔다.

② 조리실에서는 아무리 바빠도 뛰어다니지 않는다.

③ 뜨거운 용기나 국물을 옮길 때는 주위 사람들에게 환기시켜서 사고를 방지한다.

④ 칼을 사용할 때는 정신을 집중하고, 안정된 자세로 작업에 임한다.

⑤ 조리실에서 칼을 들고 다른 장소로 이동하는 것은 매우 위험하므로 항상 조심해야 하고, 만약 이동을 해야 한다면 칼끝을 아래로 칼등을 앞으로 하여 이동한다.

⑥ 캔은 캔오프너로 열고, 칼 또는 다른 기구로 열지 않는다.

⑦ 칼 같은 위험한 장비는 눈에 보이는 곳에 두며, 물속에 두지 않는다.

⑧ 칼을 놓쳤을 때는 손으로 잡으려 하지 않고 한 걸음 뒤로 피한다.

⑨ 칼을 사용하지 않을 경우 안전함에 넣어서 보관한다.

호텔 레저스포츠부문의 시설관리

호텔 레저스포츠부문의 시설관리

1 사우나 시설관리

1) 사우나 시설관리

현대 호텔경영은 고객을 확대하기 위해 전통적인 객실, 식음료영업을 강화함과 동시에 레저스포츠부문을 강화하고 있다. 이는 수익부문(revenue center)을 넓혀 전체 매출을 올리는 것은 물론 더 많은 단골고객을 확보함으로써 호텔영업을 안정화시키고 시장에서 마케팅력을 강화하기 위함일 것이다. 사우나는 부대시설의 핵심시설이며, 주로 멤버십에 의해 클럽이 운영되면서 객실고객에게 부대영업장으로 시설을 제공하고 있다. 시설은 사우나에 냉탕, 온탕, 열탕, 습식도크, 건식도크, 개인샤워부스 등으로 구성되며, 특수한 목적으로 황토방, 보석방, 안마실 등을 설치한다. 수용인원에 따라 탈의실, 사물함, 화장대, 휴게실 등을 구비한다. 멤버십클럽의 회원, 객실고객 또는 외부고객이 부대시설을 방문할 때 주된 출입구의 역할을 담당하게 되는 부분이 사우나 시설의 입구이다. 클럽하우스에서 다양한 고객관리 프로그램을 개발하고, 서비스표준을 세워 고품위 서비스를 제공하는 것 이상으로 중요한 것은 레저스포츠부문의 시설을 안전하고, 편리하게 운영하는 것이 아닐까 한다.

❖ 호텔의 사우나 시설

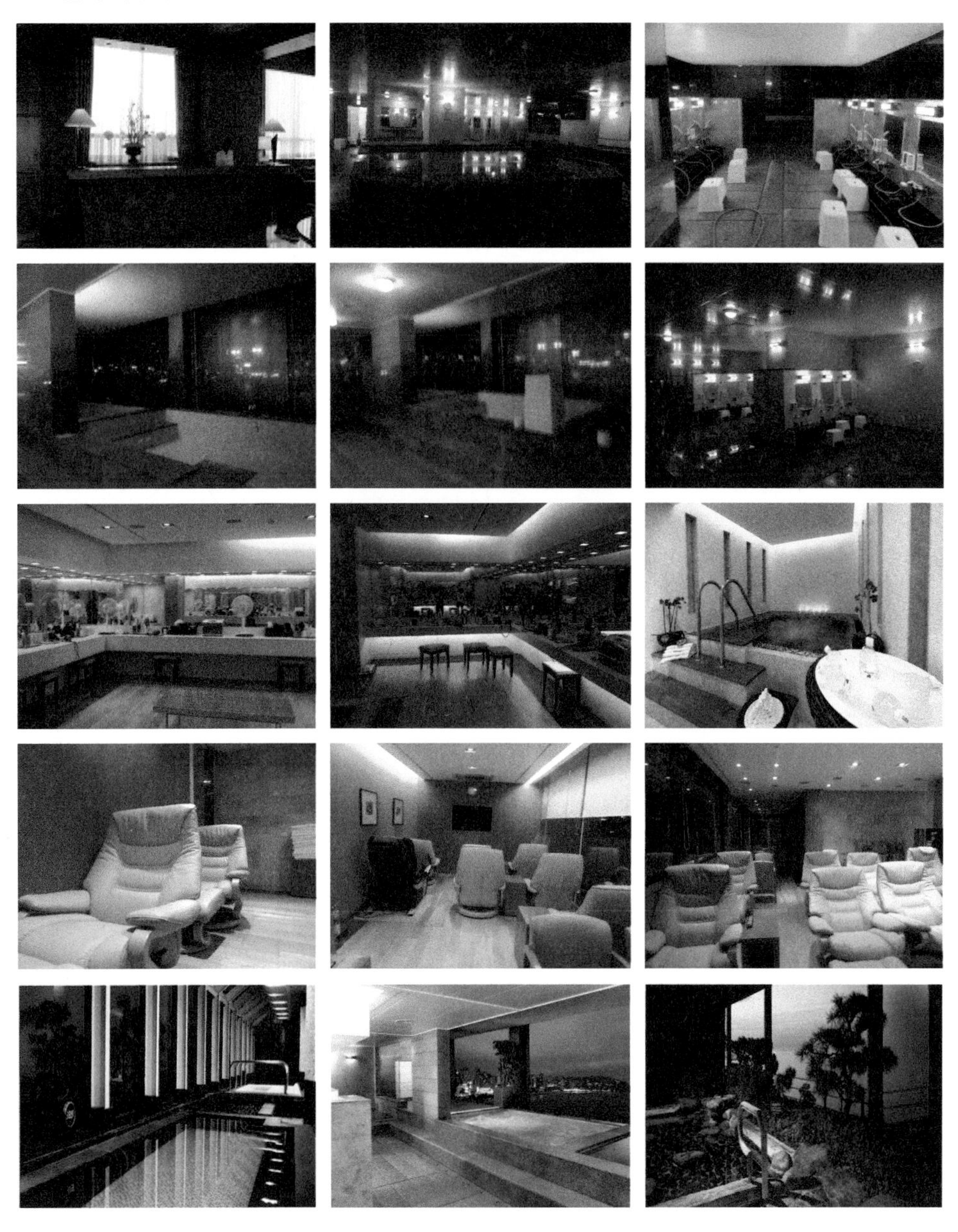

사우나 시설관리는 무엇보다 적정온도를 유지하는 데 최선을 다해야 한다. 사우나에는 내국인, 외국인을 비롯하여 매우 다양한 연령대의 고객이 이용하므로 탈의하였을 때 덥거나 추운 것을 느끼지 않도록 냉 · 온방을 적절히 제공할 수 있도록 하며, 동절기에는 섭씨 24도, 하절기에는 섭씨 22도를 기준으로 조정한다. 특히 겨울철에는 이른 아침 사우나 내부 온도가 차가우면 고객이 감기에 걸릴 수 있기 때문에 영업시간 30분 전에 온방을 가동하여 고객을 맞이해야 한다. 탕의 물은 냉탕은 섭씨 19도 내외, 온탕은 섭씨 40도 내외, 열탕은 섭씨 45도를 유지하여 고객의 기호에 맞추게 된다. 습식 사우나는 섭씨 55도 내외, 건식 사우나는 섭씨 90도를 유지하면 적절한 온도가 된다.

❖ 사우나별 온도의 표준

분류	항목	Standard Upgrade
체련장	온도	체련장의 조도는 150[lux]를 실내온도는 상시 20℃를 유지한다.
남자 사우나	실내온도	동절기(24℃), 하절기(22℃)를 유지한다.
	건식 사우나	건식 사우나 90~91℃를 유지한다.
	습식 사우나	습식 사우나 48~58℃를 유지한다.
	냉탕	냉탕 18~20℃를 유지한다.
	온탕	온탕 40~40.5℃를 유지한다.
여자 사우나	실내온도	동절기(24℃), 하절기(22℃)를 유지한다.
	건식 사우나	건식 사우나 90~91℃를 유지한다.
	습식 사우나	습식 사우나 48~58℃를 유지한다.
	냉탕	냉탕 18~20℃를 유지한다.
	온탕	온탕 40~40.5℃를 유지한다.

❖ 사우나 시설 체크리스트

공간	점검 내용	문제점	조치 사항
남자 · 여자 사우나	탕의 수질과 수온 상태		
	사우나 실내온도 및 벽시계		
	냉탕 폭포 수압 상태		
	영업장 내 조명 상태		
	로커 룸 바닥 청결 및 도장 상태		
	거울 및 유리 상태		
	사우나 소모품 관련 장비 상태		
	사우나 화장품 관련 장비 상태		
	냉 · 온방 조절 상태		
	선풍기 상태		
	방충망 상태		
	정수기와 냉 · 온수 공급 상태		
	흡연실 환풍 상태		
	화장실 FF&E 상태		
	휴게실 FF&E 상태		

2) 사우나 물관리

호텔의 사우나는 온천수, 지하수, 수도 등을 사용한다. 호텔이 사용하는 물은 환경부와 지방자치단체가 제시하는 수질기준에 맞아야 하며, 이를 위해 정기적으로 검사를 하게 된다. 평소 온수조와 저수조를 점검할 때는 온수조 내부에 들어가서 침전물이나 착상된 오물을 제거하고 부식상태를 점검한다. 온수조 바닥에 침전물이 쌓이면 바닥과 침전물 사이에 용존산소의 농도가 다른 부분보다 낮아져 바닥이 양극현상(anode) 때문에 부식되고, 쇳가루 같은 녹이 붙게 된다. 침전물은 급수관이나 반송관에 여과기(strainer)를 설치하여 정기적으로 청소한다. 저수조 내부의 부식을 방지하기 위해서 전류를 보내는 경우가 있는데, 많은 전류는 안전에 문제가 있으므로 주의하도록 한다. 부식은 주로 용접부분에서 일어나므로 수조를 만들 때 가능하면 용접을 적게 할 수 있는 방법을 써야 한다. 고객을 위한 사우나 내부의 일상 관리는 종업원(service attendant)이 정해진 시간에 실시하고, 이상이 발견되면 즉시 시설관리부서에 통보하여 정상화함으로써 고객의 불편을 최소화하여야 한다.

❖ 환경부 수질검사 기준(2011. 8. 1)

환경부 선정 특별 감시항목(정수 23개, 원수 1개)

물질구분	물질명	수질기준(㎍/ℓ)		
		한국권고	WHO	미국
휘발성물질	비닐클로라이드	2	0.3	2
	스티렌	20	20	100
	클로로에탄	-	-	-
염소소독부산물	에틸렌디브로마이드(EDB)	0.4	0.4	0.05
	브로모클로로아세토니트릴	-	-	-
	브로메이트	10	10	10
	브로모폼	100	100	-
	크롤레이트	700	700	-
페 놀 류	클로로페놀	200	-	-
	2,4-디클로로페놀	150	-	-
	펜타클로로페놀	9	9	1
	2,4,6-트리클로로페놀	15	-	-
농약류와 할로초산	알라클로	20	20	2
	2,4-디브로모아세틱애시드	30	30	70
	디브로모아세틱애시드	60 (총 HAA)	-	-
	모노브로모아세틱애시드	60 (총 HAA)	-	-
	모노클로로아세틱애시드	60 (총 HAA)	20	60
다환방향족 탄화수소	벤조피렌	0.7	0.7	0.2
무기물질	안티몬(Sb)	20	20	6
	퍼클로레이트	15	-	15
프탈레이트 및 아디페이트류	디(2-에틸헥실)프탈레이트(DEHP)	80	8	6
	디-에틸헥실아디페이트(DEHA)	400	-	400
기타	지오스민	0.02	-	-
	2-MIB	0.02	-	-
	포름알데히드	500	-	-

2 수영장 시설관리

특급호텔은 대부분 부대시설로서 수영장을 운영하고 있다. 호텔의 위치와 수영장의 규모에 따라 수익의 규모는 다르지만 호텔의 매출 증대와 이미지 향상에 큰 영향을 주는 것임에는 틀림이 없다.

호텔이 운영하는 수영장은 청결과 위생 및 안전관리가 가장 중요한 요소이다. 시설은 환경위생법에 적합하도록 설계하고, 수영장 물관리는 여과기와 화학적 처리로 양실의 물을 충분히 공급하여 일정수준을 유지해야 한다. 수영장에서의 부주의는 고객의 생명과도 관계되므로 호텔은 안전관리요원을 배치하여 수영장 안전관리에 만전을 기하게 된다.

외국의 호텔들은 수영장을 옥외에 설치하지만 우리나라 호텔들은 대부분 수영장을 실내에 설치한다. 이는 기후관계와 관습에 의한 것으로 확인되지만 실내에 설치된 수영장이 관리하기에 용이한 것은 틀림없는 사실이다. 수영장의 실내온도는 섭씨 30도 정도를 유지한다. 풀장의 온도는 섭씨 29도를 유지하며, 탁도는 5도 이하를 유지해야 한다. 잔류염소량은 0.5mg/ℓ 정도가 적절하며, 대장균은 50ml의 물에서 3마리 이하를 유지해야 한다.

(1) 수질과 환경위생관리

수영장의 물을 깨끗이 관리하기 위해서는 여과기계(filtering machine)와 화학적 처리로서 물을 주기적으로 갈아주어야 한다. 수영장의 물은 항상 깨끗하고 청결을 유지하도록 배수해야 하고, 일정한 수준의 물을 항상 유지해야 한다. 수영장의 설계 · 건축 · 운영 · 유지에는 환경위생법에 의해 행정기관으로부터 감독을 받게 된다. 환경위생기관은 수영장의 시설, 수용인원의 통제, 수질검사 등의 행정감독을 하게 된다. 호텔이 운영하는 수영장은 법적인 제재보다 고객편의를 먼저 생각하는 방향으로 운영해야 한다.

(2) 수영장의 유지관리

① 수영장에 들어갈 수 있는 쓰레기 등 이물질을 미리 제거한다.
② 물은 여과시켜 깨끗하고, 순수하게 유지해야 한다.
③ 옥외 수영장은 물 표면의 나뭇잎, 벌레, 이물질을 자주 걷어내야 하고, 날씨의 변화

에 따라 적극적으로 대응해야 한다.

④ 수영장 밑바닥과 옆 벽에 붙은 물때와 침전물을 자주 제거해야 한다.

⑤ 물에 있는 유해물을 없애고 살균을 위하여 적절한 약품을 써야 한다.

⑥ 물은 알칼리 혹은 산성을 조절할 뿐만 아니라 화학적 처리를 하여 고객의 눈병과 피부병 등의 예방을 위해 힘써야 한다.

❖ 호텔의 수영장 시설

(3) 수영장의 수질관리

호텔이 운영하는 수영장에는 야외 수영장과 실내 수영장이 있으며, 야외 수영장은 해변에 위치한 수영장과 호텔 정원에 위치한 수영장이 있다. 수영장은 어디에 위치하더라도 시설관리에 만전을 기하지 않으면 위생상에 문제를 일으킬 수 있다. 야외 수영장은 자연온도에 의존하지만 풀장의 사계절 온도는 29~30℃를 유지한다. 실내 수영장의 실내온도는 대개 30℃를 유지하고, 풀장 물의 온도는 29℃를 유지한다. 풀장 물의 탁도는 5도 이하를 유지하며, 잔류염소량의 표준은 0.2~1.0mg/ℓ 이지만 대부분의 호텔들은 이보다 낮게 유지한다. 또한 PH 중성유지는 6.5~8.5로, 과망간칼슘은 12mℓ/ℓ 이하를 유지하고, 대장균은 50mℓ 중 3개 이하를 유지해야 한다.

❖ 수영장 수질에 대한 표준

분류	항목	Standard Upgrade
수영장 수질	실내온도	실내온도 30℃를 유지한다.
	Pool	Pool 29℃를 유지한다.
	탁도	탁도는 5도 이하를 유지한다.
	잔류염소량	잔류염소량 : 0.2mg/ℓ ~1.0mg/ℓ, 관리목표(0.4mg/ℓ ~0.6mg/ℓ)
	PH 중성유지	PH 중성(6.5~8.5)을 유지한다.
	과망간칼슘	과망간칼슘은 12mℓ/ℓ 이하를 유지해야 한다.
	세균검출	대장균은 50mℓ 중 3개 이하를 유지해야 한다.
	체육관	체육관, 요가실 온도는 20℃를 유지한다.

❖ 수영장 시설 체크리스트

공간	점검 내용	문제점	조치 사항
수영장	수영장 로커 룸 상태		
	수질상태(탁도)		
	거울의 얼룩		
	테이블, 의자, 베드 상태		
	타월 수레 상태		
	타월 선반 상태		
	정수기와 냉·온수 공급 상태		
	수영장 실내온도 및 벽시계		
	배수로에 낀 이끼 점검		
	수영장 내 조명 상태		
	선탠장 장비 상태		
	외곽 장비 상태		
	외곽 정원 상태		
	수영장 바 내부 장비 상태		
	출입문 시건장치		

3 헬스클럽 시설관리

21세기는 건강한 삶(wellness)을 영위하는 시대이다. 호텔은 성공한 사람들의 생활 무대가 되어가고, 비즈니스와 휴식의 중심이 되어가고 있다. 최근 우리나라에도 특급호텔들에 의해 대형 헬스센터가 개장되고 고가의 멤버십을 거래하는 시대가 되었다. 호텔의 헬스클럽이 고객들에게 제공하는 기능은 첫째, 건강관리기능이 있다. 멤버십 보유자는 체력을 키우고, 건강을 다지며, 몸매를 가꾸므로 정신적 · 육체적 건강을 정진시키는 효과가 있다. 둘째, 레크리에이션 기능이 있다. 각종 스트레스 해소와 취미생활을 함께할 수 있는 공간과 프로그램이 마련되므로 레크리에이션과 교양을 넓히는 데 활용될 수 있다. 셋째, 레저관광생활의 기능을 제공한다. 호텔이 위치한 자연환경을 최대한 활용하여 각종 야외활동에 참여하므로 생활체육과 레저 및 관광활동의 매개역할을 한다. 넷째, 동호인활동을 통한 대화의 창구기능을 한다. 헬스클럽은 다양한 시간대에 다양한 사람들이 모여서 프로그램에 의해 활동하게 되므로 자생적인 동아리가 구성되고, 이를 계기로 동호인 활동에 참여하므로 친밀한 유대관계를 구축해 가게 된다. 다섯째, 멤버십에 가입한 고객은 호텔의 구전홍보기능을 담당한다. 호텔의 정보를 가장 많이 알고 있는 고객층으로서 마케팅활동에 민감하게 반응할 수 있는 노출된 고객그룹이다. 호텔이 제공하는 고객지향적 서비스와 각종 이벤트에 대한 메신저역할을 잘 수행하게 되므로 항상 가족적인 분위기를 조성하는 것이 무엇보다 중요하다. 호텔이 운영하는 헬스클럽은 체력 조성을 목적으로 구성하게 된다. 공간은 대부분 바닥 면적이 200~500㎡ 정도이며, 최근에는 의료시설이 병설되어 있어 의학적 검사와 운동 부하검사 등을 하며, 의학적 검진부터 운동 지도까지 이루어지는 시스템을 갖춘 호텔들이 늘어나는 추세이다. 공간 배치는 워밍업과 쿨 다운 공간으로 사용하는 오픈 공간, 심폐지구력 공간, 근력트레이닝 및 머신트레이닝 공간, 프리웨이트 공간, 릴랙스 공간, 유연성 향상을 위한 조정력 공간으로 이루어져 있다.

▣ 헬스클럽의 공간 구성

① 스쿼시 존(Squash Zone) : 2~4면의 공간과 라켓 및 용품을 무료로 대여
② 카디오 존(Cardio Zone) : 러닝머신, 바이크, 스테퍼, 엘립티컬 등 설치
③ 레지스턴스 존(Resistance Zone) : Cybex, Nautilus 등 설치
④ 프리웨이트존(Free Weight Zone) : 파워렉, 벤치, 덤벨 1kg에서 50kg까지 구비
⑤ 그룹 체련구역(Group Exercise Zone) : 각종 프로그램을 비치하고, 고객에게 제공
⑥ 골프연습장(Golf Zone) : 골프채 무료 대여 및 고객 서비스

⑦ 퍼팅장(Putting Green) : 경사를 이용한 실전/퍼팅 연습장

⑧ 요가 스튜디오(Yoga Studio) : 요가 전문 강사에 의한 프로그램 운영

⑨ 운동처방실(Fitness Testing Office) : 체질관리 프로그램을 실시하고, 전담제 트레이닝 서비스 제공

⑩ 놀이방(Kids Club) : 어린이를 위한 공간과 다양한 놀이 프로그램 운영

❖ 호텔 헬스클럽에서 제공하는 각종 헬스기구

Lower lateral movement
3 movements in 1
1
2
3

❖ 체련장 시설 체크리스트

공간	점검 내용	문제점	조치 사항
체련장	복도 청결 및 전등		
	체련장과 휴게실 시설 상태		
	유산소기구 상태 점검		
	웨이트머신 상태 점검		
	유리와 거울 상태		
	방충망 상태 점검		
	출입문 시건장치		

호텔시설물 유지관리와 에너지 통제

호텔시설물 유지관리와 에너지 통제

1 예방점검과 유지관리

호텔건물은 그 자체가 호텔의 상품으로 구성되어 있기 때문에 예방점검과 유지관리에 만전을 기해야 한다. 호텔건물은 장기간 외부에 노출되고, 이용자가 사용함으로써 부분별 손상이 있게 마련이다. 이런 손상을 초기에 발견하여 조치를 취함으로써 내용연한을 연장시켜 주면서 청결하게 유지하는 데 예방점검의 목적이 있다. 호텔건물은 계속적인 관심 없이는 효율적으로 운영되지 않으며, 건물 내 설치된 시스템과 장비들은 기본적인 유지관리, 보수, 부품교체, 자동화 시스템의 정확한 작동, 이에 따른 안전사고 방지에 대해 꾸준한 관심 등이 필요하다. 만약 이러한 요구에 적절하게 대응하지 못하면 시설 유지관리가 원활히 이뤄지지 않으며, 이것은 곧바로 고객에게 제공되는 서비스 품질에 대한 불만과 직원들의 업무능률 저하로 나타나며, 궁극적으로 영업이익도 감소시키게 된다. 따라서 호텔의 시설은 부단한 예방점검과 스케줄에 의한 유지관리가 필요하다.

1. 예방점검

호텔의 시설과 장비는 호텔영업의 특성상 연중무휴로 가동하게 된다. 시의적절한 예방점검은 최악의 상태를 미연에 방지하는 중요한 역할을 한다. 시설은 객실관리부서와 합동으로 체크하여 필요부분을 계획에 의해 보완하게 되는데, 옥상, 지하 비트, 외벽, 현관지역, 배수로 등의 외부점검과 객실내부, 창문 및 문틀, 내벽, 철재부착물, 배기덕트 등의 내부점검이 있다. 장비는 제작사로부터의 점검지침서에 따라 기술과 경험이 있는 직원이 수리업무를 수행하게 된다. 예방점검은 장비의 수명을 연장하고 고장을 최소화할 수 있기 때문에 예방점검을 얼마만큼 잘 수행하느냐에 따라 유지관리가 수행되었는가, 그렇지 못한가를 판가름하게 된다. 예방점검을 수행하기 위해서는 점검, 경미한 수리, 작업계획의 3가지 절차를 밟게 된다. 점검은 체크리스트(Maintenance Check List)를 이용하여 예방점검 대상의 장비나 주위를 주의 깊게 살펴보면서 누수 여부, 이상 음이나 이상 진동 여부, 압력계나 유량계 등의 지시 눈금의 정상여부, 각 부분의 작동상태 등을 꼼꼼히 체크하는 것이다. 경미한 수리는 점검 시의 간단한 수리나 교환 · 조정 등을 말하는 것으로, 유지관리 담당자는 공구를 지참하고 다니면서 이러한 일들을 즉시 수행한다.

만약 베어링이나 기타 부품을 교체하기 위해서 장시간 장비의 가동을 중지해야 될 경우에는 작업계획을 세워서 실시한다.

2. 유지관리

호텔의 시설관리부서에서 이행하는 시설유지는 일상적 유지관리, 계획적 유지관리, 사후 유지관리로 구분하여 관리하게 된다. 일상적 유지관리의 대부분은 객실에 집중하는 하우스키핑에 의해 처리된다. 조경, 위생, 전구, 필터교체, 미터기 읽기 등이 이에 속하며, 계획적 유지관리는 시설의 결함이나 장비의 고장에 대비하여 계획을 세워 실행하게 된다. 이에는 HVAC(heating, ventilating, air conditioning), 엘리베이터, 화장실 욕조 내 누수 등 시설구조에 나쁜 영향을 끼칠 수 있는 것들이 속한다. 마지막으로 사후 유지관리는 고장난 시설을 고치는 경우에 해당되며, 평소관리가 잘못되었을 때 발생하게 된다.

1) 일상적 유지관리

일상적인 유지관리는 호텔 내 시설물 전반을 현재의 상태로 계속 유지하고 그 기능이 저하되지 않도록 매일매일 점검하는 것이다. 이러한 유지관리는 단순한 작업들로서 기술이 크게 필요하지 않으며 기록에 남길 필요도 없다. 예를 들면, 고장난 전등기구의 교체, 잔디 깎기, 카펫 청소, 바닥 세척, 유리창 청소, 객실정돈 등이 해당되며, 대부분의 호텔에서는 이러한 일상점검을 객실관리부에서 수행하고 있다. 기술적인 일상점검은 시설관리부의 업무 중 하나로써, 각 기계실이나 전기실에 있는 장비의 운전상태를 시각적 · 청각적으로 매일 점검하는 것이다.

2) 계획적 유지관리

계획적 유지관리는 이미 알려진 문제점들이나 정기적으로 수행해야 될 유지관리업무의 스케줄을 짜서 작업하는 것을 말한다. 계획적 유지관리를 넓게 보면 예방점검의 한 부분이라고 할 수 있다. 그러나 작업범위가 크고 작업시간이 많이 필요한 특징이 있으므로 작업 전 관련부서와 충분한 협의를 거쳐 고객과 직원에게 사전인지를 시킴으로써 불편을 최소화한 다음 작업이 진행되게 해야 한다.

3) 사후 유지관리

고장이나 결함이 발생한 후 수리를 행하는 것이 사후 유지관리이다. 이러한 사후 유지관리는 앞에서 언급한 예방점검을 제대로 수행하지 않았기 때문에 발생하는 것이다. 이 경우 긴급상황이 발생되고 수리비용도 많아지게 되며, 긴급인원 투입으로 인하여 계획된 작업에 영향을 주게 되고 고객의 불평을 감당해야 한다. 따라서 호텔의 시설부서장은 필요한 시설과 장비에 대해 교체계획과 연중 유지관리계획을 철저히 세움으로써 영업부문에서 안심하고 서비스를 제공할 수 있도록 하는 것이 기본임무이다.

The World Best Smile Hotel

객실예방 점검표

점검일시 :
장　　소 :

점검항목	점검사항	이상유무	조 치
욕실 청결상태			
세면대, 수도꼭지, 샤워기 누수/누설 상태			
벽지상태			
조도상태			
조명상태			
소음 여부 파악			
객실 청결상태			
냉난방 조절상태			
기 타			

점검자 확인 : ____________________

The World Best Smile Hotel

주방예방 점검표

점검일시 :
장　　소 :

점검항목	점검사항	이상유무	조 치
누수사항 점검			
배수상태			
누수점검			
누설점검			
가스기구 점화상태			
스팀 공급상태			
냉동기 사항			
장비별 이상유무 파악			
기타			

점검자 확인 : ____________________

The World Best Smile Hotel

영업장 예방 점검표

점검일시 :
장　　소 :

점검항목	점검사항	이상유무	조 치
커튼 점검			
냉난방 상태 파악			
조명점검			
장비 현황			
기물파손 파악			
기타			

점검자 확인 : ________________

2 에너지 통제 및 관리

1. 호텔에너지 관리의 특성

1) 전력의 과소비

호텔은 고객 투숙에 관계없이 많은 전기설비와 에너지를 소모하고 있다. 모든 전기설비는 언제라도 작동할 수 있는 상태를 유지해야 하며, 평상시의 전력원이 고장날 경우에 대비하여 비상발전시설을 갖춰야 한다. 또한 호텔의 연회장, 결혼식장, 회의실 등의 공공장소(public area)는 부하 밀도가 높아 조명, 인체 등의 내부 부하와 외부 부하가 대부분을 차지하며 사용상황에 따른 부하의 변동 폭이 크다. 따라서 에너지 소비량이 큰 폭으로 변화한다.

2) 풍부하고 깨끗한 물의 공급

호텔과 레스토랑은 깨끗하고 풍부한 물의 공급과 소비를 필요로 한다. 급탕량이 많아 물 사용료와 가열에 소요되는 에너지 소비가 크다.

따라서 호텔은 자가시설 공급의 물은 물론 공공기관이 공급하는 물도 활용하고, 다른 대체기술의 도입을 적극 고려하여 급수비용과 하수처리비용을 크게 절약하고 자원의 낭비를 막아야 한다.

3) 쾌적한 냉 · 난방 공급

호텔은 연중 안락하고 쾌적한 실내온도 유지에 많은 기술적 관리가 필요하다. 자연바람이 가장 좋지만 계절과 상황에 따라 냉 · 온방이 필수적이며, 창밖의 외부기온이 높을 때, 내부 혹은 외부습도가 높을 때, 좁은 장소에 많은 군중이 모였을 때, 집회가 있을 때 동시에 많은 양의 냉 · 난방이 필요하다. 또한 환절기에는 냉방과 난방이 동시에 필요하기 때문에 운전과정에서 에너지 손실이 발생할 수 있으므로 관리에 만전을 기해야 한다.

4) 대형 냉동 · 냉장 시설 완비

식음료 관리에 있어 냉장시스템은 빼놓을 수 없는 중요한 설비로써 호텔 내의 대소형 냉장, 냉동기는 하루 24시간 가동되어 필요한 식자재의 신선도를 유지관리해 준다. 따라서 이런 시설은 호텔의 에너지비용을 높이는 주요 원인이 된다.

2. 호텔의 에너지 요금분석

호텔의 에너지 비용이 차지하는 비중은 우리나라 호텔의 경우 총 매출액의 약 3.5~5.5%, 일본의 경우에는 약 7.5% 이상을 차지하는 것으로 알려져 있다. 우리나라도 LPG, LNG 값이 두 배 이상으로 인상된다는 보도도 있어 앞으로 에너지 단가가 큰 폭으로 인상될 것이 예상되므로 총 매출액에 대한 비율이 올라갈 것으로 판단된다. 따라서 호텔산업에서 에너지 비용을 보다 효율적으로 관리하는 것이 호텔경영상 매우 중요하며, 그러기 위해서는 합리적인 시스템을 도입하여 운영할 필요성이 대두되고 있다. 옆 그림은 부산 시내에 있는 특급호텔들이 지급하는 에너지 요금 비율이다. 그러나 수도요금의 비율이 계속 증가하고 있어 머지않아 전기요금을 앞지를 것으로 예측된다.

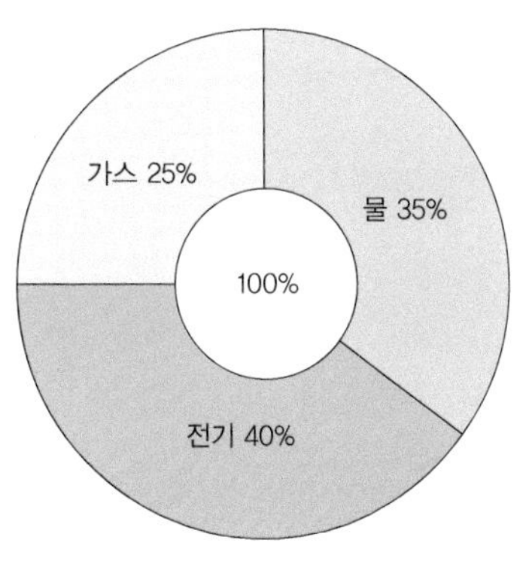

❖ 호텔의 에너지 요금비율

3. 호텔의 에너지 관리

호텔건물에서의 에너지 절약은 다른 건물과 별 차이가 없지만, 최근 들어 중수도 설비나 열병합 발전설비 등이 많이 적용되고 있다.

열병합 설비는 급탕 부하, 난방 부하가 큰 호텔에 도입될 경우 발전 폐열을 효율적으로 이용할 수 있다. 최근 잦은 기상변화와 많은 물 소비 습관에 의해 우리나라도 물 부족 국가로 분류됨에 따라 대형 건물에 중수도 설비를 설치하도록 의무화되고 있으며, 생산단가도 시수에 비하여 톤당 50% 이상 차이가 나므로 매우 경제적이라 할 수 있다. 호텔에서의 에너지 절약을 위한 방안에는 다음과 같은 것이 있을 수 있다.

1) 최소 부하 가동

빙축열 시스템을 설치하여 상대적으로 싼값에 공급받을 수 있는 심야 전력을 이용하여 물을 냉각시키고 이것을 주간에 객실, 공공장소, 식음료영업장 등에 공급하는 방법이 있으며, 탄소화합물(CO_2) 농도에 의한 외기 도입량을 제어한다든지, 부하가 되는 외기 침입을 적게 하기 위해서 출입구에 회전문이나 방풍실을 설치하는 것 등도 있을 수 있다. 또한 여름철이나 겨울철에 외기를 직접 도입하게 되면, 냉난방비용이 증가하므로 전열교환기를 설치하여 배기되는 실내공기로부터 열을 회수하여 급기하는 방식도 많이 적용되고 있다.

2) 에너지의 유효 이용

보일러, 냉동기, 공조장비, 펌프 등의 운전효율을 높이기 위해서는 고효율기기의 적용, 부분부하 특성이 좋은 기기 및 제어방식, 대수 분할에 의한 고효율 운전, 빙축열 시스템 등의 적용을 고려할 수 있다. 호텔의 연회장, 회의실 등 공공장소(public area)는 사용상황에 따라 피크 풍량보다 적은 풍량으로도 운전되는 시간이 길기 때문에 변풍량 방식(VAV System)도 많이 채용되고 있다. 또한 이러한 지역은 봄, 가을철의 냉방이 필요할 때 냉동기를 가동하지 않고, 비교적 온도가 낮은 외기를 이용하여 냉방하는 외기 냉방도 가능하다. 조명 에너지는 건물 전체 전기 사용량의 약 30%나 차지하므로 절감효과가 큰 절전형 전등기구의 사용이 점점 확산되고 있다.

3) 운전시간의 단축

객실의 경우 고객이 외출하거나 체크아웃을 할 경우 자동적으로 전원이 차단되는 카드 키 시스템(card key system)이 많이 도입되고 있다. 그리고 각 영업장의 경우 영업시간에 맞추어 최대로 운전시간을 단축시킬 수 있는 타임 스위치(time switch)에 따라 공조기를 가동하도록 한다. 사용시간대가 불규칙한 연회장이나 회의실의 경우에는 직원들의 교육을 통하여 사용하지 않을 경우 조명등을 끄도록 관리한다.

4) 폐열의 회수

공조설비의 폐열 회수는 전열 교환기를 이용하며, 에너지 절약대책 중에서 적용 예가 가장 많다. 호텔의 경우 인원 밀도가 높은 연회장이나 회의실 계통과 전체 외기 공조를 하는 객실 계통에 자주 적용되고 있다. 호텔은 5~7kg/cm^{2}의 고압 증기를 사용하기 때문에 이들로부터 배출되는 응축수로부터 재증발 증기를 회수하는 플래시 베슬(flash vessel)을 설치하는 것도 폐열을 회수하는 좋은 방법 중의 하나이다. 세탁실의 경우 세탁물을 린스(rinse)한 물은 수온이 70℃ 이상이고, 어느 정도 세제를 포함하고 있으므로 재사용(re-use)하게 되면 에너지 비용뿐만 아니라 세제비도 절감이 가능하다. 폐열을 회수하여 재사용하는 시스템은 1996년 속초의 삼성콘도가 가장 먼저 시도하여 매스컴에 소개되었던 방법이며, 그 후 많은 신축호텔과 콘도미니엄에서 채택하여 에너지 재활용과 환경보존에 앞장서고 있다.

❖ 호텔의 Heating, Ventilation, Air Conditioning 비용 산출표

☺ The World Best Smile Hotel

Subject HVAC　　Firm Name　　Project
Estimator　　Location
Job #　Date　　Client　　Type Est.

Item	Classification of Work	Man-hours	Labor cost Rate	Labor cost Cost	Material cost	Total cost
	Totals brought forward					
1	HEAT-GENERATION EQUIPMENT					
2	COOLING GENERATION EQUIPMENT					
3	HEAT-DISTRIBUTION EQUIPMENT					
4	COOLING DISTRIBUTION EQUIPMENT					
5	AIR HANDLING EQUIPMENT					
6	PIPING AND ACCESSORIES					
7	SHEET METAL WORK					
8	TESTING AND BALANCING					
9	INSULATION					
10	TEMPERATURE CONTROL SYSTEMS					
11	SPECIAL SUBSYSTEMS					
12	SITE UTILITY					
	Subtotal (1)					
13	SALES TAX					
	Subtotal (2)					
14	JOB OVERHEAD					
	Total direct cost					
15	ESTIMATING CONTINGENCY					
	Subtotal (3)					
16	MARKET CONTINGENCY					
	Subtotal (4)					
17	ESCALATION TO BID DATE					
	Subtotal (5)					
18	GENERAL OVERHEAD					
	Subtotal (6)					
19	PROFIT					
	Total cost					

호텔의 설비관리

Hotel Facilities Management

호텔의 설비관리

1 호텔 설비관리의 의의

호텔건물은 여러 가지 시설과 설비로 이루어져 있다. 이미 건축된 부문을 고객이 깨끗하고 편리하게 이용할 수 있도록 하는 것이 유지관리라고 한다면 호텔건물이 고객에게 쾌적성 · 안락성을 제공하게 하여 체류나 이용이 원활하게 될 수 있도록 다양한 설치물 즉 보일러, 급수, 위생시설, 공기조화, 냉 · 난방, 냉동 · 냉장시설, 전기, 조명, 음향, 통신, 에너지관리 시스템, 방재시스템 등의 장비를 원활하게 관리하는 것을 설비관리라고 한다.

시설관리와 설비관리를 비교하면 전자는 건물 자체를 관리하는 것이고, 후자는 거기에 장착되어 있는 장비들을 관리하는 것으로 이해할 수 있다. 예컨대, 인체에 비하면 호텔의 시설물은 몸체이고, 설비는 두뇌 · 장기 등으로 간주할 수 있다.

따라서 호텔건물에 장착된 설비를 잘 관리하기 위해서는 건축물의 설계단계부터 효율적인 에너지관리가 되도록 시스템을 구축하고 전문가를 적절히 배치하여 관리함으로써 호텔의 안전과 효율적인 비용관리에 만전을 기하게 된다.

❖ 호텔의 실내환경과 설비의 공급

2 호텔의 설비관리시스템

1. 시스템의 도입단계

호텔건물도 일반 사무실 건물이나 병원, 백화점 등의 건물과 마찬가지로 인간이 생활하기 위한 건물이므로 국내 건축법, 소방법 및 관련 법규에 근거하여 건축하기 때문에 여기에 설치되는 각종 시스템 역시 다른 건물과 비교하여 비슷하다고 볼 수 있다.

다만, 호텔의 특성으로 식품 냉장, 냉동설비, 세탁 폐수설비, 연회행사를 위한 음향설비 등이 추가로 필요한 설비들이며, 경우에 따라서는 에너지 절감차원에서 열병합 발전설비나 중수도 설비 등이 도입되기도 한다.

이러한 설비들은 호텔의 규모나 특성에 맞게 설계되어야 하며, 과잉설계가 될 경우에는 에너지의 낭비적인 요소와 함께 초기 투자비가 높게 되고, 반대로 과소 설계가 될 경우에는 고객들이나 직원들에게 만족할 만한 서비스의 제공이 불가능하게 된다. 일반적으로 건물 시스템을 설계하기 위해서는 다음과 같은 절차를 밟게 된다.

첫째, 시스템의 부하 계산 둘째, 시스템의 개략 설계 및 장비 선정 셋째, 연간 에너지 사용량 추정 넷째, 라이프사이클 비용 추정 다섯째, 장비 배치 검토 여섯째, 최종 설계 등이며, 이때 과거의 기후조건이나 설계 데이터를 참조하기도 한다. 일단 부하 계산이 끝나면 개략적인 시스템 설계와 장비를 선정하게 되는데, 이때 어떤 특정 시스템이나 장비를 선정하는 것이 장차 운전하는 데 보다 경제적인지를 검토하고, 장비의 수명, 투자비 등도 고려하여 최상의 조건을 갖춘 기종을 선택하게 된다. 이러한 의사결정이 이뤄지면 장비의 배치 검토와 함께 최종 설계가 진행된다.

2. 건물자동화 시스템

1) 건물자동화의 방향

자동화란 인간이 수동적으로 조작하던 것을 기계의 힘을 빌려 자동적으로 조절하고 제어할 수 있게 하는 것이다.

자동화는 그 대상에 따라 사무자동화, 공장자동화, 건물자동화 등 여러 가지가 있을 수 있다. 건물자동화는 건물에 관련된 설비를 조절하고 제어관리하는 것으로 원래는 공조, 열원, 위생, 수변전 등의 전통적인 건물설비를 대상으로 하였으나, 점차 그 대상이 조명설비와 엘리베이터 설비 그리고 방재설비나 출입관리 등의 방범설비까지 확대되고 있다.

최근에는 건물에 관련된 모든 설비를 통합하여 운용함으로써 효율을 높이게 되는데, 이를 건물자동화시스템(BAS : building automation system) 또는 빌딩관리시스템(BMS : building management system)이라고도 한다. 호텔건물과 같이 에너지를 많이 사용하고 24시간 가동하는 건물에 있어서는 이러한 건물자동화 설비가 필수적이라고도 할 수 있으며, 기능 면에서 볼 때 크게 3가지로 구분할 수 있다.

첫째, 설비기기의 운전상태, 감시제어, 계측을 하는 빌딩관리 시스템

둘째, 인명, 건물을 지켜주는 방재, 방범기능을 갖춘 안전시스템

셋째, 에너지를 절약하고 유지관리를 효율적으로 수행하는 경제적인 시스템

2) 건물자동화의 목적 및 효과

(1) 쾌적한 환경의 제공

실내의 온도나 습도 등의 온열환경을 비롯하여 탄소화합물(CO_2), 먼지 등의 실내공기 환경 그리고 조명에 의한 광 환경에 이르기까지 연속적인 감시와 제어를 통하여 건물 내 고객들에게 최적의 상태를 제공할 수 있다.

(2) 건물 이용자의 편리성 향상

각 설비의 통합화에 의하여 각 건물 이용자의 서비스, 편리성의 향상을 도모할 수 있다. 또한 설비제어관리를 하는 데 있어 외기온도, 강우상태와 건물관리 정보를 실내에서 파악할 수 있다.

(3) 다양한 안전의 확보

사고, 정전, 화재 등의 비상시에 적절한 대응을 할 수 있으며, 또한 방범 시스템을 통하여 건물이용자의 안전 확보 및 기밀유지를 실현할 수 있다.

(4) 에너지 및 자원의 절약

공조 및 전기설비를 대상으로 기기의 고효율 운전, 운전시간의 단축화, 공조 부하의 경감, 외기 에너지 활용, 폐열 회수, 심야전력이용, 전력수요 제어, 최적 기동 정지 제어 등을 이행함으로써 건물 전체의 냉난방 에너지 사용량의 약 15~20%까지 절감이 가능하다.

(5) 인력의 절감 및 관리의 효율화

시스템의 통합화에 의하여 대량의 정보를 집중시켜 종합적으로 관리할 수 있기 때문에 적은 인원으로 건물설비를 운영할 수 있다. 일상업무, 비상시 대응 및 시스템의 종합화에 의해 상당량의 인력절감을 꾀할 수 있다.

3) 건물자동화의 구성요소

자동제어장치에는 실내온도 또는 습도 등의 제어량을 검출하고 이것을 목표치와 비교하여 그 편차에 알맞은 조절신호를 출력하고 조작부를 작동시켜서 정정 동작을 행하는 피드백제어가 일반적으로 사용되고 있다.

첫째, 검출부 : 흔히 센서라고 부르며, 제어대상이 되는 실내온도나 습도를 검출한다.

둘째, 조절부 : 설정온도(습도)와 검출온도(습도)를 비교하여 제어 편차를 줄이도록 조작부에 신호를 보낸다. 여기에는 로컬 처리장치와 퍼스널 컴퓨터나 미니 컴퓨터와 같은 중앙처리장치가 있다.

셋째, 조작부 : 조절부(중앙처리장치)로부터 신호를 받아 조작량을 변환하여 제어대상에 작동시키는 장치를 말한다. 전자 개폐기(릴레이), 전자 밸브, 전동 모터, 액튜에이트와 같이 제어대상에 구체적인 조작량을 주는 구동기기를 말한다.

❖ 건물자동화 시스템

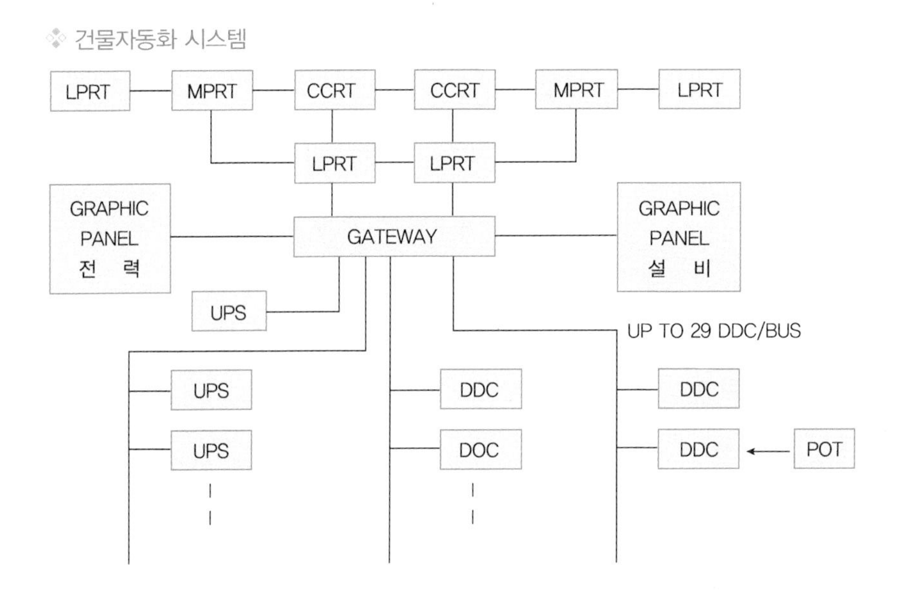

3. 부하설비

부하설비는 전기를 공급받아서 전기에너지를 소비하는 전기기계와 기구를 말하며, 전동기기를 사용하는 동력설비, 콘센트설비, 조명설비 등이 있다. 여기에서 동력설비는 호텔건물에서 공조, 급 · 배수, 환기, 수송설비 등 전동기를 필요로 하는 설비를 일컫는다. 호텔에서 사용하는 동력설비의 종류로는 냉동기, 냉각수펌프, 냉수펌프, 쿨링타워팬, 공기조화기팬, 급 · 배기 팬, 배열팬 등이 있는데 이를 공기조화용 동력이라고 한다. 또한 양수펌프, 오수펌프, 급수펌프 등의 급 · 배수 위생용 동력이 있으며, 엘리베이터, 에스컬레이터, 덤웨이터, 리프트, 차량용 리프트, 셔터, 턴테이블 등의 승강기용 동력이 있다. 그 외에 사무기기용 동력, 통신기기용 동력, 주방용 동력, 방재용 동력 등도 있다. 호텔에는 보일러, 급수, 위생시설, 공기조화, 냉·난방, 냉동·냉장 시설, 전기, 조명, 음향, 통신, 에너지관리 시스템, 방제 시스템 등 다양한 장비가 설치되어 있다.

이런 것을 개개의 시스템이라고 하며, 시스템의 부하라는 것은 그 시스템이 필요로 하는 용량을 말하여 대개의 경우 시간당 필요한 용량으로 표시된다. 부하계산은 보통 최고로 나쁜 조건이나 최대로 부하가 걸리는 경우를 예상하여 산정하는 것으로, 예를 들면 호텔을 이용하는 많은 고객들이나 직원들이 물을 사용하는 데 있어 어떠한 경우에든 원활하게 물을 공급할 수 있도록 펌프 용량을 산정한다든지 또는 최고로 더운 날씨에도 냉방이 잘 될 수 있는 적정한 에어컨 용량을 계산하는 것을 말한다.

4. 설비관리의 계획수립

시설관리부의 업무 중에는 국내법규에 의하여 정기적으로 시설물을 점검하여 그 결과를 국가기관에 제출해야 하는 것이 있다.

이러한 업무는 주로 안전과 위생에 관련한 것으로써 면허를 가진 등록업체에 용역을 주어 처리하게 된다. 또한 업무의 성격상 전문성을 요구하거나 시설관리부서에서 직접 관리하는 것이 오히려 비용이 많이 드는 경우에도 외부의 전문업체와 용역계약을 맺어 관리하게 된다.

다음 표는 주요 설비에 대한 외부 전문업체의 유지관리계획이다. 이러한 이유 외에도 최근의 노사문제라든지, 전체적인 인건비를 줄이려는 차원에서 외부 전문업체에 의한 유지관리가 확산되고 있는 추세이다. 시설관리부서는 호텔시설과 설비를 원활하게 운영하기 위해서 적절한 예산을 확보해야 하므로 연중계획에 들어 있는 품목에 대한 합당한 집행은 곧 고객만족 경영에 크게 이바지하게 되므로 시설관리부서장의 소신 있는 업무추진이 기대된다.

❖ TWBSH의 주요설비 유지관리계획

	1	2	3	4	5	6	7	8	9	10	11	12	비고
1. 보일러 세관작업													법규 연 1회
2. 냉동기 연간점검													
3. 정화조 탱크 청소													
4. 가스설비 점검(가스안전공사)													법규 2년 1회
5. 사우나 욕조수 수질검사													법규 연 2회
6. 주방용 냉각탑 화학세관													
7. 시수 탱크 청소													법규 연 2회
8. 수처리설비 필터 교체작업 · 지하수 처리 설비 · 세탁폐수 설비 · 중수도 설비													
9. 지하수 수질검사													법규 연 1회
10. 오 · 폐 · 중수 수질검사													1~5종으로 구분 종마다 규제가 다름
11. 전기시설 안전점검(전기안전공사)													법규 2년 1회
12. 건축물 안전점검 · 일상점검 · 정기점검 · 정밀 안전진단 및 점검													 · 법규 연 2회 · 법규 3년 1회 · 법규 10년 1회
13. 소방시설 정밀점검													법규 1년 2회
14. 주방, 세탁실 배기덕트 청소													
15. 워키토키 검사													법규 2년 1회
16. 엘리베이터 유지관리계약													법규 연 1회
17. 발전기 정기검사													법규 2년 1회
18. 실내공기 환경검사													법규 연 2회
19. 엘리베이터 유지관리계약													
20. 곤돌라 유지관리계약													
21. 조경 유지관리계약													
22. 전화교환설비 유지관리계약													
23. 커피머신 유지관리계약													
24. 방역작업 연간계약													

한편, 시설관리부서는 호텔의 건물과 그 내부에 있는 모든 장비를 기술 면에서 지원하고, 이를 통해 내 · 외부 고객을 만족시키는 역할을 하므로 항시 보유장비의 상태를 최상으로 유지관리해야 하며, 이를 위해 일일점검을 실시하게 된다. 아래 표는 보유설비 및 장비의 자체 점검표이다. 호텔마다 보유시설과 장비는 다르지만 확인 작업은 꼭 이행해야 한다.

❖ 보유설비 및 장비 일일 안전점검표 2012. . .

구 분	점검사항	양 호	불 량	조 치
보일러	1. 관계자 외의 인원은 통제하고 있는가?			
	2. 기름 새는 곳 및 새는 기름을 방치하고 있지 않은가?			
	3. 누수개소는 없는가?			
	4. 예열기의 제어온도는 적당한가?			
	5. 배수펌프의 작동은 정상인가?			
	6. 댐퍼 및 송풍기의 작동은 정상인가?			
	7. 압력계는 정상지침으로 유지되는가?			
	8. 안전밸브의 작동은 정상인가?			
	9. 수위검출장치의 작동은 정상인가?			
	10. 착화 및 점화장치는 이상이 없는가?			
	11. 버스노즐에 불순물 부식은 없는가?			
	12. 점화 전후 통풍은 충분히 실시하는가?			
	13. 공구와 안전용구는 정위치에 비치 정돈되어 있는가?			
자동제어	1. 컨트롤 밸브의 작동상태는 양호한가?			
	2. 조작반의 전압은 정상적으로 변압되는가?			
	3. 각종 온도조절기의 동작상태는 양호한가?			
	4. 각종 온도감지기는 이상이 없는가?			
	5. 각종 변환기의 변환상태는 양호한가?			
	6. 각종 기록계기의 동작상태는 양호한가?			
	7. 에어컴프레서의 작동은 정상인가?			
	8. 질소가입장치의 누기 등 이상은 없는가?			
저수조	1. 저수위, 고수위계 또는 체크밸브의 작동상태는 완전한가?			
	2. 퇴수밸브의 작동상태는 양호한가?			
	3. 누수 및 오버드레인은 되고 있지 않은가?			
	4. 탱크에 산화 부식된 곳은 없는가?			
	5. 탱크의 보온상태는 양호한가?			

기계실	1. 온도계, 압력계의 지침은 정상인가?			
	2. 펌프회전부에 열 발생은 없는가?			
	3. 펌프마그넷 스위치 작동은 정상인가?			
	4. 저탕조 온도조절밸브의 작동은 정상인가?			
	5. 펌프의 축진동은 없는가?			
	6. 펌프의 회전상태는 정상인가?			
펌프실	1. 모터펌프의 작동은 정상인가?			
	2. 축진동 및 이상음 발생은 없는가?			
	3. 각종 계기 및 스위치는 정상인가?			
	4. 환기시설은 정상 작동하는가?			
	5. 배수펌프 작동은 정상인가?			
	6. 너트조임은 양호한가?			
	7. 배관의 누수개소는 없는가?			
	8. 펌프실의 누수현상은 없는가?			
	9. 분전반에 습기 또는 누수로 인한 위험개소는 없는가?			
	10. 출입구 및 저수조 뚜껑의 시건장치는 되었는가?			
	11. 볼탑의 작동은 정상인가?			
전기일반	1. 퓨즈는 규격품을 사용하고 있는가?			
	2. 누전되고 있는 곳은 없는가?			
	3. 과열 변색되는 곳은 없는가?			
	4. 변전실, 전기실 내에 인화성 물질 및 장애물을 방치하고 있지 않은가?			
변전설비	1. 관계자 외 사람이 출입하지 않는가?			
	2. 안전수칙은 숙지하고 이행하는가?			
	3. 제반 운전상태는 양호한가?			
	4. 광원 및 소음을 발생시키지는 않는가?			
	5. 각종 기기 부착용 볼트, 너트는 풀린 곳이 없는가?			
	6. 스파크를 발생시키는 것은 없는가?			
	7. 변전실 내 배수펌프는 정상 운전되는가?			
	8. 정전작업 개시전 방전을 시켰는가?			
	9. 변전실 내 소화기는 적정배치 및 정상 작동되는가?			
가스 배출기	1. 모터의 회전은 정상인가?			
	2. 팬의 손상은 없는가?			
	3. 표시 램프의 작동은 정상인가?			
	4. 굴뚝의 고정상태는 양호한가?			
	5. 옥상노출 가스 PVC 파이프의 파손은 없는가?			
	6. 굴뚝의 파손 및 균열된 곳은 없는가?			

3 냉 · 난방 시스템관리

1. 공기조화설비

호텔의 실내는 항상 쾌적한 온도가 유지되어야 하므로 여름에는 냉방기기(air conditioner)가 가동되고, 겨울에는 난방설비(heating system)가 가동된다.

냉 · 난방 및 환기설비는 일반적으로 공기조화설비(cooling and heating system)라고 불리며 줄여서 공조설비라고도 한다. 공조방식은 중앙공급식과 개별식으로 나누며, 중앙식 공조방식은 중앙공기 조회기로부터 조정된 공기를 하나의 송수관(duct)을 통해 각 지역과 객실로 보내서 알맞은 온도, 습도를 유지하는 방식이다. 개별식은 패키지식(package type)이라고도 하며, 각 공간 단위별로 설치하고 설치된 실내만 한정적으로 냉방을 공급한다. 실내에 공급되는 온도, 습도, 기류는 유효온도(effective temperature)를 감안하여 공급되며, 상쾌함을 느끼는 범위는 객실에는 유효온도 20~22℃, 상대습도 50~60℃, 복도에는 유효온도 23~24℃, 상대습도 50~60℃, 공공장소 및 식당에는 유효온도 23~24℃, 상대습도 50~60℃가 적당하다. 호텔건물의 공기조화설비는 손님들의 만족도에 영향을 주는 가장 큰 요소 중 하나이다. 특히 우리나라처럼 4계절이 뚜렷한 곳에서는 환절기에 일교차가 심하여 낮에는 냉방을 해야 하고 밤에는 난방이 필요하기 때문에 객실의 온도관리에 어려움이 따르며, 고객으로부터 제일 큰 불만의 대상이 되기도 한다. 또한 이 공기조화설비는 호텔운영 자체에도 큰 영향을 주게 되는데, 이는 호텔 직원들의 작업환경과 관련된 사항으로 실내온도가 너무 높거나 환기가 불충분하면 생산성이 떨어지거나 안전사고 발생의 위험이 생겨 궁극적으로 서비스의 질이 떨어지게 된다. 또 이 설비는 건설비용도 높을 뿐만 아니라 유지관리비용도 전체 유지관리비의 약 12%나 차지하고 있어 관리가 잘못될 경우 에너지 비용의 낭비를 초래하게 된다.

❖ 다양한 실내 공조기 덕트

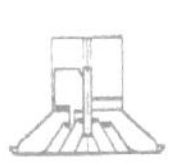
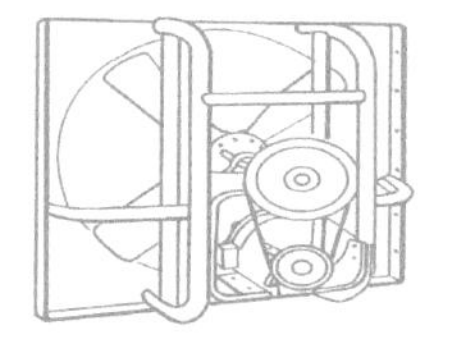

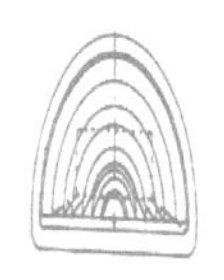

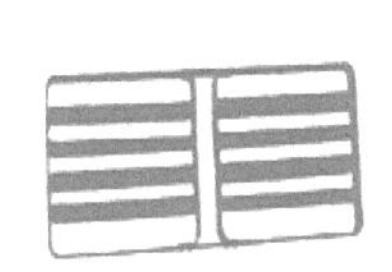

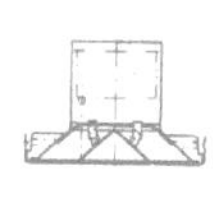

❖ 다양한 실내 공조기 설치 설계 사례

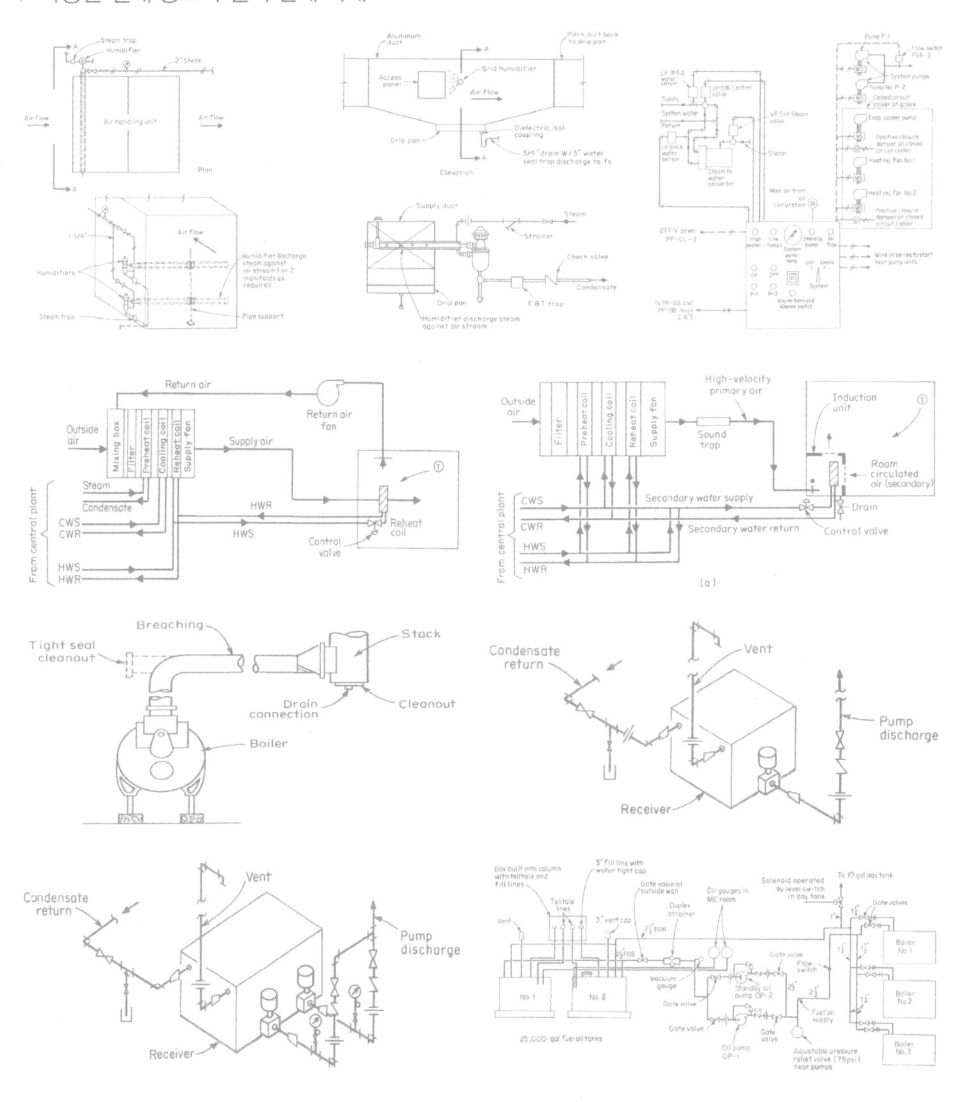

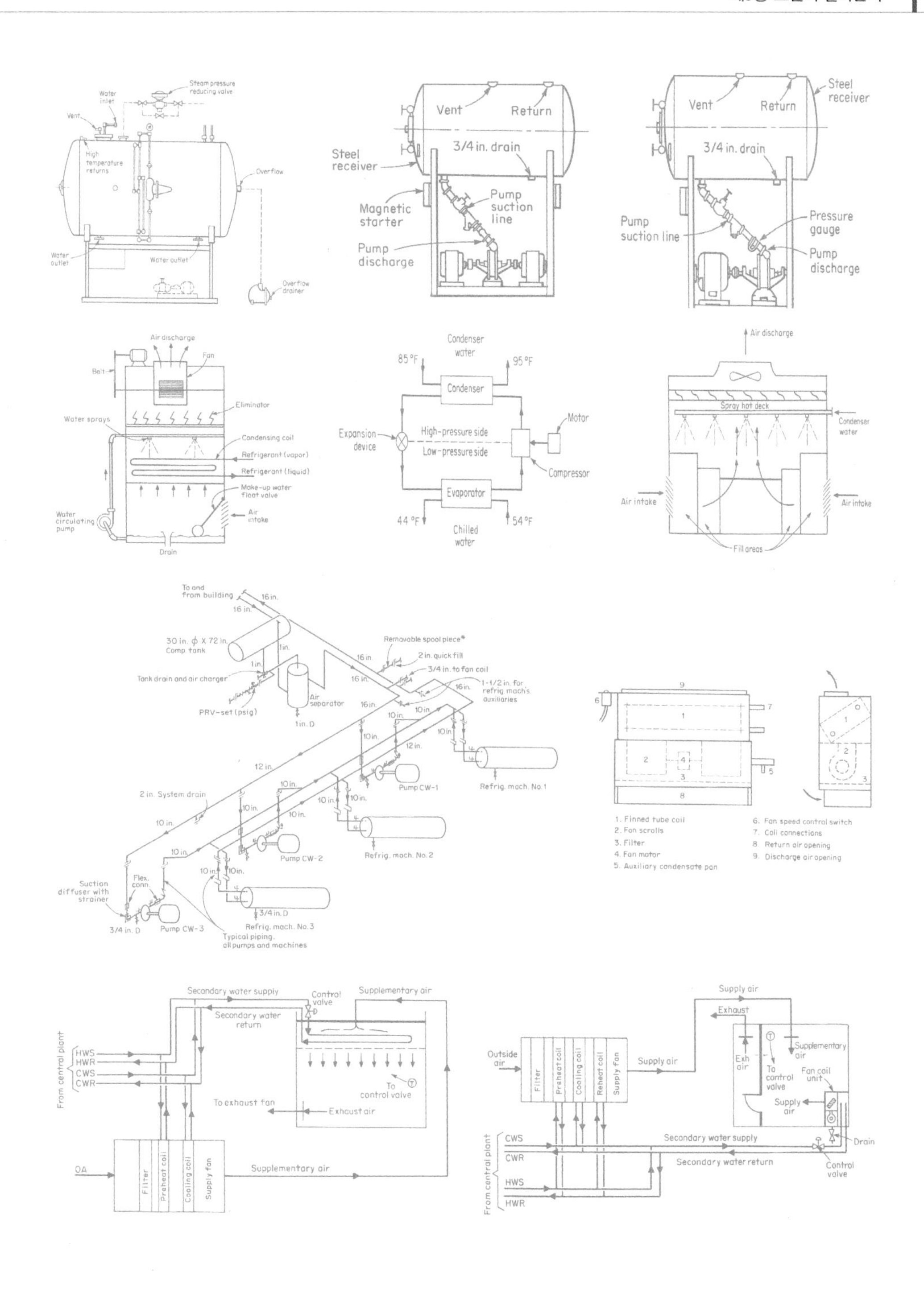
Vent
Return
Steel receiver
3/4 in. drain
Magnetic starter
Pump suction line
Pump discharge
Pressure gauge
Condenser water
85 °F
95 °F
Condenser
Expansion device
High-pressure side
Low-pressure side
Motor
Compressor
Evaporator
44 °F
54 °F
Chilled water
Air discharge
Spray hot deck
Air intake
Fill areas
1. Finned tube coil
2. Fan scrolls
3. Filter
4. Fan motor
5. Auxiliary condensate pan
6. Fan speed control switch
7. Coil connections
8. Return air opening
9. Discharge air opening
Secondary water supply
Secondary water return
Control valve
Supplementary air
From central plant
HWS
HWR
CWS
CWR
To exhaust fan
Exhaust air
OA
Filter
Preheat coil
Cooling coil
Supply fan
Supply air
Exhaust
Outside air
Reheat coil
Fan coil unit
Drain

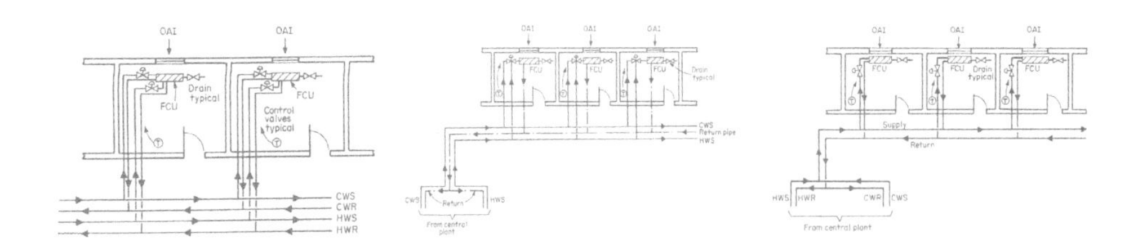

2. 공조설비의 구성

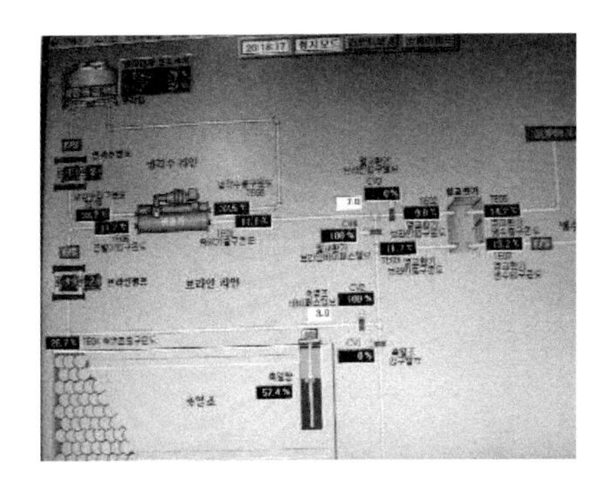

공조설비는 공조의 정의에 나타난 4가지 요소인 온도, 습도, 청정도 및 기류분포 등을 제어하기 위해서 기본적으로 구성하게 되는 시스템으로 되어 있다. 첫째, 열원설비는 공조설비에서 전체의 열부하를 처리하기 위한 설비로 냉동기, 보일러가 주체이고, 부속설비로는 냉각탑, 냉각수펌프, 급수설비, 부속배관 등이 있다. 둘째, 공조기 설비는 공조대상 공간에 보내는 조화공기를 만드는 설비로 공기냉각의 제습기, 가열기, 가습기, 공기여과기 및 송풍기를 일절의 케이싱에 넣은 것을 말한다. 호텔객실의 경우 일반적으로 팬코일 유닛(fan coil unit)이라고 불리는 작은 용량의 공조기를 객실 입구 천장 속이나 창가측에 설치하여 개별 운전이 가능하도록 하고 있다. 셋째, 열 수송설비는 공조기와 공조대상 공간 사이에서 공기를 순환시키거나 외기를 도입하기 위한 송풍기 덕트 계통과 열원설비 및 공조기 사이에서 냉·온수를 순환시키는 냉·온수 펌프배관 계통 등을 포함한다. 넷째, 자동제어설비는 전체 시스템을 자동적으로 유지하고 운전하기 위한 제어설비로 공조설비 전체의 운전·감시 등의 중앙관제설비도 포함한다. 다섯째, 냉각탑은 실내에서 가열된 공기를 끌어내어 차고 신선하게 정화하여 재공급하는 기능을 하며, 보일러 · 냉동기와 더불어 가장 중요한 부분이므로 성능을 충분히 발휘하게 하려면 통풍이 잘 되는 청결한 곳에 설치하고, 굴뚝이나 다른 열원으로부터 복사열을 받지 않는 곳을 택해서 설치해야 한다. 냉각탑은 규모가 커서 많은 공간을 필요로 하므로 주로 옥상에 설치한다.

❖ 공조설비의 구성

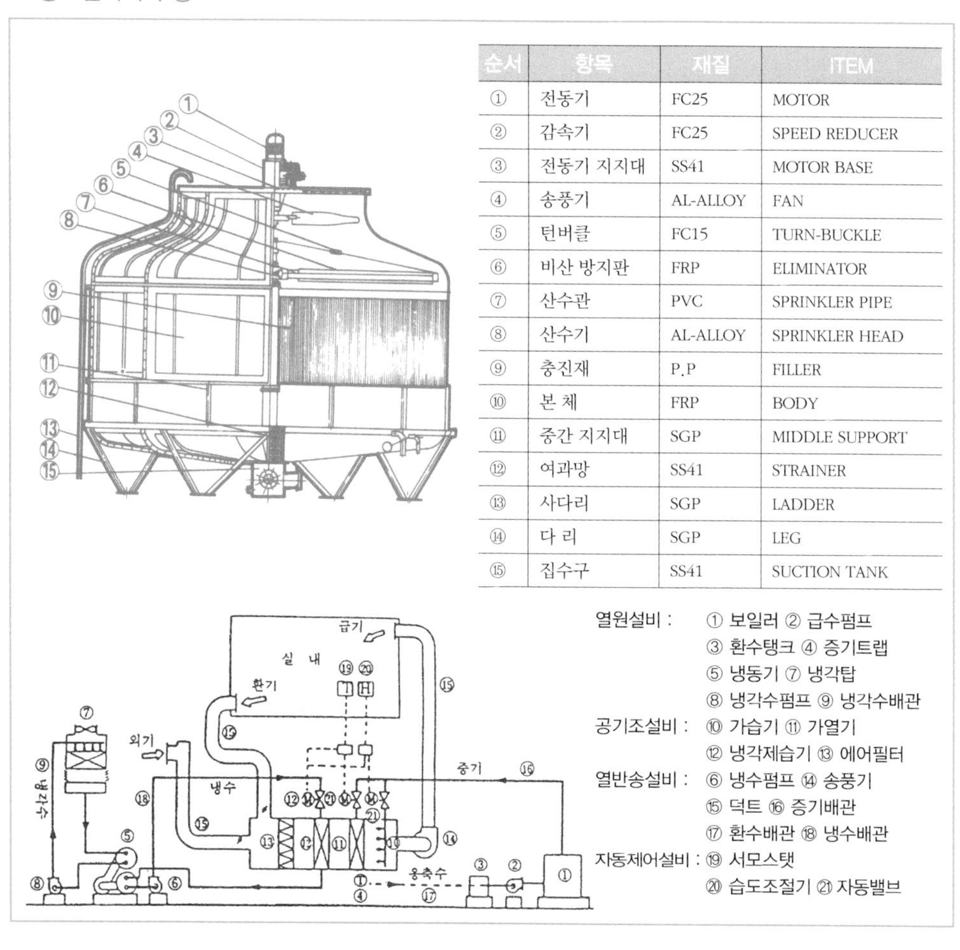

순서	항목	재질	ITEM
①	전동기	FC25	MOTOR
②	감속기	FC25	SPEED REDUCER
③	전동기 지지대	SS41	MOTOR BASE
④	송풍기	AL-ALLOY	FAN
⑤	턴버클	FC15	TURN-BUCKLE
⑥	비산 방지판	FRP	ELIMINATOR
⑦	산수관	PVC	SPRINKLER PIPE
⑧	산수기	AL-ALLOY	SPRINKLER HEAD
⑨	충진재	P.P	FILLER
⑩	본 체	FRP	BODY
⑪	중간 지지대	SGP	MIDDLE SUPPORT
⑫	여과망	SS41	STRAINER
⑬	사다리	SGP	LADDER
⑭	다 리	SGP	LEG
⑮	집수구	SS41	SUCTION TANK

3. 난방설비

호텔의 실내는 항온과 항습이 잘 유지되므로 고객이 편안한 공간으로 인식한다. 난방은 외부에서 실내공간으로 열량을 공급하여 실내의 온도를 적당하게 유지하는 것을 말한다. 이렇게 공급되는 열량, 즉 난방부하는 실내환경, 벽체구조 등에 따라 다르다. 난방의 목적은 고객이 원하는 온도의 유지이므로 보일러에 의해서 온수 또는 온풍을 만들어 공급한다. 대형 보일러실에서 열량을 발생시켜 배관이나 덕트를 통해 각 객실, 식음료영업장, 부대시설, 공공장소에 공급하는 것을 중앙난방(central heating system)이라 하며, 각 공간마다 별도의 스토브, 화로, 전열기를 두어 열량을 공급하는 것을 개별난방(unit heating)이라 한다. 중앙난방설비를 갖추기 위해서는 보일러의 설치장소와 기계가 있어야 하며, 그 구성에는 기관본체, 연소장치, 부속설비 등이 필요하다. 기관본체는 보일러를 형성하는 중요한 몸체로서 원통형으로 만들어져 있으며, 내부는 본체의 2/3~4/5 정도의 물을 넣고 연소율을 흡수하여 증기나 온수를 발생시키는 용기이다. 본체 내부는 증기부와 수부로 구성되어 있다.

연소장치는 본체에 연료를 공급하여 연소시켜 열을 발생시키는 장치이며, 연료의 종류에 따라 여러 가지가 있다. 보일러 운전을 용이하게 하고 안전하고 경제적으로 운전하며 보다 효율적으로 사용하기 위한 장치로 부속설비가 있다.

첫째, 안전장치로써 안전밸브, 폭발구, 가용마개, 저수위 및 고수위 경보기, 화염검측기, 전자밸브 등이 있다. 둘째, 측정장치로 압력계, 수면계, 유면계, 온도계, 통풍계, 급수량계, 급유량계, 가스분석기 등이 있다. 셋째, 급수장치로써 급수탱크, 급수정지밸브, 역지정밸브, 급수배관, 급수관, 급수펌프, 응결수탱크, 청관제 주입장치, 넷째, 급유장치로 기름저장탱크, 화염검출기, 급유량계, 수증기관 등이 있으며, 다섯째, 증기이송장치로써 기수분리기, 수증기밸브, 감압밸브, 스팀헤드 등이 있고, 여섯째, 분출장치로 분출관, 분출콕, 분출밸브가 있다. 보일러의 종류로는 주로 중소규모 건물의 난

❖ 연료절약형 가스보일러

방용으로 사용되는 주철제 보일러, 고압증기를 대량으로 발생시키는 수관보일러, 중·대규모 건물 난방용 증기 및 온수, 지역난방용으로 이용되는 노통연관 보일러, 마지막으로 가스보일러 등이 있는데, 최근에 설치되는 것은 유지관리비가 상대적으로 저렴한 가스보일러가 주류를 이룬다. 가스보일러는 타 기종에 비해 화재 위험이 높으므로 설치와 관리에 만전을 기해야 한다. 앞의 사진은 최근에 개발된 연료절약형 가스보일러로 열효율 94% 이상이 가능한 스팀, 온수 보일러이다.

4. 환기설비

환기설비란 자연 또는 기계적 수단으로 실내에 급기와 배기를 하여 실내에 있는 고객에게 쾌적한 환경을 제공하는 것으로 자연환기와 기계환기가 있다. 자연환기는 자연의 풍향, 풍속 및 건물 내외의 온도차에 의한 공기의 밀도차를 이용하는 환기이며, 기계환기는 송풍기나 배풍기 등을 이용하여 실내공기를 교체하는 것을 말한다. 환기를 결정할 때에는 공간의 사용목적과 그 공간의 상황에 따라 달라지며 내부의 산소, 탄산가스, 일산화탄소, 담배연기 등을 고려하여 시행한다. 환기시간은 기준을 정해놓고 상황에 따라 가감하면 무리가 없을 것이다.

❖ cfm(cubic feet per minute)

Recommended Ventilation Rates		
Room	Minimum (cfm)	Recommended (cfm)
General office	15	15~25
Smoking lounges	60 (no recirculation)	-
Dining rooms	10	15~20
Kitchens	30	35
Bars	30	40~50
Bedrooms	7	10~15
Living rooms	10	15~20
Bathroom	20	30~50
Lobbies	7	10~15

5. 공조의 공급

1) 객실

객실은 일 년 내내 매일 24시간 운전되어야 하며, 겨울철의 정전기 발생을 방지하기 위해서는 상대습도를 50% 이상으로 유지해야 한다. 실온제어를 각 객실 개별로 하는 것이 기본이지만, 자동제어를 채용해도 설정온도는 객실고객이 자유롭게 바꿀 수 있는 방식이 좋다. 객실의 공조시스템에서 고려해야 할 점은 다음의 네 가지이다. 첫째, 침대 부분에 불쾌한 드래프트(draft)가 일어나지 않도록 유닛을 배치한다. 둘째, 기기의 점검, 교환을 쉽게 할 수 있도록 배치한다. 셋째, 소음수준은 NC-35 이하가 되도록 설치한다. 넷째, 가능하면 창가 바닥 설치형을 사용한다.

2) 공공장소

현관입구, 공공장소, 식음료영업장 등은 고객의 출입이 많으므로 실내를 정압으로 유지해서 외기 침입을 막고, 회전문을 설치하는 것이 에너지 손실이 적다. 식음료영업장 지역은 특히 실내 압력 밸런스에 유의하고, 이러한 부분의 냄새가 다른 부문으로 흐르지 않게 배출구와 흡입구의 상호 배치를 잘 검토한다. 대연회장, 중 · 소연회장, 회의실에는 흡연에 의해 실내공기가 오염되기 쉬우므로 환기횟수는 시간당 1~4회가 되도록 한다. 또 연회행사 시에는 촛불을 켜는 일이 많으므로 촛불의 불꽃이 흔들리거나 꺼지지 않도록 기류를 0.25m/s 이하가 되도록 공기 배출구, 흡입구의 배치에 유의한다.

3) 기타 지역

지하는 주차장이나 쓰레기 처리장과 같은 시설로 연결되기 때문에 실내공기가 오염될 수 있으므로 신선한 외기의 공급과 환기량을 충분히 고려해야 한다. 주방지역은 다른 부분과 달리 대량의 환기를 필요로 하며, 배출구 및 흡입구의 배치에 특히 유의해야 한다. 특히 주방 천장이 낮을 경우는 배출구로부터의 풍속을 낮추어 직원들에게 불쾌한 드래프트(draft)를 주지 않도록 한다. 주방지역의 실내는 부압을 유지해서 요리 시 냄새가 주변으로 퍼지지 않도록 해야 하며, 주변의 오염된 공기가 침입하지 않도록 설비되어야 한다.

4 냉장 · 냉동설비관리

호텔마다 수입 식자재인 쇠고기, 양고기, 칠면조 등 육류와 연어, 다랑어 등 어류, 건식자재, 과즙원액, 양념류 등은 물론 채소, 과일 등 일일식자재, 포도주 등 수많은 종류의 식음료 자재들이 나날이 주문되고 입고된다. 따라서 호텔들은 이들을 보관하기 위해 물건이 반입되는 장소인 검수대(receiving dock)나 식자재 준비실(commissary) 주변에는 식품류를 보관하기 위한 냉장고(refrigerator), 냉동고(freezer)가 있고, 각 주방에도 별도의 냉장고, 냉동고가 설치되어 있다. 또한 필요에 따라 제빙기(ice machine)도 설치되어 있어 얼음을 만들기도 한다. 일반적으로 호텔 객실층에는 고객이 직접 얼음을 사용할 수 있도록 복도에 제빙기를 설치하고 있으며, 각 업장에는 아이스크림 기계, 쇼케이스(show case), 음료수 냉각기(drink refrigerator), 콜드 테이블(cold table) 등이 설치되어 있다. 이러한 설비들은 모두가 냉장 · 냉동설비에 포함된다.

냉동설비의 주된 목적은 어떤 공간 내의 설정온도를 유지하기 위하여 외부로부터 침입하는 열을 막고, 자체 발생되는 열은 계속적으로 외부로 배출시키는 것이다. 만약 내부의 설정온도가 0℃ 이하로 유지되면 냉동고(freezer)라 부르고 0℃ 이상으로 유지되면 냉장고(refrigerator)라고 한다. 냉동시스템의 작동원리인데, 그림에서 보듯이 냉동시스템은 크게 증발기, 압축기, 응축기, 팽창밸브의 4요소로 구성되어 있으며, 증발기는 냉장고나 냉동고의 내부에 위치하면서 내부의 열을 흡수하여 외부에 있는 응축기를 통하여 방열한다. 시스템 내부에는 프레온가스라고 하는 냉매가 순환을 하면서 열 운반역할을 하는데 증발기 입구에서는 액체상태인 냉매가 증발기 부분에서 기체상태로 기화하면서 주위의 열을 흡수하게 된다. 증발기를 지난 냉매는 기체상태이며, 압축기에서 고온, 고압상

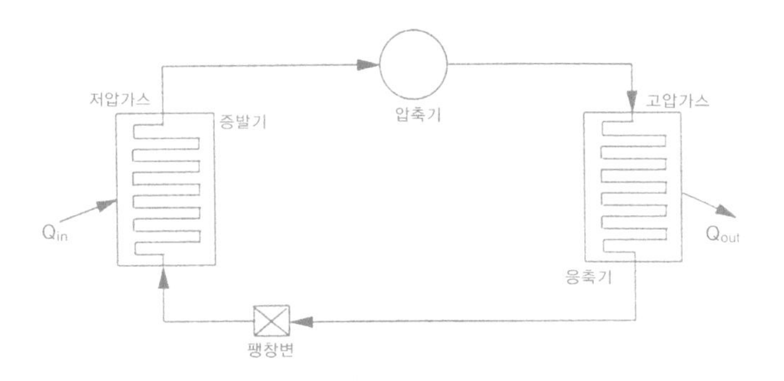

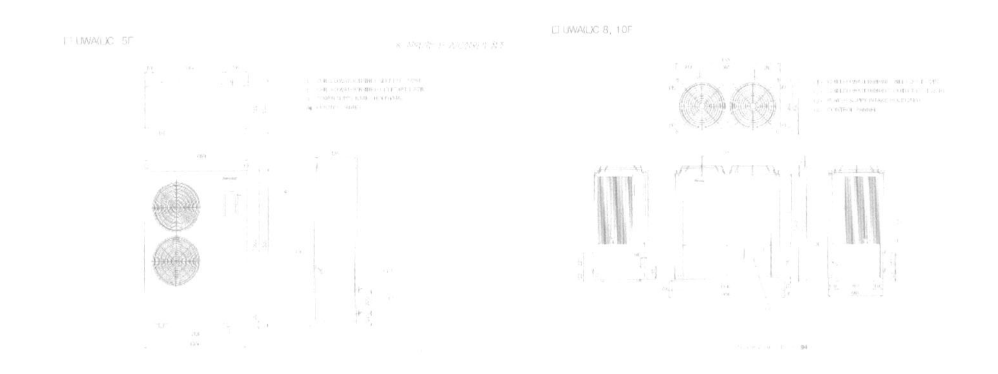

태로 압축된 냉매가스는 응축기 부분에서 열을 방출하면서 고압상태의 액체로 변하며 팽창밸브를 통하면서 압력이 낮아지고 냉매 유량이 조정되면서 사이클(cycle)을 계속 형성하게 된다. 응축기 부분에서 열을 방출할 때 공기 중에 그대로 방출할 경우 공랭식이라고 하며, 순환하는 냉각수를 통해서 방출할 경우에는 수랭식이라고 한다. 일반적으로 수랭식이 공랭식에 비하여 소음이 적고, 효율이 높은 편이나 설치비가 많이 든다. 수산식품, 축산식품 및 농산식품은 생물을 자원으로 하기 때문에 신선한 상태라도 상온에 오랫동안 방치하면 급속하게 변질해서 부패한다. 저온으로 보존함으로써 식품의 변질을 늦추어 품질 유지기간의 연장을 도모하는 것이 저온 저장의 목적이다. 저온 저장을 목적으로 한 식품은 그 동결점을 경계로 냉각식품과 동결식품으로 나누어지는데, 일반적으로 그 이용온도범위는 15～-60℃이다. 냉동식품의 저장온도에 대해서는 미생물의 증식을 억제하는 것을 주안으로 하는 시대에서 식품의 물성, 색조, 맛 등의 물리적 · 화학적 제반 변질을 가능한 한 억제하여 자연 그대로의 품질을 유지하는 것이 중요시되고 있어 그 기준 온도도 차츰 낮아지고 있는 경향이다. 냉각식품의 저장온도에 대해서 최근 동결하지 않는 범위에서 될 수 있는 한 저온을 유지하려 하는 추세이며, 보관온도를 5℃ 이하로 표시하는 냉각식품이 증가하고 있다. 또한 0℃로부터 그 식품의 동결점까지 좁은 온도 내의 빙온냉장이 시도되고 있고 -3℃부근에서의 반동결 저장도 연구되고 있다. 냉동실은 호텔이 사용목적에 따라 온도를 달리하는데, C3급은 0℃, C2급은 -6℃, C급은 -15℃, 그리고 F급은 -25℃로 구분한다.

5 전기설비관리

1. 전기설비의 중요성

호텔은 그 지역의 종합적인 만남의 장소로 활용되어 국제회의, 연회, 결혼, 회의, 각종 식음료영업장, 각종 부대시설 등 다양한 시설이 복합적으로 설치된 장소이다. 일반적으로 건축에 따른 전기설비는 건축물을 주체로 실내 조명설비, 동력설비, 공조설비, 배선설비, 위생설비, 소방설비, 수송설비, 방재설비 등과 전산, 통신, 방송설비 등의 약전설비 등 전력이 필요한 모든 전기공작물에 전기를 공급해 주는 주된 설비원이다. 특히 호텔 전기설비는 일반 오피스 빌딩과는 다르게 낮과 밤의 구분이 없고 연중무휴로 운영되고 있다는 점이 특징이다. 이런 이유로 유지관리에 어려움이 있기 때문에 호텔 전기설비는 설계부터 시공에 이르기까지 빈틈없이 시설되어야 한다. 호텔 전기설비 공사비용은 전체 공사비용의 약 16~20% 정도를 차지하고 있으며, 이 비율은 점차 늘고 있는 추세이다. 호텔 전기설비 투자비용이 늘어나는 이유로는 시스템 첨단화와 자동화를 들 수 있으며, 또한 투자비용은 다소 높더라도 실질적으로 에너지 절약 측면을 고려하기 때문이라고 볼 수 있다. 전기설비는 입인으로부터 전등에 이르기까지 전기설비 이외에도 다양한 안전설비나 법정설비가 있다.

2. 콘센트 및 스위치 설비

1) 콘센트 설비

콘센트 설비에는 일반용과 비상용이 있다. 콘센트는 많이 설치할수록 유용하게 쓰이지만 설치비를 간과할 수 없다. 설치된 콘센트를 사용하는 비율은 일반사무실이 10~15%인 데 반해 호텔이나 병원건물은 25% 이상을 활용하고 있다. 콘센트는 1구용, 2구용, 3구용으로 구분하며, 방수용을 위한 제품도 쉽게 구할 수 있다. 설치형태로는 매립형, 걸림형, 가구형, 방수용 접지형, 타이머 노출형 등이 있다. 이들은 사용목적에 따라 건물 내의 벽면, 천장, 바닥, 이동가구 내의 여러 장소에 설치된다. 그중에서도 보통 벽기둥의 하부나 바닥에 시설되는 것이 많다. 욕실, 주방, 실내수영장 주변은 물청소를 하기 때문에 방수형 콘센트가 설치된다. 호텔에는 세계 각국의 고객이 투숙하므로 서로 다른 콘센트

형을 사용하는 경우에 대비하여 별도의 조치를 취해야 한다. 특히 유럽형 전기꽂이(plug)는 국내 규격의 콘센트와 맞지 않기 때문에 어댑터(adaptor)를 준비하여 고객들이 사용하는 데 불편이 없도록 해야 한다.

2) 스위치 설비

조명 제어에는 점멸과 조광의 두 가지 방법이 있다. 조명시설을 조정(control)한다는 것은 시설을 효율적으로 또는 적절하게 쓰는 것을 뜻한다. 단순히 스위치로 불을 켜고 끈다는 것 자체도 사실은 주간, 야간 등 주위환경에 따른 제어의 목적을 달성하고 있는 것이다. 호텔의 각 영업장 및 공공지역에는 직원이 일일이 필요한 조도를 조절할 수가 없으므로 조명제어장치를 설치하여 프로그램에 의해 조도를 조절하는 방법이 많이 사용되고 있다. 또한 창고나 직원용 복도와 화장실 등에는 여러 회로로 나누어 필요 용도만큼 스위치를 켜기도 하며, 출입구에는 적외선 스위치를 설치하여 사람이 없으면 자동으로 꺼지는 방식을 도입하기도 한다. 최근에는 객실 내에도 센서를 동원한 절전형 스위치를 설치하여 에너지 절약에 힘쓰고 있다.

3. 수 · 배전설비

1) 수변전설비

수변전설비란 송배전소(전력회사)에서 공급하는 고압, 특고압 전력을 부하에 적합한 전압으로 변환하고, 이를 필요한 분야에 배분, 공급하는 설비집합체로서, 변압기, 차단기, 진상용 콘덴서, 계기류, 배전반 등이 있다. 또한 비상용 발전설비, 축전지설비 등도 주요 수변전설비에 속한다. 인입은 전력회사로부터 전기가 건축물에 들어오는 것을 말한다. 건축물의 수전설비에 있어서 가장 중요한 것은 건축물이 건립될 지역의 전력공급회사로부터 공급가능한 전력(전압, 용량 및 안정성)을 충분히 검토하는 것이다. 결정된 전력을 기초로 수전설비 규모를 설계하게 되고 변전실의 공간을 확보하게 되는데, 변전실은 전압강하, 전력손실, 시설비용, 유지관리와 에너지 절

약 등을 감안하여 실부하 중심 가까운 곳에 위치한 장소로 안정성과 비상시 운영 등을 포함하여 결정해야 한다. 수변전설비에서 가장 중요한 부분이 변압기(transformer)이며, 변압기는 수전전압 또는 배전전압을 구내 배전전압 또는 부하에 적합한 전압으로 변환하여 공급한다. 변압기의 구조는 철심과 권선으로 동일철심에 1차, 2차, 2조의 코일을 감고, 1차 측의 교류전압을 인가함에 따라 변화하는 2차 측의 전압을 사용하는 기기이다. 변압기의 종류로는 유입변압기, 건식변압기, 몰드변압기가 있는데, 유입변압기는 A종 절연(허용 최고 온도 105℃)변압기로 도로상에 설치하거나 일반건물에 가장 많이 사용되는 변압기이며, 건식변압기는 내열성이 높은 내열 니스 처리한 H종 절연(허용 최고 온도 180℃)변압기이다. 마지막으로 몰드변압기는 코일 주위에 전기적 절연특성이 우수한 에폭시수지를 고진공으로 침투시키고 다시 그 주위를 기계적 강도가 높은 에폭시수지로 몰딩한 변압기이다. 유입변압기에 비해 크기가 아주 작고 가벼워서 호텔, 병원 등 대형건물에 많이 사용된다. 호텔건물 내에 사용되는 부하에는 변압기를 통해서 110V, 220V, 380V 등으로 감압하여 공급하게 된다. 호텔건물이나 대형건물에 설치된 몰드변압기의 내부구조는 대부분 아래 그림과 같다. 그 외의 설비로는 차단기, 단로기, 변성기, 배전반, 예비전원설비 등이 있으며, 차단기(circuit breaker)는 사고발생 시 신속히 회로를 차단하므로 전기기기나 전선류를 보호하는 기능을 하며, 이는 특고압용, 6KV용, 600V용으로 분류한다. 단로기(disconnecting switch)는 개폐기의 일종으로 수용가의 인입구 근처에 설치하여 수리, 점검 시 회로를 차단한다. 변성기는 고전압, 대전류를 가동 중에 직접 측정할 수 없으므로 변류기나 변압기를 이용하여 전류를 측정하는 기기이다. 배전판(switch board)은 전력계통 및 기기의 상태를 감시할 수 있을 뿐만 아니라 제어스위치로 기계를 원격조작하는 장치이다.

마지막으로 예비전원설비는 상용전원이 정전될 경우에 대비하여 설치된 축전지나 자가발전시설이다. 이는 비상사태 발생 시 20분 이상 안정적으로 전력을 공급해야 하며, 비상용 엘리베이터나 배연설비는 2시간 이상 전원을 공급할 수 있는 설비라야 한다.

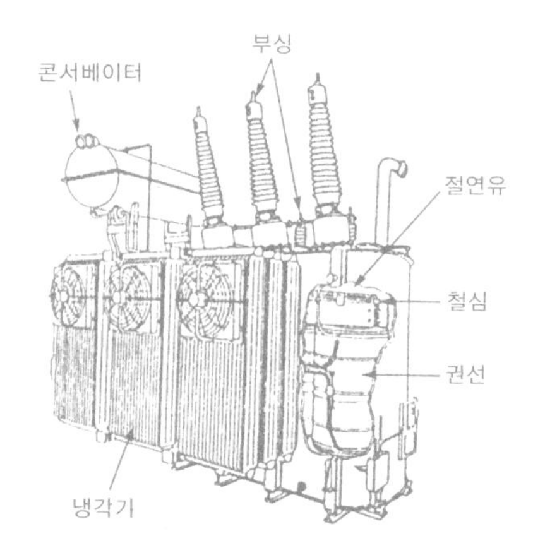

2) 배전설비

배전설비는 변압기에서 변환된 전압을 호텔 내의 층별, 용도별로 구분하게 되고, 각 변압기마다 적정 부하로 배분되어야 한다. 배전방식으로는 상수, 중성선 이용 유무, 중성점 접지 유무 등에 따라 단상 2선식, 단상 3선식, 3상 3선식, 3상 4선식으로 구분한다. 종류별 주요 사용처는 다음 표와 같다.

① 단상 2선식 110V : 사용처에 따라 110V의 전압이 필요할 경우 극히 드물게 사용되며, 강압용 소형 변압기를 이용한다.

② 단상 2선식 220V : 전열기기, 단상전동기, 형광등과 같은 30kw 이하의 소용량 부하에 사용하며 전압은 주로 220V에 많이 이용된다.

③ 단상 3선식 : 30~50kW 정도의 부하에 이용되며, 110V와 220V의 전압을 얻을 수 있는 장점이 있다.

④ 3상 3선식 : 공장이나 빌딩에 시설되는 동력 전동기에 많이 사용되며, 3상 200V, 3상 380V 정격으로 사용된다.

⑤ 3상 4선식 : 120/208V, 220/380V, 254/440V의 세 종류가 있으며, 호텔과 같은 대형빌딩, 공장 등의 간선회로로 사용되는 방식이다.

❖ 전력 종류별 주요 사용처

전기방식	대지전압	주요 사용처
단상 2선식 110V	110V	백열등, 형광등(40W 미만), 가정용 전기기구
단상 2선식 220V	220V	형광등(40W 이상), 대형 사무기기, 단상 전동기, 공업용 전열기
단상 3선식 110/220V	110V	대형주택, 상점, 공업용 전열기, 빌딩, 공장의 간선회로
3상 3선식 220V	220V	전동기(37kW까지), 공업용 전열기, 빌딩, 공장의 동력회로
3상 4선식 220/380V	380V	대형빌딩, 공장 등의 간선회로

4. 호텔의 공간별 전기설비 구성

1) 객실지역

객실은 주로 220V 단상 전기가 공급되나, 외국 손님들이 휴대하고 다니는 면도기나 소형 컴퓨터 등을 사용할 수 있도록 110V의 전원 공급도 필요하다. 각 객실마다 독립된 분

전반으로부터 전동, 전열, 냉장고, TV 및 화장실 내 헤어 드라이어(hair dryer)에 전기를 공급하며, 안전을 위해서 회로별로 누전 차단기를 설치해야 한다. 객실지역의 에너지 사용량을 분석하기 위해서는 객실지역을 구분하여 적산전력계를 설치하는 것도 바람직하다.

2) 공공장소

호텔 공공장소는 업장과 복도, 로비, 연회장 등으로 구분되어 지역별, 용도별 전원 공급이 각각 이루어지게 된다. 각 회로별로 정격 용량의 차단기가 설치된 전동, 전열, 분전반이 각각 구성되며 일반 부하와 비상 부하로 구분된다. 공공장소의 전기설비는 지역별로 전기실이 구성되어 집단으로 관리한다. 이들 공공지역 역시 에너지 사용분석을 위해 정확히 구분 설치된 전기 배전반에 적산전력계를 설치하여 전력 사용량 산출이 용이토록 해야 한다.

3) 주방지역

주방지역의 전기설비는 다른 지역보다 안전성이 더 요구되며, 감전사고에 대비하여 누전 차단기를 설치하여야 한다. 또한 모든 기기는 접지가 잘되어 있어야 하며, 사용기기 보수에도 용이토록 구성되어야 한다. 주방지역의 전동, 전열 등의 회로 및 주방장비는 일반 부하와 비상 부하가 적절히 분배되어야 하며 적산전력계를 부착하는 것이 바람직하다.

4) 전산 및 통신실 지역

일반 전등, 전열 및 동력 설비 회로와 구분된 변압기로부터 공급받아 별개 운전이 되도록 구성되어야 하며, 접지 또한 일반전기와 별개의 접지로 구성되어야 한다. 모든 전산·통신장비들은 무정전 전원공급장치(UPS)로부터 전원을 공급받을 수 있도록 설치되어야 한다.

5) 비상발전설비

일반 건축물은 화재 발생이나 정전 시에 대비하여 비상발전설비, 무정전전원 공급장치, 충전기(battery)전원 공급장치들을 설치해 놓는다. 화재가 발생하고 정전까지 되는 큰 재난이 발생했을 때를 대비하여 호텔은 소방부하라는 그룹을 별도 구성하여, 화재 시 공급되어야 하는 최소기기에 전원이 공급될 수 있는 용량의 발전기를 비상용으로 구성하게 된다. 이 발전기 용량을 결정하는 것은 최소한 소방 비상 부하이지만, 정전 시 호텔이 최소한의 운영을 하기 위해서 소방 비상 부하≤정전 시 비상 부하≤최소 운영 부하 용량이 비상발전기 용량을 결정하는 기준이 될 것이다. 정전 시 비상전원이 공급되어야 하는 대상물은 소화펌프 및 자탑설비 전원, 배연관련 급·배기 팬, 오·배수 펌프, 양수펌프, 엘리베이터는 물론이고, 모든 비상계단, 복도, 비상구 등의 보안등, 지하 및 창이 없는 장소로 필요한 개소, 변전실, 자가발전실, 전산실, 통신실, 전화교환실 등의 전동 및 콘센트의 필요 개소, 일반 사무실 설치전등 수의 10~20%, 객실에 1개 이상의 비상등, 기타 보안상 필요한 최소 부하 등을 고려할 수 있다.

6 조명설비관리

1. 호텔과 조명

조명은 실내공간의 기능성, 쾌적성 등 실내환경과 분위기를 연출하는 데 없어서는 안 될 중요한 설비이다. 특히 호텔의 현관과 같은 공간에서 조명의 역할은 단순히 공간을 밝혀준다는 가장 기본적인 기능 외에 인테리어 분위기와의 조화를 통하여 고객들에게 편안함과 호감을 줄 수 있는 분위기를 연출할 수 있고, 그 분위기가 호텔의 이미지를 더욱 돋보이게 한다. 호텔은 조명의 설치장소에 따른 적절한 조명기구 선정으로 빛의 양과 질을 잘 조화시켜야 하며 시간이나 계절에 맞추어 빛을 조절하는 조광기(dimmer switch)를 사용하면 더욱 효과적이다. 또한 눈부심을 줄이고 오래 사용할 수 있는 보조기구를 사용해야 하며 유지 보수의 편리성도 고려해야 한다. 보다 효과적인 인테리어 분위기와 잘 조화되도록 장식조명과 아울러 벽면의 그림을 강조할 수 있는 다운스포트(down spot)나 그림 벽 등의 부분 조명은 아름다움과 품위를 더해 고객의 눈길을 끌 수 있다. 각 장소에 맞는 소품들과 스탠드류는 호텔의 분위기를 한층 고급화시키는 중요한 역할을 한다.

2. 조명기구

조명기구를 분류하면 직접조명형, 반직접조명형, 전반확산조명형, 반간접조명형, 간접조명형이 있다. 직접조명형은 광원에서 발산하는 빛의 90~100%가 아래 방향으로 향하는 것으로 직접 눈에 들어오는 것을 막기 위해 20~25%의 차광막이 필요하다. 공장이나 사무실의 천장 등이 여기에 속한다. 반직접조명기구는 광원이 발산하는 빛의 60~90%가 아래를 향하고 10~40%가 위로 향하도록 설치된 조명이다. 호텔의 복도벽에 부착된 등이 여기에 속한다. 전반확산조명기구는 빛의 방향이 모든 방향으로 골고루 확산되며 주택, 사무실, 공장 등에서 사용한다. 반간접조명기구는 발산광원의 60~90%가 위로 향하며, 천장이나 등갓에 의해서 반사되고 나머지는 빛이 아래를 향한다. 호텔에서는 천장 굽도리에 활용한다. 간접조명기구 발산광속의 90~100%가 위 방향을 향하며 천장, 벽의 윗부분에서 반사되어 실내공간의 아래 각 부분으로 확산된다. 호텔의 현관, 회의실, 연회실, 엘리베이터 앞 등에 설치하여 눈부심을 막고, 은은한 분위기를 연출한다.

❖ 조명 유형의 예

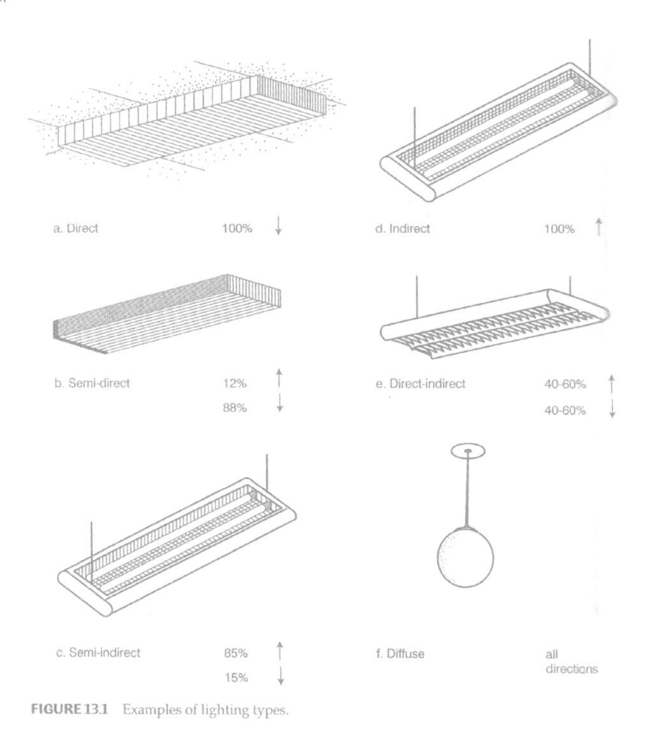

FIGURE 13.1 Examples of lighting types.

3. 호텔의 조명계획

호텔은 다양한 목적의 공간이 있으므로 각 공간마다 필요한 조명과 조도가 있다. 따라서 호텔건물 전체를 하나의 작품으로 보면서 각 공간에 적합한 전등의 종류와 밝기를 선택하는 것이 호텔서비스상품의 품질을 잘 관리할 수 있는 역량을 기르는 방법이 될 것이다. 전등의 수, 색상, 조도, 빛의 발산, 전력, 음영, 반사, 흡수 등을 적절하고 조화롭게 활용할 수 있는 능력은 호텔리어가 갖춰야 할 지식이 된다.

조명은 바닥, 벽, 천장과 특별한 목적물을 향해 비춰져서 호텔의 분위기를 돋보이게 한다. 조명은 아래와 같은 이유로 필요하게 된다.

① 어두워서 업무에 지장을 받을 때
② 시간적으로 전등이 필요할 때
③ 종업원의 연령이 높을 때
④ 보통 밝기보다 조도가 높을 때는 비용을 충분히 감안하여 이의 보존이 될 때
⑤ 특별한 도구를 사용할 때

1) 전등의 수

호텔에서 각 공간별 밝기를 나타낼 때 전등의 밝기와 수로 조도를 표시한다. 공간을 보다 섬세하게 표현하거나 인테리어가 어두운 경우에는 당연히 더 많은 전등이 필요할 것이다. 전등의 밝기를 결정할 때 바닥, 벽, 천장 표면의 기본 밝기가 매우 중요하게 작용하는데, 첫째, 밝기는 램프에 의해서 발산되므로 공간에 적합한 램프의 종류를 선택한다. 둘째, 각 장착물 내에 있는 전등의 수를 정한다. 셋째, 전등을 장착한 부착물의 수를 정한다. 이때 전구가 발산하는 모든 조도가 목적물에 도달하는 것은 아니므로 과학적인 방법을 동원하여 공간이나 목적물의 밝기를 계산하여 적절한 밝기를 유지하도록 해야 한다. 전구와 텅스텐마모(tungsten destruction)상태에 따라 목적물에 도달하는 조도가 달라지는데, 보편적으로 전구가 발열하는 광채의 약 70%만이 실제로 목적지에 도달하는 것으로 분석되고 있다.

각 공간에 필요한 전등은 발광채를 근거로 다음과 같이 산출할 수 있다.

$$\text{No of lamps or fixtures} = \frac{\text{ft-c needed} \times \text{area in sq ft}}{\text{lamps in the fixture} \times \text{lm-lamp} \times \text{CU} \times \text{MF}}$$

$$\text{Area/luminaires} = \frac{\text{lamps in the fixture} \times \text{lm-lamp} \times \text{CU} \times \text{MF}}{\text{ft-c}}$$

예로써, 만약 어떤 공간에 70촉광이 필요하다고 가정하고 필요한 조도를 계산할 때,

조건 : 면적이 45 × 75 피트인데 전구가 4개 있고, 각 전구의 조도는 3,000이고, 이의 효용계수는 67.5%이며, 유지요인은 표준에서 70%를 사용하였다면 필요한 전등장착물은 다음과 같아진다.

$$\frac{\text{70ft-c} \times \text{45ft} \times \text{75ft}}{\text{4 lamps} \times \text{3000lm} \times \text{.675CU} \times \text{.7MF}} = \frac{236{,}250}{5670} = 41.66$$

$$\frac{\text{4 lamps} \times \text{3000lm} \times \text{.675CU} \times \text{.7MF}}{\text{70ft-c}} = \text{81sq ft}$$

결과적으로 각 장착물은 81제곱피트를 커버해야 하며, 시설관리부서는 공간당 전등의 수를 각각 9제곱피트에 1개씩 설치하도록 설계해야 한다.

▣ 공식에 명시된 용어의 정의

① lm(lumen) : 조도

② luminaires : 전등 여러 개가 밝히는 조도

③ A luminaire : 전구 1개가 장착된 전등

④ ft-c(foot candle) : 촉광

⑤ lamps : 등

⑥ fixtures : 장착물

⑦ sq ft(square feet) : 제곱피트

⑧ lamps in the fixture : 장착물 내의 전등 수

⑨ lm-lamp : 램프의 조도

⑩ CU(coefficient of utilization) : 효용계수

⑪ MF(maintenance factor) : 유지요인

⑫ Area/luminaires : 공간/빛의 밝기

Minimum Footcandles of Light for Various Areas			
Type area	Minimum ft-c	Type area	Minimum ft-c
Cashier	50	Building surroundings	1~5
Fast service unit	50~100	Auditorium	15~30
Intimate dining, cocktail	-	Auditorium exhibits	30~50
lounge	-	Dancing area	5
Light environment	10	Bathrooms, general	10
Subdued environment	5	Bathrooms, at mirror	30
Luxury food service	-	Bedrooms, general	10~15
Light environment	30	Corridors, elevators, stairs	10
Subdued environment	15	Hotel or motel entrance	20
Food counters and displays	50	Reading or work area	30
Food checker	70	Linen room, general	10
Detail work area	70~100	Linen room, sewing, etc.	100
Other kitchen areas	30	Hotel or motel lobby, general	10
Storerooms	10	Offices, accounting, etc.	100~150
Baking mixing room	50	Offices, general	100
Oven area	30	Mechanical rooms, general	10
Decorator's bench	100	Mechanical rooms, workable	50~100
Fillings and other	-	Parking lot, self-parking	5
preparations	30~50	Parking lot, attendant	2
Loading platform	20	Laundry, washing area	30
Storage area, active	20	Laundry, pressing, etc.	50~70
Storage area, inactive	1~5	Outdoor signs, light surfaces	20~50
Building entrances	5~20	Outdoor signs, dark surfaces	50~100

자료 : Barbara A. Almanza, 각 공간별 절대 촉광, Food Service Planning, Prentice-Hall.

2) 현관 앞부분 조명

현관은 호텔 고객에게 첫인상을 주는 중요한 장소이므로 지나치게 개성이 강한 조명을 하면 로비 내부 및 기타 장소의 조명이 뒤져 보이게 되므로 다운 라이트(down light) 등의 건축화 조명을 이용하도록 한다.

3) 로비지역 조명

호텔 로비는 이용도가 가장 높은 장소이다. 조명은 아늑한 분위기를 연출해야 하고 천장, 벽면이 너무 어두워지지 않도록 한다. 조명은 백열전구를 사용한 다운 라이트(down light)를 많이 배치하고 낮은 조도의 형광등이나 백열등을 간접조명으로 병용하여 빛의 부드러움을 살리고 호화스러운 분위기를 내기 위해서는 샹들리에를 시설한다. 전체적인 조도를 낮추고 독서를 위하여 곳곳에 200럭스 이상의 조도를 내는 플로어 스탠드(floor stand)를 설치하여 국부 조명을 할 수 있도록 한다.

4) 식음료영업장 조명

조명의 중요성이 강조되는 장소로서 실내의 벽, 천장 및 가구의 색조 등과 조명이 조화되어 분위기를 살릴 수 있도록 한다. 간접조명으로 포근한 분위기를 조성하고 국부적으로 브래킷 다운 라이트(bracket down light)로 강조하거나 방 전체를 어둡게 하고 객석만 핀 라이트(pin light) 또는 플로어 스탠드(floor stand)로 조명을 연출한다. 광원은 연색성이 좋은 광원으로 선택하고 조도는 200~500럭스가 되도록 한다.

5) 객실 조명

백열전구에 의한 다운 라이트(down light)나 플로어 스탠드(floor stand)에 의해 차분한 분위기를 연출할 수 있도록 한다. 형광등은 벽면의 밸런스등이나 천장 간접조명으로 사용하는 것이 효과적이다. 테이블 또는 데스크에는 스탠드를 설치하고 화장대는 벽등이나 다운 라이트(down light)로 조명한다. 조명은 각각의 전용등으로 설치하고 점멸은 입구나 침실에서 모두 가능하도록 시설한다.

(1) 양실의 객실 전등

① 천장등 : 백열전구에 의한 100럭스 정도의 전반 조명용으로 하고 점멸은 입구와 침대에서 절환점멸이 가능하도록 한다.
② 플로어 스탠드 : 백열전구 100W를 사용하고 조광 스위치로 조도를 조절한다.
③ 데스크 스탠드 : 개인 사무작업 또는 독서용으로 200럭스 이상을 유지하도록 한다.
④ 침실등 : 누웠을 때 독서면에 대한 조도를 100~200럭스로 유지할 수 있게 하고 옆으

로 빛을 내지 않도록 한다.

(2) 한실 객실의 전등

객실 내에서 독서 또는 식사도 할 수 있도록 조도와 분위기가 조화되어야 하며, 대체로 펜던트(pendant)기구로 200럭스 정도의 조도면 알맞다.

6) 욕실 조명

조명은 밝고 차분한 분위기를 낼 수 있도록 형광등과 다운 라이트(down light)를 함께 사용하고 조도는 200럭스 정도로 유지한다.

7) 연회장 조명

연회장은 행사 종류에 따라 조명을 연출해야 하므로 화려하면서도 기능성에 비중을 두어야 한다. 조명기구는 다운 라이트(down light), 크리스털 샹들리에, 특수 무대조명 등을 설비하여 행사에 맞게 조명을 연출할 수 있도록 한다.

8) 회의실 조명

회의실 조명은 연색성이 좋은 등을 사용하고 조도는 200~500럭스가 되도록 한다. 천장은 너무 어둡지 않도록 트랙 라이트(track light)와 다운 라이트(down light)를 사용하고 무대에는 특수조명설비를 한다.

9) 라운지와 바 조명

식당의 분위기는 중후감이 있어야 하지만, 라운지나 바는 오히려 자유로운 분위기에서 대화와 음료, 칵테일을 즐길 수 있도록 분위기를 연출한다. 따라서 매우 아늑한 분위기를 연출하기 위해서는 조도 조정이 가능한 디머 스위치를 설치하며, 테이블은 너무 밝지 않도록 천장이나 공간의 조도를 낮출 수 있도록 한다.

10) 주방 조명

주방은 청결감이 필요하고 음식을 조리하고 만드는 데 불편함이 없도록 조명을 해야 한다. 조명기구는 매입 형광등의 조명이 유리하고 조도는 500럭스 이상으로 한다.

11) 조경 조명

호텔에서는 고객이 한정된 시간에만 이용하는 것이 아니므로 낮에는 조용하고 평화로운 분위기를 연출할 수 있도록 하고, 밤에는 조명 빛이 자연스럽게 아름다운 분위기를 연출할 수 있도록 배치해야 한다. 이러한 분위기를 연출하기 위해서는 조명대상에 따라 명암의 구분을 확실히 해주어야 한다. 조명기구는 정원등(pole spot light)을 사용한다.

7 승강기설비관리

1. 승강기의 필요성

호텔건물이 고층화 · 대형화되어 가고, 많은 사람들과 화물이 동시다발적으로 이동하므로 이에 따른 수송수단도 발전해 가고 있다. 일반적으로 호텔건물 내에서 상층부 운송수단으로 엘리베이터(elevator), 에스컬레이터(escalator), 덤 웨이터(dumb-weighter), 주차설비(parking equipment)가 있으며, 평면부 이동수단으로 모노레일(mono-rail), 보도 컨베이어(road conveyer) 등이 있다. 승강설비는 아래 표와 같이 용도와 장소에 따라 선택할 수 있으며, 어떤 기종이 가장 적당한가는 운반 높이, 운반 넓이, 운반물량, 사람이 승차하느냐에 따라 결정된다. 동남아에서 가장 높은 호텔건물은 싱가포르의 74층 웨스틴 프라자/스템포드로 이곳은 38층을 중심으로 좌우에 갈아타는 승강기를 설치해 두고 초고속으로 운행하여 고객의 불편을 덜어주기도 한다.

❖ 호텔 승강기의 종류

승강기의 종류	승객용	음식용	화물용	차량용	설치장소
엘리베이터	×				건물 높이에 준하여
에스컬레이터	×				2개층 사이
덤 웨이터		×	×		2개층 사이
주차 리프트				×	주차빌딩에 준하여
모노레일	×				호텔과 리조트 지역 연결
보도 컨베이어	×		×		로비지역

2. 호텔 승강기의 종류

1) 엘리베이터(elevator)

엘리베이터는 운전방식에 따라 케이블식과 유압식이 있다. 케이블식은 속도도 빠르고, 건물 층수에 관계없이 가장 많이 사용되는 방식이다. 유압식은 가격이 비교적 싼 편이고 안전하나 속도가 느리며, 6층 이하의 높이에만 사용이 가능하다. 호텔 내에 설치되는 엘리베이터는 용도별로 볼 때 다음과 같이 분류할 수 있다.

(1) 승객용 엘리베이터(guest elevator)

일반적으로 1층 로비에서 객실층을 왕복하며, 이그제큐티브 클럽(executive club)과 같이 VIP층을 운영할 경우에는 일반 손님들의 접근을 방지하기 위하여 별도의 키 시스템을 설치하는 경우도 있다. 호텔에서 필요로 하는 승객용 엘리베이터의 숫자나 크기, 속도 등은 피크 시간대에 손님이 기다리는 시간이 30초 전후가 되도록 설계되어야 하며, 5분 동안 투숙객의 15%(7.5%↑, 7.5%↓) 정도를 운반할 수 있도록 설계되면 무난하다.

(2) 서비스 엘리베이터(service elevator)

직원 전용 엘리베이터로서 객실 관리부 직원이나, 룸 서비스 직원, 세탁물 운반, 기타 물건들을 객실층으로 운반하기 위해 설치된다. 서비스 엘리베이터는 객실 200개까지는 2대 이상, 600개까지는 3대 이상이 되어야 하며, 일반적으로 승객용 엘리베이터 숫자의 약 50~60%를 책정한다.

(3) 셔틀 엘리베이터(shuttle elevator)

지하 주차장을 이용하는 손님들을 위한 엘리베이터로서 지하 주차장에서 1층 로비나 영업장이 위치한 층까지 왕복한다. 이런 경우 주로 유압식을 설치 운행한다.

(4) 주방용 엘리베이터(culinary elevator)

지하층에 위치한 식품창고나 메인주방으로부터의 식품을 상층부에 위치한 주방지역으로 운송하기 위한 주방전용 엘리베이터이다. 규모가 큰 호텔의 경우 업장에 따라 필요한 장소마다 설치하고 있다.

(5) 비상용 엘리베이터(emergency elevator)

호텔 내에 화재가 발생했을 때에는 모든 엘리베이터가 주된 피난층인 1층 로비지역으로 복귀되도록 하는 것이 원칙이다. 이때 객실층의 모든 손님들은 비상계단을 통해서 대피하게 된다. 비상용 엘리베이터는 화재가 발생했을 때 소방관이 소방활동을 하기 위한 통로로 주로 사용되며, 건축법규에 의거 필요한 대수를 설치해야 한다. 비상용 엘리베이터는 별도로 설치하는 것이 아니라 승객용이나 서비스 엘리베이터 중에서 비상시에 사용할 수 있도록 법규에 맞게 충분한 설비를 하여 보통 때는 일반용도의 엘리베이터로 사용하고 비상시에는 비상용 엘리베이터로 사용하게 된다.

2) 에스컬레이터(escalator)

에스컬레이터는 엘리베이터에 비해서 설치비가 훨씬 비싸다. 그러나 21인승 승강기가 시간당 400~500명을 수송하는 데 비해 에스컬레이터는 4,000~8,000명을 수송할 수 있는 이점이 있다. 에스컬레이터는 보통 많은 사람이 동시에 한두 개 층을 올라가거나 내려오는 데 사용되며, 가장 많이 설치되는 곳이 1층 로비지역에서 2층이나 3층의 각 행사장 지역 사이이다.

3) 덤 웨이터(dumb-weighter)

덤 웨이터는 편리하고 경제적인 운송방식 중의 하나이다. 이것은 사람이 타서는 안 되며, 물건만을 운송할 목적으로 한두 개층 사이에 설치된다. 보통 누름 단추(push button)만으로 조작되며 속도가 느린 편이다.

4) 주차 리프트(parking lift)

호텔에서 날로 심해져 가는 주차공간을 확보하기 위해 고층주차빌딩에 설치하여 운행하며, 주로 수직순환식으로 설치되어 컴퓨터 제어방식이 필수적이다.

5) 보도 컨베이어(road conveyer)

이동보도는 수평으로부터 10° 이내 경사로 되어 있으며, 사람 또는 화물을 수평방향으로 이동하는 승강설비이다. 많은 고객이나 물건을 기다리지 않고 일정한 방향으로 이동시켜 줄 수 있는 장점이 있으며, 속도는 30～50m/min이다.

8 상 · 하수도관리

1. 상수도관리

호텔은 가정생활과 다름없지만 물 사용은 비교가 되지 않을 만큼 많은 양을 소비하고 있다. 투숙객이나 식음료 이용객에게 맑고 깨끗한 물을 제공하는 것은 고객만족 경영차원에서 다루어야 할 과제이다. 급수설비에는 저수조 및 옥상수조가 있으며, 이들을 항상 깨끗하게 관리하여 고객의 건강과 종업원의 건강을 지켜야 한다. 저수탱크(water tank)에는 이물질이나 해충이 들어가지 못하도록 잘 관리해야 한다.

1) 수질

호텔 내에서 사용되는 물의 용도를 음료수용과 기타 잡용수용으로 나누어 생각할 때 대부분의 경우 수돗물을 사용하고 있으나, 몇몇 호텔의 경우 잡용수 계통에는 경제적인 이유로 지하수를 사용하는 경우가 있다. 그러나 최근 지하수 양수에 의한 지반 침하 문제와 함께 지하수의 오염문제로 지하수 개발이 규제되고 있으며, 이에 따라 건물 내 잡용수용으로 중수도 설비의 설치를 적극 권장하고 있다. 음료수의 수질기준은 보건복지부령 수도법 45개 항목에 대해 규정되어 있다. 수돗물의 경우 모두 이 기준치 이내로 공급되고 있으나, 대부분의 건물에서는 수돗물을 일단 시수 탱크에 받아서 사용하므로 이 과정에서 수돗물이 오염되는 경우도 있다. 이러한 수질오염을 방지하기 위하여 공중위생관련 법규에서는 연 2회 시수 탱크의 청소를 의무화하고 있으며, 일반인들이 접근하지 못하도록 시건장치를 설치하게 하고 있다. 호텔의 경우 월 1회 정도 수질검사를 실시하여 오염

여부를 확인하는 것이 바람직하다. 수영장의 경우는 대장균의 발생을 억제하기 위해서 법정 염소농도인 0.4~1.0PPM을 유지해야 한다.

2) 급수방식

건물 내의 급수방식에는 수도직결방식, 고가수조방식, 압력수조방식, 부스터펌프방식 등의 네 가지가 있고 이들 방식이 병용되는 경우도 있다. 첫째, 수도직결방식은 수도 본관에서 수도관을 인입하여 건물 내의 필요 개수에 직접 급수하는 방식이며 일반적으로 2층 이하의 소규모 건물이나 주택에 적용한다. 둘째, 고가수조방식은 우리나라에서 가장 일반적으로 쓰이는 방식이며, 수돗물을 저수하고, 펌프를 이용하여 건물의 가장 높은 곳에 설치된 고가수조에 양수하여 고가수조로부터는 중력에 의해 건물 내 필요처에 급수하는 방식이다. 수질에 대한 오염의 기회가 타 방식에 비해 많으며, 수조 내 청소 등 정기적인 보수관리가 필요하다. 셋째, 압력수조방식은 수조 내의 물을 펌프를 이용하여 압력수조에 보내고 압축된 공기로 가압하여 그 압력으로 건물의 필요처에 급수하는 방식이다. 이 방식은 고가수조와 같이 중하중물을 건물 위에 올려놓을 수 없을 때 유리해진다. 넷째, 부스터펌프방식(booster pumping method)은 수돗물을 일단 수수조에 받아 가압펌프로 필요처에 급수하는 방식이다. 급수량의 변화에 관계없이 일정 수압으로 급수할 수 있도록 펌프 측에서 조절한다. 부스터펌프방식은 가변속펌프에 의한 회전 수 제어방식이 많이 사용된다.

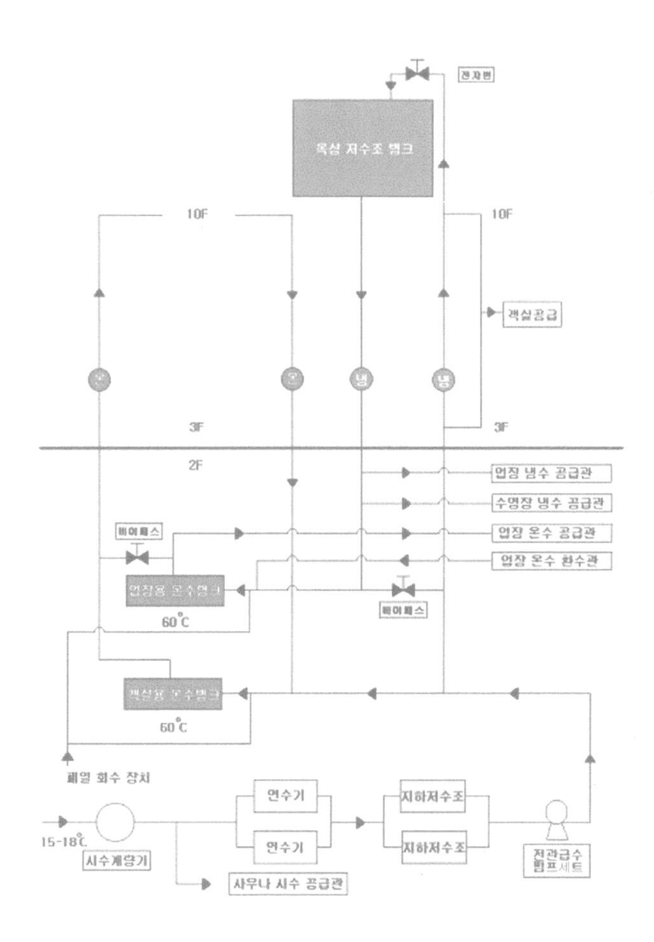

3) 급탕설비

급탕설비는 호텔 내에서 사용되는 온수를 공급하는 설비로서 보일러에서 직접 온수를 만들거나 보일러 스팀을 이용하여 온수를 만들어 공급한다. 온수설비에서 가장 중요한 것은 적당한 온도를 유지하는 일이다. 심야의 전력을 이용하는 전기온수에서는 85℃까지 온도를 높여 사용하지만, 일반 온수계통에서는 객실, 사우나와 같이 사람 몸에 직접 사용하는 곳은 화상 방지를 위하여 49℃ 이하가 되도록 공급하는 것이 바람직하며, 기타 주방이나 세탁실 지역은 60℃ 정도로 공급한다. 급탕방식으로는 열 교환기를 통하여 온수를 만들어 곧바로 공급하는 순간급탕방식과 온수탱크에 온수를 저장하여 놓고 공급하는 저탕식 방식이 있다. 저탕식 방식의 경우에는 저탕조 내에 레지오넬라균이 서식할 염려가 있으므로 주기적인 청소와 함께 약품소독이 필요하다. 급탕배관은 배관 내 정체된 온수가 식는 것을 방지하기 위하여 계속 순환시켜 주는 환탕배관이 추가로 설치된다.

2. 하수도관리

하수도는 호텔에 유입되었던 물이 사용된 후 잔여부분이 다른 이물질과 함께 강과 바다로 방류되는 과정에서 호텔이 취해야 하는 제반 정화관리과정을 말한다.

1) 하수의 종류

하수의 종류에는 오수, 잡배수, 우수, 특수배수 등이 있다. 이들은 다음과 같은 방법으로 취급한다.

첫째, 오수는 화장실 내의 대소변기, 비데, 싱크대 등에서 배출되는 물을 말하며 배관을 통하여 오수 정화조시설로 보내 처리한 후 시하수구로 방류한다.

둘째, 잡배수는 세면기, 욕실, 주방 등에서의 배수를 말하며, 우리나라의 경우 오수와 잡배수를 합쳐서 배수하는 합류식이 많이 사용되고 있다. 주방의 경우, 배수 중에 함유된 지방분이 배관을 막히게 하거나 수질 오염도를 증가시키므로 이것을 처리하기 위하여 주방마다 그리스 트랩을 설치하고 있다. 주방 배수도 오수배관과 함께 묶여서 오수 정화시설로 보내져 처리한 후 시하수구로 방류한다.

셋째, 우수는 건물지붕 및 옥외 주차장 빗물을 말하며 별도의 배수관으로 시하수구로 방류되어진다.

넷째, 특수배수로써 세탁실로부터 배출되는 세탁폐수가 이에 해당되며, 우리나라의 경우 산업폐수로 분류되어 별도의 처리시설을 필요로 한다.

2) 트랩(trap)의 역할

배수관에 연결되어 있는 모든 위생기구에는 배관 내의 냄새가 역류하는 것을 방지하기 위하여 트랩이 설치된다. 트랩의 종류는 모양에 따라 P형, S형, U형, 드럼형 등이 있으며 굴곡진 부분에 물이 고여서 냄새의 통과를 방지하는 역할을 한다.

3) 통기관의 목적

트랩 속의 물은 배수관 내의 압력 변동으로 없어져 버리는 경우가 있다. 이것을 방지하기 위해 배수관 내의 압력이 가능한 한 실내의 압력에 가깝게 되도록 배수관 내로 공기를 출입시키는 것이 통기관의 설치목적이다.

3. 수영장 물 관리

호텔의 수영장은 부대사업의 일종으로 주요한 수익의 원천이며, 규모에 따라 호텔의 이미지에 큰 영향을 준다. 수영장과 사우나 등은 청결, 위생 및 안전이 운영 면에서 가장 중요한 기저를 이루므로 수영장 물은 여과기와 화학적 처리로 양질의 물을 충분히 공급하여 일정 수준 이상을 유지해야 한다. 이를 위해 시설은 환경위생법에 적합하도록 기획하고 관리되어야 한다.

1) 수영장의 수질오염원

수영장의 수질은 항상 음료수 상태를 유지하고, 수영을 하면서 물을 마시는 경우에도 인체에 전혀 해를 끼치지 않는 청결한 상태여야 한다. 그러나 많은 사람이 동시에 수영을 하는 경우가 대부분인 관계로 오염도가 매우 빠르며, 오염원 또한 다양하다. 특히 전염병이나 피부병 등 질병을 전염시킬 수 있는 가능성이 매우 높기 때문에 수질에 대한 규정이 엄격해야 함은 물론 기계적 · 화학적으로 완벽한 수처리 시스템을 설치하여 철저한 수질관리를 수행해야 한다. 수영장의 주요 수질오염원으로는 인체에 의한 오염과 환경에 의한 오염을 생각할 수 있다.

(1) 인체에 의한 오염

① 인체의 모든 부위가 오염원이 될 수 있으며 계절에 따라 큰 차이가 있다.
② 땀은 주로 암모니아와 유기질소 화합물을 포함하고 있으며 개인에 따라 차이는 있으나, 보통 25℃의 물속에서 1회 목욕 시 흘리는 땀의 양은 1리터 정도이다.
③ 자연적인 생리현상으로 수영장 내에서 배뇨를 하는 경우가 대부분이며, 소변 중의 염소화에 의하여 처리가 불가능한 유기질소 화합물이다.
④ 타액과 함께 배출되는 전염성 질병이다.

(2) 환경에 의한 오염

① 공기나 주변의 흙 속에 포함되어 있는 박테리아, 포자 등

② 지하수나 천연수에서 유입되는 오염물질

③ 타일, 시멘트, 도료 등으로부터 녹아 나오는 화학물질

2) 수질개선을 위한 여과 시스템(filter system)

수영장의 수질관리는 물속 오염물질의 제거와 박테리아 등을 살균하기 위한 소독작업으로 이루어진다. 오염물질에 의한 많은 부유물질을 제거하기 위해서는 계속적으로 물을 순환시켜 여과기를 통하여 오염물질들을 제거시켜 주어야 하며 탁도는 5도 이하가 되도록 관리해야 한다. 경험적으로 1.2~1.5m 깊이의 수영장에 동전을 떨어뜨리고 수영장 밖에서 동전의 앞뒤를 구분할 수 있을 정도의 투명도를 유지해야 한다. 호텔에서는 주로 보일러와 함께 여과시설을 설치하여 수영장의 온수를 자동적으로 순환여과, 멸균시키고 머리카락을 제거시켜 항상 깨끗한 상태의 수질을 관리한다.

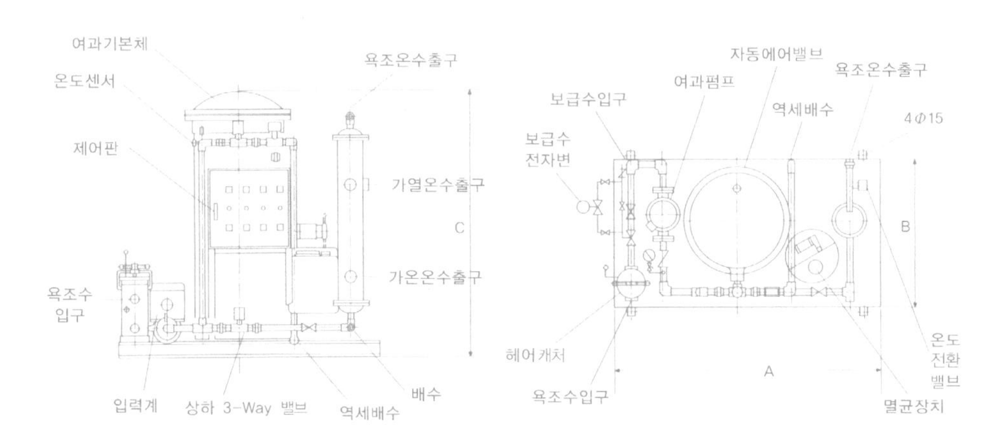

9 소방설비관리

1. 소방설비관리의 의의

건축물에 있어서 소방설비란 소방용으로 제공하는 설비인 소화설비, 경보설비, 피난

설비, 소방용수 설비 및 소화활동 설비를 총칭한 것으로서 국내 소방법 및 관련 규칙에 규정되어 있다. 호텔건물은 무엇보다도 인명 안전(life safety)이 최우선이 되는 만큼, 위험이 예상되는 곳은 비록 소방법에 명시되어 있지 않더라도 화재보험협회나 외국의 기준을 참조하여 설계 시 반영하는 것이 바람직하다. 특히 최근의 대형호텔이 생겨나면서 건축물의 대형화, 고층화, 심층화, 복잡화에 따라 이들 대상물에서 화재나 가스폭발 등의 위험성이 높아지고 있다. 따라서 재해가 발생할 경우 적절히 대응하기 위한 고도의 방제, 소방시스템이 요구되고 있다. 이 때문에 컴퓨터 등 전자기술을 구사하여 건축물 전체적으로 종합적 · 유기적으로 기능할 수 있도록, 소위 인텔리전트화되고 있는 추세이다.

2. 소화설비

소화설비는 물 외에 소화약제를 사용하여 소화를 행하는 기계, 기구 및 설비를 말하며, 소화성능이 있는 것은 소화기, 간이소화장구, 옥외소화전설비, 스프링클러, 물분무소화설비, 동력소방펌프설비 등이 있다.

1) 소화기

소화기는 화재의 가장 초기에 사용하는 소화설비로, 용기에 저장된 소화재를 한번 동작으로 한 번에 방사하게 된다. 배치원칙은 각층별로 보행거리 20m 이내마다 설치한다.

① 분말소화기(A,B,C급)

분말소화기 속에는 밀가루와 같은 미세한 분말인 '제1시안암모늄'이라는 소화약제가 들어 있어 화재가 난 곳에 방출하면 질식 또는 냉각효과가 있어 불이 쉽게 꺼진다. 분말소화기에는 축압식과 가압식이 있는데 축압식은 용기에 압력 게이지가 달려 있고, 가압식은 소화기통 속에 질소 또는 탄산가스를 넣은 압력 용기가 들어 있다. 그러나 기능과 사용방법에는 별다른 차이가 없다.

② 이산화탄소소화기(탄산가스소화기)

이산화탄소소화기는 이산화탄소를 높은 압력으로 압축 및 액화시켜 단단한 철제용기에 넣은 것이다. 이 소화기는 A,B,C급 화재에 모두 쓸 수 있고, 물을 뿌리면 안 되는 화재에 사용하면 효과적이며, 냉각효과와 질식효과가 큰 것이 특징이다.

③ 할론소화기

할로겐 화합물 염화, 1취화 메탄 등으로 되어 있는 소화기로서 A,B,C급 화재에 모두 쓰이고, 사용 후 흔적이 없으며, 방출할 때 물체에 손상이 없다는 장점이 있지만 가격이 상대적으로 비싸다는 단점도 있다. 최근에는 프레온같이 오존층을 파괴하는 물질로 사용이 규제되어 생산량이 크게 줄고 있다.

④ 자동확산소화용구

보일러실이나 주방 등의 천장에 설치하는 것으로 성분은 분발 A,B,C급 소화기와 같으며, 열감지장치가 있어 일정 온도가 되면 자동적으로 작동한다.

2) 소화기 비치요령 : ABC형 3.3kg급 기준

① 층마다 비치하고 20미터마다 하나씩 비치한다.
② 각 영업장마다 잘 보이는 곳에 1개씩 비치하고, 차량에는 1kg급 이상을 하나씩 비치한다.
③ 바닥에는 받침대 위에 올려놓거나 벽에 걸어놓아 눈에 잘 띄도록 한다.
④ 불이 나면 대피할 것을 고려, 문 가까운 곳에도 비치한다.
⑤ 물이 닿는 곳, 섭씨 30도 이상의 더운 곳에 놓아서는 안 된다.

3) 소화기를 관리하는 요령

① 관리상의 특별한 기술은 필요 없으며 일반 가구와 같다.
② 다만 축압식 소화기는 계기가 붙어 있는데 바늘이 녹색 정상 위치에 있는가를 확인한다.
③ 자주 옮기는 가구나 물건에 가려지지 않도록 한다.
④ 소화기의 색깔은 대개 빨간색으로 제작되고 있으나, 특별히 필요하다면 다른 색깔로 바꿔도 괜찮다.

4) 화재 시 소화기 사용방법

① 안전핀을 뽑는다. 이때 손잡이를 누른 상태로는 잘 빠지지 않으니 침착하도록 한다.
② 호스걸이에서 호스를 벗겨내어 잡고 끝을 불 쪽으로 향한다.

③ 가위질하듯 손잡이를 힘껏 잡아 누른다.

④ 불의 아래쪽에서 비를 쓸듯이 차례로 덮어 나간다.

⑤ 불이 꺼지면 손잡이를 놓는다. 이 경우 약제 방출이 중단된다.

⑥ 소화약제가 방출되는 시간은 20초 정도이다.

⑦ 분말은 밀가루 같은 먼지가 많이 날려 눈, 코에 들어가면 맵고 가스 소화기는 방출할 때 '쉭!' 소리가 매우 크게 나며, 사람 몸에 닿으면 동상을 입을 수 있다는 것을 알아두어야 한다.

5) 소화기의 충약

① 화재 시 사용했거나, 실수로 터뜨린 소화기가 아니라면 정상적으로 보관 중이던 소화기를 충약할 필요는 없다.

② 사용한 소화기는 전문업체에 의뢰하여 보충한다.

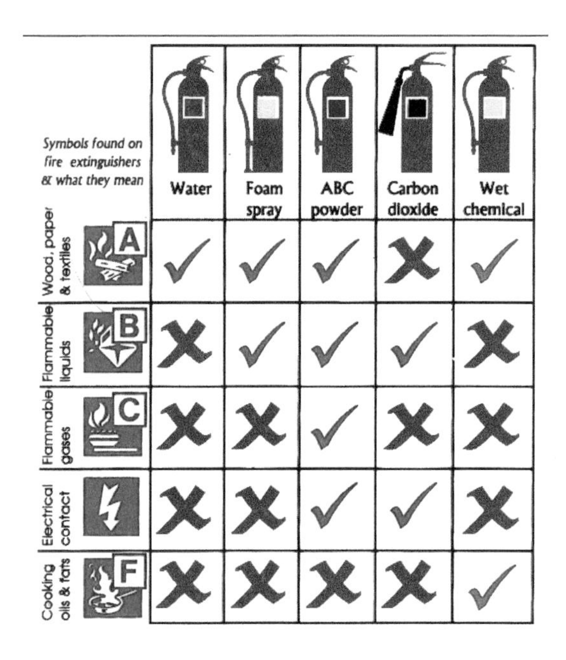

Symbols found on fire extinguishers & what they mean	Water	Foam spray	ABC powder	Carbon dioxide	Wet chemical
A Wood, paper & textiles	✓	✓	✓	✗	✓
B Flammable liquids	✗	✓	✓	✓	✗
C Flammable gases	✗	✗	✓	✗	✗
Electrical contact	✗	✗	✓	✓	✗
F Cooking oils & fats	✗	✗	✗	✗	✓

6) 옥내 소화전 설비

옥내 소화전 설비는 화재가 소화기로는 불가능한 단계에 사용하는 소화설비로서 건물

각층의 벽면 등에 호스, 노즐, 소화전 개폐 밸브를 격납한 상자를 설치하고 화재 시에는 호스를 끌어 내서 화점에 물을 뿌려 소화시키는 설비이다.

옥내 소화전의 경우 유효수량의 1/3을 옥상에 설치해야 한다.

7) 옥외 소화전 설비

옥외 소화전의 설비 내용은 옥내 소화전 설비와 거의 같지만, 건물 외부에 설치하여 건물 아래층의 초기 화재나 인접 건물로의 연소 방지를 위한 소화 설비이다.

8) 스프링클러 설비

스프링클러는 고정식 자동소화설비로, 천장부에 스프링클러 헤드를 배치하고 화재 시의 온도 상승으로 스프링클러 헤드가 감열 개방되어 자동적으로 방수하여 소화하는 설비이다. 통계에 의하면 스프링클러 설비에 의한 초기 소화의 성공률은 96%가 넘는 것으로 알려져 있으며, 소화설비 중에서 가장 효율이 좋다고 할 수 있다. 스프링클러에는 개방형과 폐쇄형이 있는데, 개방형은 화재감지기와 연동되어 일제살수형 밸브(deluge valve)가 열려 일제히 살수되는 것이다. 폐쇄형은 배관 내에 있는 가압된 물이 분출함에 따라 압력의 변동으로 유수감지장치가 작동하여 경보와 동시에 수원의 물이 헤드를 통해 살수된다.

9) 하론과 CO_2 설비

하론설비는 전기실, 발전기실, 컴퓨터실, 엘리베이터 기계실 등 물에 의해 피해를 받을 수 있는 장소에 설치하며, CO_2 설비방식은 하론설비와 동일하며 기름 탱크식에 주로 설치한다. 불은 통제되지 못한 열과 공기를 통해 급속히 번지는 성격이 있기 때문에 가연성을 제거해 주는 것이 과학적인 소화 방법이다.

(1) 소화시스템

① 감열소염제를 사용하여 발화점 이하로 온도를 내린다.
② 담요 등으로 공기산화를 차단한다.
③ 가스 공급과 같은 연료의 공급을 차단한다.
④ 할론이나 마른 화학약품 등의 소화기를 사용하여 연소반응을 차단한다.

(2) 화재와 소화기

① Class A : 나무나 종이에 난 불, 물을 이용하여 소화시킨다. 다목적성 건조화학약품을 사용하는 것도 바람직하다.
② Class B : 가연성 물질에서 산소를 차단하거나 연소가 가능한 물체를 없앰으로써 소화시킬 수 있다. 이산화탄소, 거품이나 건조된 화학약품을 사용한다.
③ Class C : 에너지가 흐르는 전기기구의 소화를 위해 필요하다면 이산화탄소와 같은 부전도의 물체를 사용한다.
④ Class D : 숙박업소에서는 다양한 소화물체를 사용하기가 곤란하며, 특히 주방에서는 ABC소화기를 사용하지 않는다.

3. 경보 설비

1) 자동화재 탐지설비

화재 시의 열 또는 연기나 불꽃을 감지기가 감지하고 자동적으로 경보를 발함으로써 화재를 조기에 발견하여 조기 통보, 초기 소화, 조기 피난을 가능하게 하기 위하여 설치하는 경보설비이다. 숙박시설의 경우 연면적 600㎡ 이상이면 설치해야 한다.

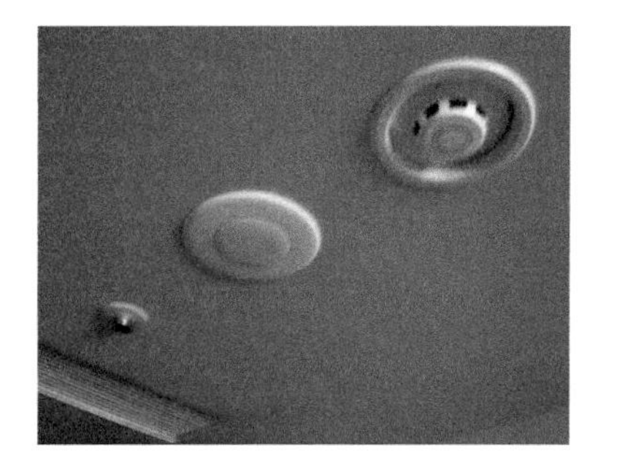

2) 가스 누설 경보설비

가스를 사용하는 주방이나 보일러실에 가스 감지기를 설치하여 가스의 누설을 사전에 감지하기 위한 설비로서, 시스템과 설비는 자동 화재탐지 설비와 똑같다.

3) 비상 방송설비

화재 발생 시 스피커를 통한 음성에 의해 건물 내의 사람들에 대해 정확한 통보, 피난유도를 하기 위한 설비이다.

4) 자동 화재 속보설비

소방 대상물과 소방기관을 전용선으로 연결하여 화재 발생 시에 누름 버튼 스위치만 누르면 소방기관이 즉시 상대방을 알도록 한 설비이다.

4. 피난설비

1) 피난기구

피난기구는 화재가 발생하였을 때 옥내 계단 등 보통의 피난수단을 사용할 수 없게 되었을 때 사용하는 것으로 어디까지나 피난의 보조수단이다. 법령상 피난기구로는 피난로프, 공기 안전매트, 미끄럼대, 피난사다리, 피난용 트랩, 구조대, 완강기, 피난 다리의 8종류가 규정되어 있으며, 피난층 및 11층 이상의 층에 대해서는 설치할 필요가 없다. 따라서 호텔객실의 경우 2층에서 10층까지는 설치해야 하며, 주로 간이완강기가 사용된다. 아래 표는 호텔이 설치해야 하는 피난기구들이다.

❖ 호텔에 설치해야 하는 피난기구들

층 별 / 대상물	지하층	2층	3층	4~5층	6~10층
호텔건물	피난사다리 피난용 트랩	미끄럼대 피난사다리 구조대 완강기 피난교 피난용트랩 피난 밧줄 간이완강기	미끄럼대 피난사다리 구조대 완강기 피난교 피난용 트랩 피난 밧줄 간이완강기	피난사다리 구조대 완강기 피난교 피난 밧줄 간이완강기	피난사다리 구조대 완강기 피난교 간이완강기

2) 유도등, 유도표지

화재 등의 발생 시 안전한 피난장소로 피난하는 경우의 방향 표시가 되는 조명기구를 유도등이라 하고 같은 형태로 표지판을 유도표지라고 한다.

5. 소화활동설비

1) 연결송수관설비

연결송수관설비는 송수관이라고 하는 배관설비를 설치한 건축물에 외부로부터 소방펌프 자동차에 의해 물을 가압 송수하여 소방대원이 내부화재 현장에서의 소화활동을 용이하고 유효적으로 실시할 수 있도록 하기 위한 설비이다.

2) 비상 콘센트설비

화재현장에서 소방대가 소화활동상 필요한 조명기구나 공구류를 항상 접속하여 사용할 수 있도록 소방대 전용의 전원을 공급하는 설비를 비상콘센트 설비라고 한다. 11층 이상의 층과 지하층 3층 이상일 때 지하층에 설치한다.

3) 무선통신 보조설비

지하층의 화재현장에서 활동하는 소방대와 지상의 소방대와 원활하게 무선교신을 할 수 있도록 지하층에 안테나를 설치하는데, 이러한 설비를 무선통신 보조설비라고 한다.

4) 제연설비

화재에 의한 대량의 연기를 전부 배출하기 위한 것이 아니라 연기의 확산을 막아 피난로를 확보하기 위한 설비로서 고객과 종업원을 안전하게 피난토록 함과 동시에 소화활동을 유리하게 하는 데 목적이 있다.

6. 소화용수설비

화재의 연소 확대 방지를 위해 공설 소방대가 사용할 수 있도록 설치하는 소방용 수리를 말한다. 소화용수설비에는 공공의 목적으로 설치된 공설 소화전 및 저수조가 있다.

10 통신설비관리

1. 전화설비

1) 전화교환설비

일반적으로 전화교환기라고 하면 공중통신용 전화국의 교환시설이 아니라, 사설 구내 교환장치(PABX : private automatic branch exchanger)를 말한다. 이 사설 교환설비는 일정 지역에 밀집된 가입자가 있을 경우 공공시설의 교환시설로는 전부를 감당할 수 없거나 일정 지역의 특성을 전화국에서 담당할 수 없을 때 독립된 교환설비로 운영하게 된다. 따라서 호텔의 경우 각 객실마다 고객이 투숙하고 퇴실한 후의 요금정산과 고객에 대한 서비스를 별도의 교환기를 설치하여 운영하게 되는 것이다. 이러한 교환기들은 기계/수동식 전화교환설비에서부터 지금의 전 전자방식의 디지털 교환설비까지 발전하여 최근의 호텔들은 이러한 디지털 교환설비를 도입하여 운영하고 있다.

2) 호텔 통신장비와 주변 기기

호텔의 전화교환설비는 그 자체가 독립적으로 운영되는 것이 아니라 호텔의 객실시스템과 인터페이스로 연결되어 있으며, 음성사서함(voice mail), 전화요금계산기(call accounting system), 성명확인기(CND : calling name display) 등 주변에 많은 기기들과 접속되어 있다. 최근의 정보통신분야의 발달과 함께 고객의 요구도 다양해져서 단순 음성통화부터 데이터 통신까지 동시에 접속운영을 하고 있고, 나아가 화상통화까지지도 보편화될 것으로 예측된다.

전산 인터페이스는 전산장비와 통신장비가 서로 다른 언어를 가지고 있기 때문에 호환성을 맞추어주며 통신요금을 정리하고, 단가를 삽입하여 금액을 산출하는 기능이다. 요금정산장치는 교환기 자체가 출력하는 기능으로 모든 통화요금을 기록관리한다. 내선은 호텔 내에서 사용하는 전화기까지의 선로를 말하고, 국선은 전화국에서 호텔 단자반까지의 통신선로를 말하는데, 일반적으로 호텔의 내선과 국선의 비율은 100 : 15선의 비율이면 큰 문제가 없다. 근거리 통신망은 LAN(local area network)을 말하는 것으로 호텔 전산망을 이용하여 각 부서의 사무기기를 연결하여 사용하게 된다.

3) 객실 전화기

호텔의 전화기는 전 세계 어느 나라 사람이라도 호텔의 전화기를 보고 쉽고 편리하게 사용하도록 그림과 문자로 표현되어야 한다. 또한 첨단화하여 각종 사무기기를 이용토록 아래와 같은 기능이 내장되어야 한다.

① 2회선전화기(two line phone) : 한 전화기에 두 개의 다른 전화번호를 갖고 각각 사용가능함

② 음성사서함(voice mail) : 음성사서함과 연결 메시지가 있을 경우 램프가 켜짐

③ 단축기능전화기(one touch function) : 프런트데스크, 객실관리부, 안내데스크(bell desk), 룸서비스(room service) 등을 버튼 하나로 연결하는 기능

④ 비상전화(emergency call) : 비상시 버튼만 누르면 안전관리실 또는 전화교환실로 연결하는 기능

⑤ 데이터잭(data jack) : 컴퓨터나 각종 사무기기를 연결하여 외부와 통신하는 국제규격의 연결단자

⑥ 스피커폰(hand free/speaker phone) : 손을 사용하지 못하는 상황에 버튼만 누르면 통화되는 기능

⑦ 점자전화 : 맹인을 위해 5번에 점자를 표시

2. 데이터 통신(data communication)

정보사회의 도래와 함께 통신수단이 점차 다양해지고 있다. 팩스, PC 통신, 인터넷 등 데이터 통신도 빠른 속도로 우리 사회에 뿌리내려졌다. 이러한 데이터 통신을 위해서 호텔은 광케이블이나 멀티 케이블(multi cable)이 포설되어 있어야 하며, 연회장까지도 스크린 케이블(screen cable)이 포설되어야 한다. 그리고 데이터 통신에 있어서 가장 기본적이고 중요한 것이 모뎀인데, 이 모뎀도 초고속으로 처리가능한 장비로 구성하는 것이 필요하다. 인터넷 접속은 단말기와 다이얼 모뎀으로는 접속에 어려움이 있으므로 호텔은 최소한의 서버(server)를 준비하고 그 서버로부터 필요한 장소에 케이블을 포설하여 사용하

는 것이 바람직하다. 호텔에서 화상회의는 흔히 있는 일이므로 여기에 알맞은 장비를 갖추어두는 것은 호텔경영의 기본이다.

❖ 설비관리상의 문제점 발견 시 처리해야 할 업무 표준

분류	항목	Standard Upgrade
급수배관	다량누수	다량누수 : 시수 또는 급수라인의 메인 밸브를 차단시키고, 관련기관에 신고한다.
보일러	저수위	보일러 : 장시간 저수위로 인한 보일러 수관의 변형 가능성이 있을 경우 절대 급수를 하지 말고, 보일러의 가스공급을 중단하고, 보일러가 완전히 식은 다음 관련기관에 신고하여 진단을 받는다.
전기	자체처리 불가능한 경우	변압기 : 과부하 및 절연유 열화 등에 의한 변압기 과열(기준 50℃ 이하 유지에서 90℃ 이상으로 상승한 경유)과 ACB 차단 후 2차측 무부하 투입 불가 상태에서 각종 계전기 Reset 후에도 재투입이 2회 이상 되지 않는 경우 비상연락망을 통하여 보고하고 지시를 받는다. 지시 불가능한 경우 협력회사에 연락하여 진단을 받는다.
누전	누전 점검	누전 차단기 및 과전류 차단기가 Trip된 경우 먼저 차단기 Trip 원인을 파악하여 반드시 과전류에 의한 Trip인지를 확인하고, 절연저항 측정기로 선로 절연저항값이 0.3㏁ 이상이어야 하며, 전선 허용 전류 용량과 비교하여 전선 과열이 발생하지 않는지를 확인하고, 교대 근무자에게 인계하여 재발 시 중점 점검사항으로 관리하도록 한다.
소음	소음	다수 고객 불편 우선 처리(일반소음(55dB 이상) 및 공사소음). 연회장 및 영업장의 고객의 소음에 관련한 불편은 무전기로 연락하여야 하고, 근무자는 하던 일을 멈추고 신속히 출동하여 공사 소음은 우선 작업을 멈추게 하고 사후 재공사 승인 전까지 못하도록 재차 다짐을 받고 보고 후 지시에 따라 처리하도록 한다.
단수	단수	주방 및 영업장 단수는 다수 고객 불편 우선 처리(단수 및 수전 설비고장). 근무자는 하던 일을 멈추고 우선적으로 처리한다.
주방기구	주방기구	주방 위생 관련 업무 우선 처리(냉장고 온도, 주방 전열기구, 기타 주방기구). 냉동 기사에게 우선적으로 처리하도록 한다.
공조기	냉 · 난방	영업장 냉, 난방 고객 불편 우선 처리(실내온도, 공조 및 배기) 근무자는 하던 일을 멈추고 우선적으로 처리하도록 한다.
전구	전구 교체	일반 연회장 및 영업장의 영업시간 중 전구 교체는 불가하나 부득이 지배인의 요구 시 교체될 수 있다.

호텔의 환경관리

Hotel Facilities Management

호텔의 환경관리

1 호텔의 환경친화적 시설관리

1970년대 이후 우리나라도 급격한 산업사회의 발달과 도시화로 인하여 환경은 날로 심각하게 오염되어 생활환경마저도 현격히 악화되어 가고 있으며, 탄산가스에 의한 온실효과, 오존층 파괴, 산성비, 매연, 소음, 각종 산업폐수 문제 및 생활용수의 오염과 각종 폐기물 등으로 인한 환경문제는 날로 심각해지고 있다. 구체적으로 말하면 밤낮으로 쏟아져 나오는 객실 및 식음료 쓰레기, 냉동 · 냉장기에서 발생되는 프레온 가스에 의한 오존층 파괴문제, 생활하수 · 세탁하수설 · 조리하수 등의 수질오염문제, 열공급시설에 의한 연소공해물질의 증가는 호텔주변의 주민과 관광객의 건강을 위해하고 있는 만큼 이의 개선이 곧바로 환경친화적 경영의 첫걸음이다. 따라서 호텔은 다른 서비스 업종에 비하여 환경오염물질의 배출이 많고 다양하기 때문에 무엇보다도 환경친화적인 경영과 투자가 요구되며, 이러한 경영철학이 관철되기 위해서는 고효율 보일러 설치, 폐수처리시설, 외부단열필름 부착, LED조명 설치 등에 대한 투자는 물론이며, 전 직원에 대한 지속적인 교육과 홍보가 필요하게 된다.

호텔의 모든 구성원은 고객에게 호텔이 실천하고 있는 환경친화적 프로그램을 전파할 수 있는 기회를 가지고, 환경보전을 위해 좋은 아이디어를 제안하고 실천하도록 한다. 예를 들면 우리는 가끔 호텔관련 기사에서 총지배인이 보일러실에 장기투숙객을 초청하여 파티를 열고 있는 모습을 보게 된다. 이는 호텔이 환경친화적으로 운영되고 있다는 메시지를 고객에게 전하는 것이며, 호텔이 공급하는 전기, 공기정화, 물, 온천수 등이 깨끗하게 관리되고 있다는 것을 고객에게 보여주고, 에너지 절약에 동참할 수 있는 분위기를 조성하는 것이다. 뿐만 아니라 관광객도 환경친화적으로 경영되고 있는 호텔을 선호하며, 환경친화적인 경영을 하는 기업에는 환경단체에서 옆 그림과 같은 환경마크를 달아주고 있다.

❖ 친환경영업체의 마크

2 호텔의 소음환경관리

호텔은 많은 사람들이 모여드는 만남의 장소이다. 매출에 직접적인 관계가 없다고 하더라도 많은 고객이 필요로 하는 적절한 공간을 마련하고, 이를 쾌적한 조건에서 이용할 수 있도록 배려해야 한다. 고객은 어떠한 소음으로부터도 보호되어야 하며, 이를 어기면 좋은 호텔의 명성은 유지될 수 없게 된다. 대부분의 고객은 안락한 휴식과 재충전을 위한 공간을 위해 많은 금액을 지불하고 있기 때문이다. 호텔 주변에는 도로교통 소음, 항공기 소음, 공장 소음, 건설공사장 소음, 시장 소음, 기계설비 소음, 엘리베이터 소음 등 내・외부의 많은 소음이 산재해 있다. 이런 소음은 고객이나 종사원의 성격, 건강 등을 해칠 수도 있다. 따라서 호텔은 객실은 물론 각 영업장, 부대시설을 신축하거나 개축할 때 과학적인 방법에 의해 연구 검토된 방음시설을 갖춤으로써 고객의 쾌적한 체류가 되도록 하며, 내부고객인 종사원에게 좋은 작업환경을 제공하여 고객서비스에 충실하도록 해야 한다.

3 호텔의 대기환경관리

세계적인 환경문제가 대두되고 있는 것으로 온실효과와 관련한 기상이변, 산성비, 오존층 파괴, 스모그 현상 등을 꼽을 수 있다. 이러한 환경문제들은 화석연료(석탄, 벙커 C유, 경유 등)를 사용할 때 발생하는 탄소화합물(CO_2)과 각종 산화물질(SO_2, NOx) 등에 기인하는 것으로 국내 호텔의 경우에는 1991년부터 시행하고 있는 정부의 청정연료(LNG) 공급정책에 따라 대부분이 보일러 연료로 도시가스를 사용하고 있으며, 이에 따라 보일러를 교체할 경우 장기저리의 금융혜택도 받게 된다. 오존층 파괴는 냉동기나 냉장, 냉동고, 에어컨 등에 냉매체로 쓰이는 프레온 가스(CFCS)나 하론 가스에 의한 것으로써 호텔은 이러한 장비를 많이 사용하기 때문에 장기적으로 대책을 마련하여야 한다. 우리나라는 1992년 몬트리올의정서에 가입하면서 개발도상국으로 재분류되어 선진국 규제조치를 10년간 유예받고 2005년까지는 일정량 범위 내에서 이들의 생산 및 사용이 가능하게 되었다. 그러나 2005년 3월 교토의정서에는 38개 선진국은 1990년을 기준으로 2008~2012년까지 온실가스 배출을 평균 5.2% 감축하도록 하는 의무 부담을 결정하였다. 유엔환경계획(UNEP : United Nation Environment Plan)은 배출권거래제도(Emission Trading), 공동이행제도(Joint Implementation) 및 청정개발체제(CDM : Clean Development Mechanism) 등 교토 메커니즘을 도입하였다. 배출권거래제도(Emission Trading)는 각 국가는 CO_2의 배출권을 가지게 되며, CO_2 축소를 초과달성하는 국가는 타 국가에 배출권을 매각할 수 있고, 미달성 국가는 배출권의 매입이 가능하도록 하였다. 주요 국가들의 감축목표는 유럽연합, 스위스, 동유럽 국가들이 각각 8%, 미국이 7%, 캐나다, 헝가리, 일본, 폴란드가 각각 6%, 뉴질랜드, 러시아, 우크라이나가 각각 0% 등으로 38개국이 평균 5.2%를 줄이도록 한 제도이다. 공동이행(Joint Implementation)은 본격적인 배출권거래의 전 단계로 갑국이 을국의 온실가스 배출저감에 대한 노력을 지원한 후 저감된 을국의 배출량 일부를 갑국의 배출저감량으로 인정받는 제도이다. 청정개발체제(CDM : Clean Development Mechanism)는 개도국의 지속 가능한 개발지원과 선진국의 감축의무 이행을 용이하게 하기 위해 당사국들은 총회의 관장하에 청정개발체제의 설치에 합의할 수 있으며, 선진국과 개도국이 당사자의 이익을 위해 공동사업을 할 수 있도록 허용하고 있다. 이에 따른 수익금의 일부를 개도국 지원에 사용하도록 하였다. 위와 같이 대기환경관리는 세계적인 추세이며, 특히 호텔은 고객의 안전과 편안함을 전제로 서비스를 제공하게 되므로 환경친화적인 경영마인드로 건물 및 시설 관리에 만전을 기해야 한다. 호텔시설관리부서장은 대기오염방지기술과 제반지식을 정확히 숙지하고, 이를 잘 이행하며, 법적 자격을 갖춘 배출시설 관리인으로 하여금 규정에 의해 각종 설비를 운전하도록 하는 제도적 장치를 마련해야 할 것이다.

❖ 1인당 이산화탄소(CO_2) 배출량 (단위 : tCO_2)

구분	한국	호주	프랑스	이탈리아	일본	멕시코	영국	미국
2000	8.96	17.58	6.21	7.48	9.33	3.52	8.89	20.18
2005	9.72	18.95	6.17	7.80	9.55	3.75	8.84	19.50
2006	9.87	18.90	6.00	7.78	9.43	3.79	8.80	19.02
2007	10.12	18.30	5.86	7.43	9.72	3.95	8.54	19.10
2008	10.31	18.48	5.74	7.18	9.02	3.83	8.32	18.38

자료 : IEA, CO_2 Emissions from Fuel Combustion 2010 Edition, 통계청.

❖ 국가 온실가스 감축을 위한 청사진(환경부 보도자료, 2011년 6월 29일)

□ 정부는 2009년 11월에 확정 · 발표한 국가 온실가스 감축목표('20년 배출전망치 대비 30% 감축)를 산업 · 전환, 건물 · 교통, 농축산 등 부문 및 부문 내 세부 업종별로 구체화한 감축목표안을 마련하였으며, 공청회 등을 거쳐 7월 중 최종 확정할 계획이라고 밝혔다.

- 정부는 지난 4월 「국가 온실가스 종합정보센터」 및 환경부 · 지식경제부 · 국토해양부 · 농림식품수산부 · 기획재정부 등 관계부처와 관련전문가가 참여한 "공동작업반"을 구성하였으며, 국가 온실가스 종합정보관리체계를 구축하고 국가 · 부문별 온실가스 감축목표 설정을 지원하기 위해 「저탄소 녹색성장 기본법」에 따라 '10년 6월 환경부장관 소속으로 설치
- 최신의 과학적 기법과 온실가스 감축기술 DB를 활용하여 부문별 감축여력과 적용 가능한 기술수단 등을 정밀 분석하고, 30여 차례에 걸친 토의를 거쳐 부문별 · 업종별 감축 목표안을 마련하였다.
- 정부는 향후 공청회 등을 통해 산업계 · 시민단체는 물론 일반국민으로부터 감축목표안에 대한 의견을 수렴하고 7월 중 최종안을 확정할 계획이다.

□ 이번에 마련한 부문별 · 업종별 온실가스 감축목표안은 국가 전체적으로 감축비용이 최소화되도록 부문 및 업종별 감축 한계비용을 고려하는 한편, 산업의 국가경쟁력 등도 종합적으로 고려했다고 정부는 밝혔다. 다음은 목표안의 주요내용이다.

- 먼저, '09년에 발표한 국가 온실가스 감축목표인 「'20년 배출전망치(BAU, 총 813백만CO_2톤) 대비 30%」를 7개 부문 25개 업종별로 세분화하여 설정하였다.

  * 산업 감축목표 18.2% 중 산업에너지는 7.1%, 나머지는 공정배출 및 냉매처리에서의 감축률

〈각 부문별 '20년의 배출량 전망치(BAU) 대비 감축목표 설정(안)〉 (단위 : %)

산업*	전환	수송	건물	농림어업	폐기물	공공기타	국가 전체
18.2	26.7	34.3	26.9	5.2	12.3	25	30

- '20년까지 배출전망치 대비 산업부문은 18.2%, 전환은 26.7%, 수송은 34.3%, 건물은 26.9%, 농림어업은 5.2%의 온실가스를 감축하는 목표를 제시하였다.
- 산업 · 전환부문의 온실가스 감축을 위해 열병합 발전, 연료대체(중유 · 석탄→LNG), 스마트그리드 등의 보급 확산 및 고효율 전동기 도입 등 에너지 절약기술이 확대 적용될 계획이며, 전환(발전)부문은 타 부문의 에너지 수요관리를 통해 감축하는 것이 대부분이므로 발전 분야 온실가스 감축에 따른 전기요금 인상요인을 최소화함
- 건물 · 교통부문에서는 건물에너지관리시스템, LED 조명은 물론 그린카, 자동차 연비개선, 고속철도와 광역교통체계 확대 등 녹색 교통정책을 집중적으로 전개할 계획이다.
- 농림어업부문은 지열히트펌프 보급, 가축분뇨 처리기술 향상 등을 통해 온실가스 배출량을 저감할 계획이다.

• 아울러, 금번 부문별 · 업종별 감축목표안에서는 2020년까지의 온실가스 감축경로를 제시하였다.

〈연도별 예상 감축경로〉

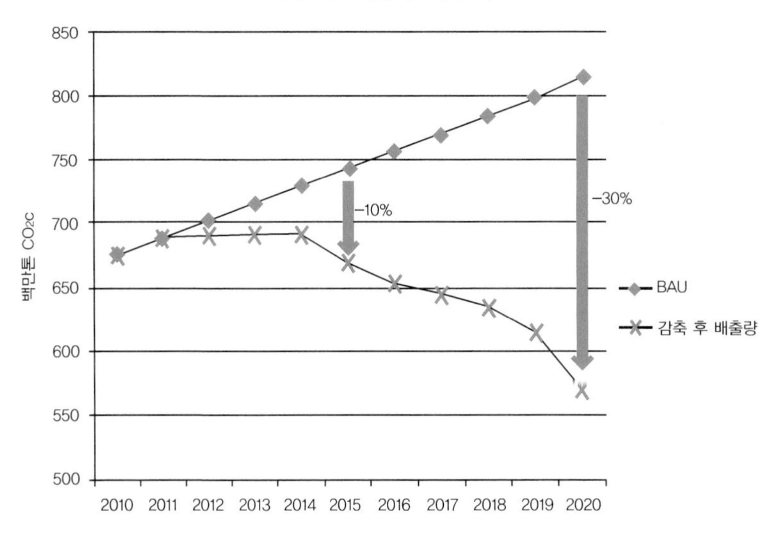

– 각 부문 · 업종에서 온실가스 감축목표가 차질 없이 추진될 경우, 국가 전체의 온실가스 배출량은 2014년에 최고치에 달한 이후, 2015년부터는 배출량이 감소하여 향후 우리나라는 경제성장과 온실가스 배출의 탈동조화(Decoupling)를 시현할 것으로 기대된다.

– 2014년까지 온실가스 배출량이 증가하는 이유는 온실가스 감축을 위한 시설과 기술투자에 일정기간이 소요되어 감축효과가 발휘되는 데 시차가 필요한 것으로 분석되었다.

□ 이번에 마련되는 연도별 · 업종별 온실가스 감축목표안은 2020년까지 우리나라의 「저탄소 녹색성장」을 이끄는 청사진(青寫眞)으로서, 단순한 온실가스 감축 차원을 넘어서 경제주체에게 녹색성장 실천 필요성에 대한 강력한 시그널을 제시함으로써 국가의 녹색 경쟁력을 높여나가는 데 의미가 있다.

• 정부가 신성장 동력으로 집중 육성하고 있는 신재생 에너지, 에너지 절약기술, 그린카, 그린홈 등의 녹색기술과 신산업 발전을 앞당기고, 세계 각국의 환경 무역규제에 대한 적응력을 향상시키는 등 고유가시대에 미래 성장동력을 키우는 데 중요한 모멘텀을 제공할 것이다. 특히, 이번 부문별 · 업종별 감축목표는 온실가스 · 에너지 목표관리제의 시행을 위해 금년 9월 추진 예정인 업체별 감축목표 설정에도 적용될 예정이다.

*「저탄소 녹색성장 기본법」에 따라 부문별 · 업종별 감축목표를 고려하여 일정량 이상 온실가스 배출(125천 톤/년)업체(현재 471개)에 대해 정부가 온실가스 감축목표를 부여하고 이행여부를 점검하는 제도.

4 호텔의 쓰레기 환경관리

호텔은 고객이 가정과 같이 기거하는 공간이다. 하루하루 배출되는 쓰레기는 전담요원이 관리해야 할 만큼 양이 많다. 호텔에서 배출되는 쓰레기는 크게 음식물 쓰레기와 일반 쓰레기로 나눌 수 있는데, 일반 쓰레기는 객실관리부서에서 취급한다. 그러나 음식물 쓰레기는 식음료부의 기물관리과에서 처리하도록 하고 있다. 특히 음식물 쓰레기는 호텔마다 식음료부문의 매출에 따라 대량의 쓰레기를 발생시키게 되며, 물자낭비와 환경문제로 대두되고 있다. 음식물 쓰레기는 수분 함량이 높고 쉽게 부패되어 매립 및 소각처리에 어려움이 있다. 따라서 분리수거를 철저히 하여 순수 음식물 쓰레기를 사료용으로 농장에 반출하는 것이 호텔 내 쓰레기 처리를 용이하게 해준다. 환경부는 최근에 음식물 쓰레기의 감량화를 위해 1백인 이상의 집단급식소와 30평 규모 이상의 식품접객업소 그리고 시장, 호텔, 백화점에 대하여 음식물 쓰레기 감량화를 의무화하도록 하였다. 현재까지 알려진 감량화 기술로는 발효방식, 건조방식, 소멸방식 등이 있으며, 호텔들은 대부분 건조 후 분쇄시켜 비료로 활용하는 공법을 택하고 있다. 발효실에서 나오는 악취가 또 다른 환경문제가 되지 않도록 설치 시 기종, 장소, 용량 등을 면밀히 검토할 필요가 있으며, 시설관리부서의 기계관리능력과 지원체계도 확립되어야 한다.

❖ 음식물 쓰레기와 환경관리 캠페인(환경부 보도자료)

호텔 · 뷔페도 범국민 음식물 쓰레기 줄이기에 동참

□ ◇ 환경부, 한국관광호텔업협회, 한국음식업중앙회 "호텔 뷔페 여유음식 줄이기 등을 위한 협약" 체결

□ -2010. 8. 12(목) 11 : 00, 서울 팔레스 호텔

□ ◇ '12년 말까지 600개(21%) 이상 호텔 · 뷔페가 참여하여 음식물 쓰레기 발생량의 20% 이상을 감량 목표로 추진

□ 환경부(장관 이만의), 한국관광호텔업협회(회장 이상만), 한국음식업중앙회(회장 남상만)는 호텔과 뷔페에서 나오는 음식물 쓰레기를 줄이기 위하여,

- 과학적인 여유음식(손님에게 제공되지 못하고 남는 음식) 줄이기 확산, 푸드 뱅크 기부확대, 잔반(손님들이 먹다 남은 음식) 줄이기 의식개선을 위한 홍보 등을 중점 추진키로 했다.

□ 3개 기관은 '10. 8.12(목) 서울 팔레스 호텔에 모여 이러한 내용들을 담은 협약서에 서명하고 차질 없는 추진을 다짐하였다.

- 협약서는 '12년 말까지 600개(21%) 이상의 호텔 · 뷔페가 참여하여 현재 발생량의 20% 이상을 감량하는 것을 목표로 하고 있다.
- 이번 협약식에서는 여유음식 줄이기 추진사례(서울 팔레스 호텔)도 발표되어, 참석한 지자체 공무원 및 호텔 · 뷔페 관계자의 많은 관심을 끌었다.

□ 과학적인 여유음식 줄이기는 여유음식의 종류와 양을 분석하는 등 이용 고객의 음식선호도를 파악하여 메뉴를 준비하는 것으로 미국 환경청에서도 적극 권장하는 사항이다.

• 환경부는 호텔 · 뷔페에서 쉽게 적용할 수 있는 방법을 개발하여 전국으로 확산시킬 예정으로, 밀레니엄 서울 힐튼, 웨스틴 조선, 서울 팔레스 호텔이 시범사업에 참여한다.

□ 빵, 과자류 등의 여유음식을 푸드뱅크에 기부하는 것은 사회적 나눔 문화 실천을 위해서 관련 협회 등과 협조하여 추진할 예정으로 현재 8개 사업자가 참여를 희망하고 있다.

□ 이용고객들이 먹다 남기는 음식물을 줄이기 위해서 손님들의 의식개선을 위한 교육 · 홍보를 적극 추진한다.

• 환경부는 포스터, 홍보물 등을 제작 · 배포하고, TV, 라디오 등 매스컴을 통하여 시민의식 개선에 노력하는 한편,

• 호텔 · 뷔페는 '뷔페 맛있게 먹는 방법' 제공, 잔반을 남기지 않는 손님에 대한 그린 마일리지 제공 등을 실정에 맞게 추진하여 고객참여를 유도할 계획이다.

□ 전국 2,800여 개 호텔 · 뷔페는 매년 25만 명의 국민들이 이용하고 있어 친환경 음식문화 개선의 선도적 역할이 요구되나,

• 그간, 서비스 업종 특성상 푸짐한 것을 좋아하는 우리의 낭비적 음식문화를 효율적으로 차단하기가 쉽지 않았다.

□ 환경부는 이번 협약이 호텔 · 뷔페의 음식물 쓰레기 줄이기를 효율적으로 추진토록 하여 식재료비 절감 등의 경제적 이익 창출과 친환경 음식문화 확산에 기여할 것으로 기대하고 있다.

5 호텔의 오 · 폐수 관리

아시아에서 유일하게 우리나라가 물 부족국가로 분류되고 있다. 강우량은 다른 나라에 비해 평균 1.3배가 많지만 전 국민이 하루 평균 395리터의 물을 사용하므로 수자원을 고갈시키고 있다는 분석자료가 있다. 오 · 폐수는 물 사용량에 비례하므로 물 사용이 많은 만큼 오염된 폐수의 배출도 많다. 호텔에서 배출되는 폐수는 크게 일반 생활오수와 세탁실에서 배출되는 산업폐수로 나눌 수 있다. 생활오수는 주로 화장실 배수, 목욕물, 조리부서 배수 등으로 이루어지며, 모든 오수는 정화조로 보내져 처리한 뒤 하수구로 방출된다. 일반적으로 생활오수의 오염도는 생물화학적 산소요구량(BOD) 기준으로 200~300ppm 정도이나 조리부서지역으로부터 기름 찌꺼기(grease)나 폐식용유 등이 그대로

배출되면 생물화학적 산소요구량이 400~500ppm까지 상승하여 폐수처리가 어렵게 되므로, 각 조리부서마다 설치되어 있는 그리스 트랩(grease trap)을 매일 청소하여 환경보존에 힘써야 한다. 세탁 폐수에는 드라이클리닝 세제로 사용하고 있는 퍼크로 에틸렌 등과 같은 특정 유해물질과 이러한 유기염소 화합물을 함유한 드라이클리닝 찌꺼기, 폐유액 등이 배출되므로 별도의 폐수처리 설비에서 처리한 후 도시하수구로 방류하여야 한다. 처리수의 수질기준은 각 지역마다 다르나, 각 대도시의 경우 2002년부터 생활오수는 생물화학적 산소요구량 30ppm, 세탁폐수는 화학적 산소요구량(COD) 130ppm 이하로 규정하고 있으며, 이를 위반할 때에는 과태료 등의 행정적 제재를 받게 된다.

호텔의 오수와 폐수는 시설관리부서가 주관이 되어 일상 관리를 하므로 고객이 안심하고, 편안하게 시설을 이용하게 된다. 여름 장마철의 집중호우에도 옥상의 배수가 무리없이 이뤄져야 하고, 객실이나 영업장 창문 틈으로 유입되는 물이 없어야 호텔로서의 기능을 하게 된다. 또한 객실이나 공공장소의 소변기, 양변기, 세안대, 식음료영업장의 싱크대, 조리실 수도꼭지 등에도 누수가 없어야 원활한 영업을 할 수 있게 된다. 오수시설에 문제가 생기면 다음과 같이 긴급하게 조치를 취하여 정상적인 영업이 될 수 있도록 지원해야 한다.

1) 건물 옥상

건물의 옥상에는 먼지, 흙, 모래, 휴지 같은 것이 날아와서 쌓이기도 하고, 옥상에 설치된 간판, 다양한 설비, 건축자재, 적재물에서 떨어져 나온 나무 조각, 철판조각이 배수관을 막는 경우가 종종 있다. 항상 옥상을 청결하게 유지하고, 건축 시 충분한 배수구(drain)를 설치하므로 옥상이 침수되거나 고인 물로 인해 객실과 영업장에 물 피해를 입는 일을 사전에 막을 수 있다.

2) 객실부문 및 공공장소

객실과 공공장소는 천장을 지나가는 배관과 화장실을 지나가는 배관에서 가끔 오폐수가 넘치는 경우가 있다. 이를 방지하기 위해서는 시공 때 재료부터 규격품을 사용해야 하고, 정기적인 점검을 통해 예방해야 한다. 장마철에 창문 틈으로 들어오는 빗물은 카펫을 적셔 객실판매에 지장을 주게 되므로 이를 예방할 수 있는 창호의 선택도 중요하다.

3) 식음료영업장

식음료영업장은 가장 청결하게 유지되어야 하는 고객 공간이자 종업원 공간이다. 바닥에 오폐수가 들어오게 되면 영업에 막대한 지장을 주게 된다. 따라서 평소에 싱크대 하수구가 막히지 않도록 미리 점검하고, 비가 올 때는 창문 틈으로 유입되는 빗물을 관찰할 수 있도록 구성원이 살핀다. 이상 증후가 있으면 즉시 시설관리부서에 요청하여 조치를 취하므로 고객 불편과 매출 손실을 방지할 수 있게 된다.

4) 조리부서

조리부서는 동시다발적으로 다양한 재료를 이용하여 음식을 요리하므로 그곳에서 배출되는 오수와 폐수는 여러 가지 성분을 내포하고 있다. 배관통로를 설치할 때는 오폐수 배출의 130%에 해당하는 굵기의 관을 매설하므로 물이 고이지 않게 하여야 한다. 가끔은 바닥에 오수가 넘쳐 작업에 지장을 주고, 안전을 위협하는 경우도 있다. 쾌적한 작업환경을 위해서 바닥은 항상 깨끗하게 말린 상태를 유지하도록 일상 관리에 만전을 기한다.

5) 사우나영업장

사우나 내부에는 이용고객의 수만큼 많은 오수가 발생되므로 타 영업장보다 배관을 더 깊게 설치하여야 한다. 가끔 고객이 버린 쓰레기와 호텔의 타월에 의해 배관이 막히는 경우도 있으므로 담당 종업원은 수시로 내부를 살피고 물이 넘치는 경우가 발생하지 않도록 주의한다.

6 호텔의 조경관리

최근 환경친화적인 건물, 아름다운 자연경관 유지, 생태보존과 레저스포츠시설 확충 등이 호텔시설의 추세라고 한다. 대부분의 리조트호텔은 자연경관과 어우러져 멋진 생태환경을 가꿔가며, 도심에 있는 상용호텔도 주변에 많은 수목을 식재하여 호텔의 환경을 고급스럽게 만들어가고 있다.

시설관리부서장은 호텔의 건물, 비품, 인테리어 유지관리뿐만 아니라 조경의 디자인과 유지관리에도 식견이 있어야 호텔경영의 한 축을 담당할 수 있게 된다.

1. 나무 심기와 가꾸기

1) 나무 심기

나무는 계절적으로 활착이 용이한 봄이나 가을에 심는 것이 안전하다. 나무를 구입하여 심을 때는 호텔의 이미지와 주변 환경을 고려하고, 기후와 토지, 활착과 성장을 감안한 중장기 조경계획에 의해 실시해야 한다. 적절한 수목을 선택하였다면 아래와 같이 식재한다.

① 수목을 운반할 때는 뿌리가 햇볕에 노출되지 않도록 가름막을 입힌다.
② 식재할 수목의 뿌리부분은 2~3배 정도 넓게 구덩이를 판다.
③ 식재할 곳에 겉흙과 비료와 퇴비를 섞어서 넣는다.
④ 다시 겉흙을 10~15cm 정도 넣어서 거름과 뿌리가 직접 접촉하지 않도록 한다.
⑤ 나무를 구덩이에 넣고 방향을 잡아서 바르게 세운다.
⑥ 흙을 구덩이에 반쯤 채우고 물을 듬뿍 붓고 난 다음 뿌리와 흙 사이에 공간이 없도록 흔들어서 안착시킨다.
⑦ 흙을 다 채우고 다져준다.

⑧ 뿌리가 활착될 때까지 넘어지지 않도록 부목을 대어서 고정시킨다.
⑨ 뿌리 가장자리에 원형으로 두둑을 만들어 관수할 때 물이 외부로 흘러 나가지 않게 한다.
⑩ 물을 충분히 주고, 주변을 깨끗하게 정리한다.

2) 나무 가꾸기

심어진 나무는 정성을 다해 가꿔야 하며, 월동대책, 병충해 대책, 태풍에 의한 피해도 미리 세워 안전하게 성장할 수 있도록 돌보아야 한다.
① 나무 가꾸기는 정성이 가장 중요하므로 아침, 저녁으로 늘 둘러보는 담당자를 정해 둔다.
② 시간을 정해 놓고 시간에 맞춰서 물을 준다.
③ 가을 식재는 월동에 필요한 짚싸개, 거적말이 등을 해야 한다.
④ 외부 사람에 의해 나무가 훼손되지 않도록 주의 푯말을 붙인다.
⑤ 병충해로부터 나무를 보호하기 위해서는 수시로 점검하고, 이상 현상이 발견되면 그 즉시 구제활동을 펼친다.

2. 나무의 성장관리

1) 정전작업의 효과

정전작업은 나무를 옮겨 심을 때 윗부분의 무게를 덜어 활착을 돕고, 불필요한 가지를 제거함으로써 나무를 보다 건강하게 성장시키는 역할을 할 뿐만 아니라 나무의 모양을 보다 멋있게 만들어준다.
① 나무를 옮겨 심을 때 윗부분의 무게를 줄임으로써 활착을 도와준다.
② 필요하지 않은 가지를 잘라내므로 모든 가지를 건실하게 한다.
③ 노쇠한 가지를 제거하여 가지의 갱신효과를 가져온다.
④ 가지를 줄여주므로 꽃을 피우는 데 도움을 준다.
⑤ 특수한 수형을 만들거나 유지시키는 데 도움을 준다.

2) 정전작업의 종류와 시기

정전작업은 나무 한 그루 한 그루를 멋있게 모양지우면서 전체 정원의 아름다움을 유지하는 데 목적을 두게 되므로 특정한 나무의 활착이 좋아서 너무 크면 다른 나무가 상대적으로 크지 못하게 되는 것을 감안하여 작업을 진행한다. 정전의 종류로는 굵은 가지 제거작업, 가지 솎음작업, 가지 다듬기작업 등이 있다. 굵은 가지 제거작업은 생육이 빠른 나무를 관리가 용이하도록 높이를 낮추는 것으로 침엽수와 낙엽활엽수는 늦가을부터 이른 봄까지 작업할 수 있고, 한겨울은 피하는 것이 좋다.

가지 솎음은 나뭇가지 사이에 통풍과 채광이 잘 되도록 하는 작업으로 조밀한 잔가지나 병든 가지를 제거하고 모양을 정리하는 작업이다. 이러한 작업은 언제나 가능하지만 가능하면 한겨울에는 피하는 것이 좋다. 마지막으로 가지 다듬기작업은 다양한 모양을 내어 분위기를 만드는 것으로 늦은 봄부터 가을까지 할 수 있다.

3) 비료 주기

비료 주기는 나무의 종류, 토양조건, 사용하는 비료에 따라서 주는 시기를 정해야 한다. 보통 2월 상순부터 3월 하순까지 1회 7월경에 1회 시비하는 것이 좋으며, 연 2회는 기본적으로 하게 된다. 시비는 비가 올 때, 또는 비 오기 직전과 강풍이 불 때는 삼간다. 이슬이 없는 오전 10시경부터 오후 5시경까지 시비를 하는 것이 적절하다. 시비에는 식혈

시비와 전면시비가 있는데, 식혈시비는 나무의 뿌리 주변에 구멍을 파고 비료를 넣고, 전면시비는 수간 밑을 가볍게 파고 시비를 한다.

시비할 때 주의할 점은 '첫째, 비료입자가 식물체에 직접 닿지 않도록 한다. 둘째, 인분, 계분, 퇴비 등은 완전히 썩은 것을 사용한다. 셋째, 과다한 양을 주지 않는다. 넷째, 장마기간, 늦여름, 늦가을에는 가급적 시비하지 않는다. 다섯째, 사전지식 없이 화학비료와 유기질비료를 혼합하여 시비하지 않도록 한다.' 등이다.

4) 월동대책

우리나라는 사계절이 뚜렷하여 겨울철엔 나무를 보호하기 위한 조치를 취해야 한다. 만약 그대로 방치하면 동해를 입어 큰 손실을 입을 수 있다. 동해방지 월동대책으로는 수목의 크기와 종류에 따라 새끼감기, 짚싸주기, 거적감기, 흙 다져주기 등을 실시한다. 월동대책을 이행하는 시기는 지역에 따라 다소 차이가 있지만 첫 추위가 오기 전에 마무리해야 하며, 대략 11월 초 또는 중순에 설치하고 3월경에 제거하여 소각한다. 이때, 강풍에도 나무가 넘어지지 않도록 지주대를 단단히 설치해 둔다.

3. 병충해 관리

호텔정원은 고객과 직원이 함께 바라보면서 숨 쉬는 곳으로 정원에 병충해가 있으면 호텔의 이미지를 나쁘게 할 수 있으므로 매우 신중하게 관리해야 한다. 이러한 병충해는 예방적 관리가 가장 바람직하지만 여의치 못할 때는 즉시 조치를 취해 피해를 최소화하도록 한다.

1) 병해관리

(1) 약제 살포

정원에서 볼 수 있는 나무병으로는 적성병이 있는데, 일명 붉은별무늬병이라고도 하며, 여름철 활엽수에 많은 피해를 주는 병으로서 특히 명자나무, 모과나무, 산사나무, 아그배나무, 사과나무, 꽃사과나무, 장미줄기, 팥배나무 등에 발생한다. 적성병은 향나무와 장미과 식물에 기주교대하는 병으로, 향나무는 4월경 줄기 및 가지에 자갈색의 동포자퇴를 형성하여 줄기가 터지면서 말라죽는 병이다. 전년도에 이러한 증상을 보인 나무에는 4~5월과 7월경에 약제를 살포해야 하는데 향나무에는 만코지수화제, 포리옥산수화제, 석회보르도액을 살포하고, 장미과에는 티디폰수화제, 훼나리수화제, 마이탄수화제 등을 7일 간격으로 2~3회 살포하면 방제가 가능하게 된다.

(2) 잠복소 설치

유충을 잡는 방법 중 잠복소를 설치하는 경우가 있는데, 이는 나무에 짚이나 거적을 감아 그곳에서 고치를 지어 월동하게 하고, 해동이 되면 짚이나 거적을 태워서 번식을 막는 방법으로 호텔의 수목관리로 많이 이용되고 있다. 이것을 설치하는 시기는 지역에 따라 다를 수 있지만 주로 10월 초에 지상 30~40cm 폭으로, 지상 1.5m 위치에 설치하여 다음 해 2월 중순경에 철거하여 태우므로 나무를 건강하게 만들어가는 방법이다.

2) 해충관리

하절기에는 침엽수와 활엽수를 막론하고 진딧물, 깍지벌레, 응애류 등 흡즙성 해충이 나뭇잎에 큰 피해를 준다. 흡즙성 해충은 살충제와 진드기구충제 등을 제때 살포하면 효과가 있고, 활엽수에 피해를 주는 풍뎅이류는 수관살포 또는 토양처리제를 이용하면 방제할 수 있다.

(1) 진딧물

진딧물은 늦봄, 초여름, 한여름에 각각 1차례씩 방제약을 살포한다. 진딧물은 육안으로도 볼 수 있다. 발견 즉시 부분살포를 하여도 효과를 볼 수 있다.

(2) 깍지벌레

이는 진딧물보다 발견하기가 힘들며, 나뭇잎에 먼지처럼 빨간 벌레가 기어다니면 즉시 방제에 들어가야 한다. 시약을 할 때는 10일 간격으로 2~3회 실시하면 효과를 볼 수 있다.

(3) 응애류

응애류는 깍지벌레와 비슷하며, 나뭇잎 위아래에 아주 작은 검은 벌레가 기어다니면 방제해야 한다. 시약은 깍지벌레와 비슷한 것으로 하면 되지만 시기를 놓치면 나뭇잎 전체가 고사하게 된다.

(4) 풍뎅이

풍뎅이는 유충기에는 잔디에서 서식하며, 성충기에는 활엽수 수목에 피해를 주게 된다. 성충이 활엽수의 잎을 갉아먹어 보기가 흉할 뿐만 아니라 궁극적으로 나무 전체가 붉게 탄다. 유충은 잔디나 풀의 뿌리를 공격하므로 잔디가 말라 죽게 된다. 유충기에는 시약이 어렵지만 4~5월 성충기에는 매프유제를 수관부에 살포하고, 늦봄과 초여름에는 다수진입제 또는 코니도를 뿌리 주변에 관주한다.

4. 잔디관리

1) 잔디밭 만들기

잔디는 씨앗을 뿌려 가꾸기란 매우 어려운 작업이다. 따라서 대부분의 잔디밭 조성은 이식하여 영양번식하게 된다. 최근에는 면질포에 일정한 간격으로 부착시킨 발아대가 생산되어 실용화 단계에 있다.

(1) 잔디의 식재시기

일반적으로 잔디의 식재는 연중 가능하지만 봄 · 가을이 적절한 시기이다. 잔디 이식의 최적기는 3~4월과 10월로 볼 수 있다.

(2) 식재방법

잔디의 식재방법으로는 평떼식재법과 줄떼식재법이 있다. 평떼식재법은 뗏장을 전면에 나란히 펴고, 이를 고른 후 사이에 흙을 넣는 방법이며, 뗏장을 놓는 방법에 따라 전면붙이기, 어긋나게 붙이기, 줄붙이기 등이 있다. 줄떼식재법은 잔디밭을 조성한 후 바로 사용할 필요가 없을 때 이용하는 방법으로서 너비 10cm 내외의 뗏장을 20~30cm 간격으로 식재하게 된다.

2) 비료 주는 시기와 방법

잔디밭을 조성하여 잘 가꾸려면 많은 노력이 필요하다. 이때 적절한 영양공급이 이뤄져야 하고, 영양공급은 비료를 적기에 적당량 줌으로써 적절한 성장과 병해를 미연에 방지할 수 있다. 비료량은 잔디밭 1㎡당 질소 15~30g, 인산 10~20g, 가리 10~20g의 비율로 희석하여 뿌리는 것이 좋다.

비료를 줄 때는 잔디를 깎은 후에 주고, 잔디밭에 골고루 뿌리도록 하며, 이슬이 있을 때는 피하고, 큰 비가 올 때는 떠내려갈 염려가 있으므로 이를 피하여 시비하도록 한다.

3) 잔디 깎기

잔디가 잘 자라게 되면 끝부분이 길어져 보기가 싫게 되고, 통풍이 여의치 않아서 병충해도 우려된다. 따라서 잔디는 주기적으로 깎아 잔디밭 표면을 평탄하게 하여 모양을 아름답게 한다. 또한 윗부분을 잘라주면 아랫부분이 실해져서 활착이 잘 되게 된다. 잔디와 함께 잡초도 깎이므로 잡초의 개화를 막는 효과도 있다. 보통 잔디는 서식지와 수분공급에 따라 다르지만 우리나라의 경우 5월에서 9월까지는 월 2회 정도 정비하는 것이 좋고, 최소한 월 1회 정도는 잔디를 깎아 높이 3~5cm 정도를 유지하는 것이 바람직한 관리법이다.

4) 제초작업

아름다운 잔디밭을 유지하기 위해서는 많은 노력이 필요한데, 그중에서도 수시로 제초작업을 해주어야 본래의 모습을 유지할 수 있다. 제초작업을 소홀히 하면 잔디밭이 쉽게 황폐화되므로 잔디의 생육을 방해하는 잡초는 제때 제거되어야 한다. 잔디밭에 잡초를 제거하는 방법은 인력에 의한 제거법과 제초제에 의한 제거법이 있다. 이 방법은 일상화된 것으로 확실하게 제초할 수 있다는 장점이 있지만 인건비가 많이 들어간다는 약점도 있다. 잔디밭에는 번식력이 강한 클로버가 큰 피해를 주게 되므로 지하경을 철저히 절단하여야 하며, 제초작업은 연간 4~5회 실시하는 것이 좋다. 또 다른 방법은 제초제를 사용하는 방법으로 일반적으로 많은 제초제가 시중에 나와 있으며, 전문 지식이 없어도 사용할 수 있다는 게 장점이다. 보편적으로 잔디밭에 사용하는 제초제는 2.4D-소다염인데, 잔디밭 1㎡에 소다염 0.2~0.6g을 물 150~200cc에 녹여서 살포하면 넓은 잎을 가진 잡초에 효과가 있다.

5) 잔디 병충해 방제

(1) 병해

① 황화현상

한국산 잔디에 많이 발생하며, 이른 봄 잔디의 새싹이 파랗게 나올 때 군데군데 노랗게 말라 다른 잔디와 완전히 구분된다. 이러한 현상은 온도가 올라감에 따라 잔디의 생육이 왕성해지면서 없어지는데, 발병 원인이 명확하지 않으며, 시약으로는 유기수은제인 유스프론 300~1,000배액 등을 사용한다.

② 녹병

한국산 잔디에 발생하는 대표적인 병으로 5~6월과 9~10월에 발생하고 잎에 황동색의 반점이 생기며, 반점으로부터 황색의 가루가 발생하고 바람에 날려 전염된다. 이 병은 영양불량, 시비의 불균형, 과도한 답압 및 배수불량이 원인이다. 예방 및 방제약으로는 다이젠 400~800배약을 사용한다.

③ 탄저병

병원균은 병든 잔디의 고엽에서 월동하다가 발병에 적합한 조건이 되었을 때 나타난다. 특히 토양이 건조한 상태에서 잔디의 잎 표면이 젖어 있거나 상대습도가 높을 때 고온, 답압, 인산, 칼리의 결핍으로 잔디가 스트레스를 많이 받으면 줄기와 엽조직을 통해 침입한다. 감염 후에는 황화된 잔디의 잎 표면에 수많은 포자를 형성하고, 이 포자가 신발, 바람 등에 의하여 건강한 잔디에 옮아간다. 7~8월경에 고온다습한 기후가 계속되거나 황화현상이 나타나기 시작하면 프로피수화제, 지오판수화제로 예방시약을 한다. 방제는 만코지수화제를 500배액, 만프로수화제를 100배액, 프로피수화제를 500배액, 가벤다가스신수화제 1,000배액 등을 2주 간격으로 살포한다.

④ 갈색마름병

이 병은 30℃ 이상의 고온기에는 발병이 적고 25~28℃의 다습한 조건이 지속되면 발병한다. 방제는 포리옥신디스수화제, 메로닐수화제 등을 약 2주 간격으로 3~4회 살포한다.

⑤ 페어링병

이 병원균은 비옥도가 낮고, 토양습도가 낮은 지역에서 부숙유기물이 과다하고 대취

축적이 많을 경우 발병률이 높다. 병원균은 잔디에서 발생하는 것이 아니라 토양의 유기물이 분해되는 과정에서 간접적으로 잔디생육에 영향을 준다. 5~6월에는 대부분 농녹색의 원형링으로 나타나며, 7~8월 장마기에는 병반 부위에 버섯이 형성된다. 늦여름이나 초가을 가뭄기에는 원형의 고사링이 형성된다.

방제법으로는 병반이 발생하는 곳에 자주 살수하여 병반 부위가 건조하지 않도록 하며, 병원균의 증식을 억제시키기 위해 충분한 살수와 논사 1,000배액을 ㎡당 3~4리터씩 살포한다. 약효를 올리기 위해 계면활성제를 혼용하면 더욱 효과적이다. 발병부위에 질소질 비료를 시비하여 균의 활성화를 억제시켜 농녹색의 병반을 보이지 않게 할 수도 있다.

⑥ 피스움블라이트병

피스움블라이트병은 물을 매개로 전염되는 병으로서 병 발생에 습도가 가장 큰 요인이 된다. 일반적으로 6월부터 발생하여 여름 내내 문제가 되는데, 습도 80% 이상으로 48시간 지속되면 발병률이 매우 높다. 반면에 일교차가 심하면 발병률이 낮아진다. 고온에서 흐린 날씨가 2~3일 지속될 때는 예방시약을 실시하고, 발병예찰에 유의하여야 한다. 연못물에서도 병이 옮겨올 수 있으므로 물의 질소함량을 조사한 다음 사용하는 것이 안전하다. 방제로는 강우 전에 예방시약으로 파모액제를 관주처리하고 장마 때는 옥사프로수화제 또는 에디졸유제에 전착제를 혼용하여 시약한다.

(2) 충해

① 굼벵이

굼벵이는 풍뎅이의 애벌레로서 다색풍뎅이, 왜콩풍뎅이가 대다수이며, 이 중 다색풍뎅이가 큰 피해를 준다. 성충이 수목의 잎을 가해하다가 잔디에 산란하고 부화한 유충이 잔디뿌리를 가해한다. 피해가 가장 많은 시기는 6~7월 말이며, 이 시기에 건조하면 피해가 더욱 크게 나타난다. 굼벵이의 피해증상이 나타났을 때는 이미 상당한 피해를 입은 다음이어서 잔디의 회복은 불가능한 상태가 되므로 굼벵이방제는 발생예찰을 통한 예방적 방제를 해야 한다. 예방시약 적기는 6월과 9월 초순경이며, 약제 살포 시에는 충분한 살수를 한 다음 ㎡당 3리터 정도 관주식 약제처리를 한다. 토양 속에 약제 침투효과를 높이기 위해서 계면활성제를 혼합하여 처리하면 더욱 좋다. 방제약제로는 메프유제, 카보입

제 등이 있다.

② 황금충

잔디에 가장 심한 피해를 주는 해충은 황금충이며, 햇볕이 잘 쪼이는 양지의 경사지에 많이 발생한다. 이른 봄 잔디밭의 잔디가 규칙적으로 싹이 나오지 못할 때 손으로 잡아 당기면 잔디 뿌리가 힘없이 일어난다. 약 1.3cm 크기의 굼벵이 모양 유충이 잔디의 지하경을 갉아먹어 잔디를 죽게 한다. 방제법으로는 봄과 가을에 엔드린유제 400배액, 비산연을 1,000㎡당 50kg씩 잔디에 뿌리면 된다.

③ 야도충

유충이 낮에는 땅속에 있다가 밤에만 나와 식물체를 갉아먹기 때문에 야도충이라고 한다. 방제는 봄, 가을에 헵타제나 앤드린유제를 살포하면 쉽게 구제된다.

호텔의 안전관리

제11장 호텔의 안전관리

1 호텔안전관리의 의의

1. 호텔안전관리의 개요

호텔기업이 고객의 생명과 재산을 보호하면서 편안한 휴식공간의 기능을 충실히 수행하기 위해서는 안전과 보안이 무엇보다 우선적으로 보장되어야 한다. 호텔안전관리의 대상은 사람, 장비, 환경이며, 이것이 잘 지켜졌을 때 호텔의 재무적 성과를 안정적으로 달성할 수 있게 된다. 사고예방(Accident Prevention)과 손실관리(Loss Control)는 손실방지경영관리(Risk Management)의 실행도구로서 사람, 장비, 환경의 붕괴나 파손을 예방하는 것에서부터 시작된다.

호텔안전관리의 기본은 다음과 같다. 첫째, 모든 사고는 사전에 방지할 수 있다. 둘째, 사람이 다치게 되는 것은 그 호텔기업의 경영관리 스타일, 안전 불감의 조직문화, 완벽하지 못한 작업조건과 환경의 결과이다. 셋째, 안전관리는 영업활동처럼 고객접점에서 일상 관리를 해야 한다. 넷째, 사고가 날 수 있는 상황은 예측할 수 있고, 이는 관리가 가능하다. 다섯째, 전문가로 구성된 안전관리조직은 호텔안전 효과를 높이는 핵심요소이며, 여섯째, 안전관리의 책임은 상하를 막론하고 모든 구성원에게 지어져야 하며, 일곱째, 안전사고예방은 영업활동만큼 중요하게 다뤄져야 하고, 여덟째, 안전관리는 서비스품질 관리 차원에서 취급되어야 한다.

호텔에서 훌륭한 안전관리는 고객의 안전과 자산의 보호는 물론 효율적인 호텔경영과 유지개선에 크게 영향을 준다. 따라서 적합하게 고안된 안전관리 프로그램과 최상의 안전을 도모하기 위해서는 안전설비관리, 종사원훈련, 보안관리 등에 관심을 가져야 한다.

호텔의 안전관리를 위한 최선의 방법은 각종 사고를 방지할 수 있는 예방조치이며, 이 업무를 전문요원이 수행해야 한다. 호텔의 안전관리를 위해 필요한 전문가는 언급된 전문요원을 고용하거나 일부 전문가의 경우 외부자원을 활용할 수도 있다.

❖ 호텔의 안전을 위해 필요한 전문인력

필요분야	전문인력	관련법규	비 고
위험물 및 유류설비	위험물취급기능사	소방법	기사
방화관리	방화관리자, 소방설비기사	소방법	
냉동기 및 가스설비	고압가스기능사	고압가스안전관리법	기사
전기설비	전기기사	전기안전관리법	
종업원의 안전관리	산업안전기사	산업안전보건법	
종업원의 보건관리	산업보건의사, 간호사	산업안전보건법	
엘리베이터설비	승강기 안전기사	승강기안전관리법	
공중위생설비	환경기사, 공조기사	공중위생관리법	
수영장 안전관리	인명구조원	공중위생관리법	
보일러 및 압력설비	열관리, 보일러기능사	에너지이용합리화법	기사
환경 및 폐수설비	환경기사, 폐기물기사	환경보전법, 폐기물관리법	
통신설비	유무선 통신기사	전파관리법	

1) 안전설비관리

안전설비관리는 건물, 대지 및 내부 시설물에 대한 보호 관리를 의미한다. 호텔의 안전관리에는 외부안전관리와 내부안전관리가 있는데, 외부안전관리는 무단침입자, 각종 도난사고로부터 호텔의 모든 생명과 재산의 보호를 말하며, 내부안전관리로는 안전한 영업장의 설비관리, 경보기설치, 폐쇄회로 TV 및 카메라 작동, 보관시설물 보호 등을 뜻한다.

2) 종사원의 안전관리교육

사전에 충분한 안전관련 직무교육을 받은 종사원들은 각종 안전사고나 실수로부터 신속히 대처하여 고객과 호텔의 자산손실을 최대한으로 줄일 수 있다. 객실열쇠 관리를 철저히 하고, 소지품의 분실 및 도난 방지, 호텔의 리넨류 및 비품 분실 방지, 식음료업장의 현금출납관리의 체계화 등에 대한 교육을 정규적으로 실시하여 안전사고에 의한 손실을 최소화하는 데 힘을 모아야 호텔의 이미지를 높일 수 있다.

3) 보안관리

보안관리는 투숙객의 생명 및 재산과 호텔종사원의 생명, 호텔의 재산을 보호하기 위한 예방활동이라고 할 수 있다. 보안관리요원은 항상 고객에게 친절하며 문제 해결사로서의 활동력을 길러야 한다. 평소 체력과 정신력을 길러 비상시 대처할 수 있는 숙달된 행동요령을 길러야 한다. 보안관리책임자의 업무는 다음과 같으며, 냉철한 두뇌와 따뜻한 마음씨를 고객에게 제공할 수 있는 사람이 적임자라 할 수 있다.

(1) 보안관리자의 책무

① 총지배인 또는 부총지배인이 지시하는 사항을 이행하고, 총지배인/부총지배인에게 안전관리사항에 대해 자문한다.
② 적절한 안전관리요원을 선발하여 교육한다. 전 직원을 대상으로 안전교육을 실시하며 호신술, 소방 및 구조기술, 기본적인 소방훈련, 긴급구조, 인명구조, 수영장 안전관리 등에 대한 교육을 실시한다.
③ 사건발생 시 현장 또는 증거를 확보하고 범죄가 발생한 곳에서의 행동이나 의무사항을 신속하게 처리한다.
④ 위기에서의 행동, 보고서 작성, 대인관계, 민·형사상의 책임소재 등에 대한 내용을 습득한다.
⑤ 호텔의 경영전략과 부서 간 협동심을 고취시키기 위해 각 안전관리담당자를 관리한다.
⑥ 경찰기관 및 기타 유사기관들과 안전에 대한 연락망을 구축한다.
⑦ 담당부서의 모든 활동에 대한 적절한 기록을 유지·관리한다.
⑧ 최고의 능률을 유지하고, 최고의 안전을 확보하기 위해 일상적인 업무의 지시사항을 담당부서원에게 정확히 숙지시키며, 안전을 저해할 위험요인을 배제시킨다
⑨ 호텔의 일반적인 규정과 규칙을 준수하고, 문제발생에 대한 사례연구 등을 통해 호텔 내의 인명과 재산의 안전보장에 힘쓴다.

(2) 안전관리실의 주요업무

① 호텔의 후문관리는 규정에 의해 진행한다.
② 용무가 있어 방문한 자에게 출입증을 발급하고 회수한다.
③ 제한구역의 출입을 안전관리규정에 의해 통제한다.
④ 출입자의 소지품 점검은 프라이버시(privacy)를 최대한 존중하여 이행한다.
⑤ 쓰레기 처리 시에는 회사의 재산을 감시하는 기능을 가진다.
⑥ 아웃소싱 계약에 의한 협력업체 직원은 호텔의 규정에 의해 출입시킨다.
⑦ 종업원의 방문객은 예의를 갖춰 맞이하고, 절차에 의해 안내한다.
⑧ 비상사태가 발생된 경우 절차에 의해 보고하고, 업무를 이행한다.

2. 호텔안전관리의 방향

호텔의 경영관리자, 객실부서장, 식음부서장과 영업장지배인은 담당분야의 이익을 극대화하기 위해 항상 노력한다. 그러나 영업장의 안전과 보안을 위해서 열정적으로 시간과 노력을 투입하는 지배인은 그다지 많지 않다. 만약 영업장에 화재가 나서 문을 닫게 되면 예상했던 매출을 달성할 수 있을까? 뿐만 아니라 영업부문에서 이루어낸 큰 매출신장도 경영지원부문에서 예상하지 못했던 손실을 가져온다면 호텔의 전반적인 이익은 감소될 수밖에 없다. 이는 조직적인 안전관리를 통해 예방적 손실예방경영관리를 잘 이행함으로써 이러한 문제에서 멀어질 가능성이 높아지게 된다. 호텔안전관리는 이 업무를 중요하게 여기고 책임감 있고 꾸준하게 업무를 추진하는 주체가 있어야 오래도록 지속될 수 있으며, 이것이 호텔기업의 장기적인 이익에 도움을 주게 된다. 호텔은 명성에 걸맞은 안전관리가 필요하고, 고객은 그 호텔의 안전수준을 서비스품질 차원에서 평가하고 투숙을 결정하게 된다. 따라서 호텔경영관리자는 호텔의 안전관리를 경영관리의 일부분으로 인식하고 안전관리를 위해 시간과 노력을 투입하여야 한다. 또한 전 구성원이 안전관리 프로그램에 참여할 수 있도록 교육훈련을 강화하고, 안전관리에 대한 제안제도를 적극적으로 활용하며, 기여자에게는 충분한 보상을 함으로써 전체 구성원이 안전관리에 만전을 기하고, 고객관리와 매출관리에 차질을 빚지 않도록 해야 한다. 호텔을 위험으로부터 안전하게 관리하기 위해 문서화된 정책과 규정이 필요하며, 이는 유사시 당황하지 않고 상황에 맞게 대처할 수 있는 안전장치이다. 안전관리를 위한 평소의 준비는 다음과 같다. 첫째, 안전지역을 설정하여 고객과 종업원이 대피할 수 있는 공간을 확보하고, 평소에 이를 유지관리한다. 둘째, 안전관리 프로그램의 표준을 설정하고, 구성원이 숙지할 수 있도록 교육훈련을 이행한다. 셋째, 안전관리업무는 구성원 누구에게나 책임이 있음을 인식시킨다. 넷째, 각 부문별 안전관리책임자를 지명한다. 다섯째, 조직적인 안전관리를 위해 권한의 수준을 정한다. 여섯째, 필요하면 안전관리 전문가를 고용하거나 전문회사와 계약하여 관리한다. 위에 언급된 제반 사항들은 각 분야별 일상 업무와 연계시켜 활동하게 하므로 사고를 사전에 예방한다.

3. 안전관리부서의 조직

1988년 2월 세기의 경영학자 피터 드러커(Peter Drucker)는 *Harvard Business Review*에 "새로운 조직의 도래"라는 글을 통해 향후 기업들은 지식기반사회로 전환되면서 조직의 구성원들은 연구, 개발, 생산, 마케팅에 치중하던 노력을 고객의 요구에 적극적으로 대응하고, 동료와 상사에게 보다 호의적으로 다가가는 전문가들의 팀워크가 매우 필요하게 된다고 하였다. 이처럼 21세기는 기업에서 팀워크가 가장 중요한 성패의 요인이 되며, 특히 안전관리에는 구성원 모두가 팀워크를 이뤄 실행해 나가야 할 명제임에 틀림없다.

❖ 안전관리부서 조직도

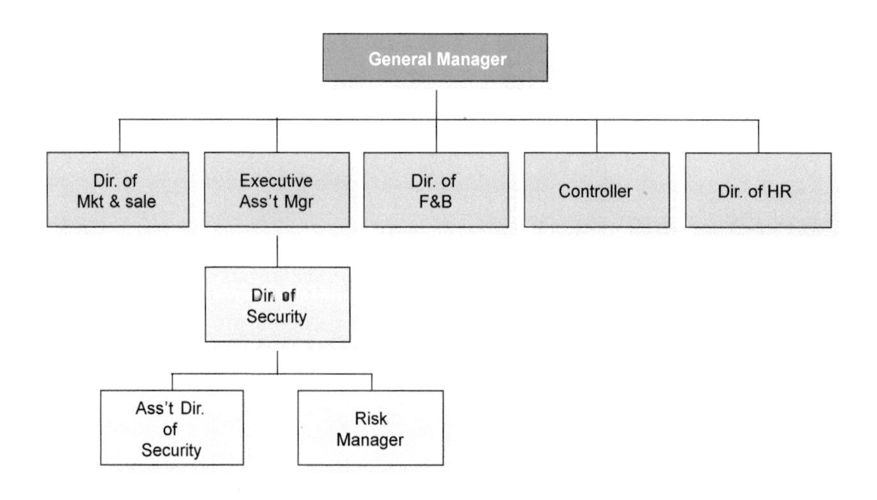

안전관리부서의 조직은 앞의 조직도에서 보듯이 호텔에 따라 영업부문에 편성되어 부총지배인의 지휘를 받거나 관리부문에 편성되어 관리담당 임원의 업무지휘를 받는 경우가 있다. 안전관리부서장 아래 안전관리과장과 위험방지과장을 두게 된다. 안전관리과는 하부조직으로 오전조, 오후조, 야간조의 계장 또는 조장을 두어 일일 24시간 3교대로 근무를 하게 되며, 이들은 고객의 생명과 재산, 직원의 생명, 호텔의 재산을 안전하게 보호하기 위해 보안근무를 수행하게 된다. 위험관리과는 호텔의 인명과 재산을 안전하게 유지관리하므로 생산성을 높이고, 호텔의 이미지를 향상시키며, 재무적 성과를 달성하는데 기여할 수 있도록 인력과 시설, 설비, 장비의 안전한 운영, 위험요소 제거 등에 주력하게 된다. 부서업무의 특성상 안전관리는 부서장의 책임하에 독자적으로 운영되며, 업무의 대상은 호텔을 방문하는 모든 고객, 호텔에 종사하는 모든 종업원, 그리고 호텔과 고객의 재산에 대한 보호가 된다.

4. 안전관리부서의 역할과 업무

1) 안전관리부서장의 역할

안전관리부서장은 호텔기업에서 수년간 근무한 경력과 안전관리분야 현장근무 경력자라야 업무를 능률적으로 추진할 수 있다. 과학적 · 기술적 · 경영학적 사고를 보유해야 주어진 업무에 대처할 수 있는 능력이 있다고 할 수 있으며, 보안과 안전에 대한 각종 자격증을 갖추어야 한다. 1980년대 우리나라 호텔들은 경비부서를 운영하면서, 주로 호텔의 재산을 지키는데 치중하였다. 그러나 2000년대 들어 안전관리가 호텔의 이미지와 재정적 이익에 크게 기여함을 인식하고, 보안업무(Security)와 손실방지업무(Accident Prevention)를 핵심으로 위험방지업무(Risk Management)를 안전관리부서의 주된 업무로 부여하고 있다. 따라서 안전관리부서장의 주된 임무는 안전사고가 발생하지 않도록 사전에 예방하는 것이다. 이를 위하여 호텔기업이 설정한 예방안전관리에 대한 규정과 절차, 프로그램을 효과적으로 운영해야 한다. 부서의 운영은 타 영업부문과 같이 일상 업무를 수행하며, 영업부문과 업무지원부문을 함께 지원하는 폭 넓은 업무를 수행하게 됨을 유념해야 한다. 따라서 안전관리부서장은 호텔 내의 모든 부서장과 지배인 또는 종업원과의 커뮤니케이션을 원활히 하고, 그들이 필요로 하는 업무에 대해 헌신적으로 도와야 한다. 상호의 이해를 높이기 위해서는 호텔의 예산의 집행, 공간 활용, 행사와 영업에 대한 시간계획, 마케팅을 이해하여 안전에 대한 독선을 갖지 않도록 해야 한다. 안전에 대한 노력을 위해 달성 가능한 목표를 정하고, 이를 달성하기 위해 세부계획을 세운다.

안전관리부서장이 보다 효과적인 업무수행을 위해 집중해야 할 업무는 첫째, 사실에 근거한 영향력 있는 보고서를 작성한다. 둘째, 안전을 필요로 하는 부서에 수시로 안전관련 자료를 제공한다. 셋째, 경영관리 채널에 참여한다. 넷째, 각 분야의 커뮤니케이션 채널에 동참한다. 다섯째, 위험으로부터 호텔을 보호하고 모든 부서가 안전하게 업무를 수행할 수 있도록 기본업무에 유념하여 솔선수범하는 업무자세를 견지한다.

■ 안전관리부서장의 업무기술서 내용

① 호텔경영관리진에게 안전관리에 대한 사항을 자문하고, 총지배인, 부총지배인 또는 관리담당임원의 지시사항을 이행한다.
② 안전관리에 필요한 계획을 수립하고, 안전관리에 문제가 발생했을 때 절차에 의해 원상복구를 위한 제반활동을 지휘, 감독, 평가한다.
③ 안전사고예방을 위한 절차와 프로그램을 개발한다.
④ 경영관리진 및 각급 지배인들과 안전 · 보안업무에 관련된 사항에 대해 논의하고 대화하여 예방안전관리에 힘쓴다.
⑤ 적합한 안전관리요원을 선발하여 교육한다. 전 직원을 대상으로 안전교육을 실시하며, 호신술, 소방 및 구조기술, 기본적인 소방훈련, 긴급구조, 인명구조, 수영장 안전관리 등에 대한 교육을 실시한다.
⑥ 사건발생 시 현장 또는 증거를 확보하고, 범죄가 발생한 곳에서의 행동이나 의무사항을 신속하게 처리한다.
⑦ 위기에서의 행동, 보고서 작성, 대인관계, 민 · 형사상의 책임소재 등에 대한 내용을 전문가적 입장에서 이행한다.
⑧ 호텔의 경영목표를 달성하고, 부서 간 협동심을 고취시키기 위해 각 안전관리담당자의 팀워크를 관리한다.
⑨ 사고예방에 대한 효과적인 시스템 운영을 위해 노력하며, 손실 제로를 위해 다양한 아이디어를 모은다.
⑩ 경찰기관 및 기타 유사기관들과 안전에 대한 연락망을 구축한다.

⑪ 담당부서의 모든 활동에 대한 적절한 기록을 유지 · 관리한다.
⑫ 최고의 능률을 유지하고, 최고의 안전을 확보하기 위해 일상적인 업무의 지시사항을 담당부서원에게 정확히 숙지시키며, 안전을 저해할 위험요인을 사전에 제거한다.
⑬ 호텔의 일반적인 규정과 규칙을 준수하고, 문제발생에 대한 사례연구 등을 통해 호텔 내의 인명과 재산의 안전보장에 힘쓴다.

2) 안전관리과장의 업무

안전관리부서장의 업무를 보좌하며, 각급 지배인들과 예방안전관리에 대해 논의하고 협조하며 업무를 처리한다.

▣ 안전관리과장의 업무기술서 내용

① 안전관리부서장의 업무를 보좌하며, 호텔의 제반 규정에 대해 깊이 있게 숙지한다.
② 사건발생 시 현장 또는 증거를 확보하고, 범죄가 발생한 곳에서의 행동이나 의무사항을 신속하게 처리한다.
③ 안전관리부서장 및 각급 지배인들과 안전 · 보안업무에 관련된 사항에 대해 논의하고 대화하여 예방안전관리에 힘쓴다.
④ 전 직원을 대상으로 안전교육을 실시하며, 호신술, 소방 및 구조기술, 기본적인 소방훈련, 긴급구조, 인명구조, 수영장 안전관리 등에 대한 교육의 실무를 책임진다.
⑤ 1일 24시간 호텔의 안전관리에 투입될 인력에 대한 스케줄을 작성하고, 근무시간 내에 특이사항을 보고받고, 수시로 확인한다. 이러한 활동에 대한 적절한 기록을 유지 · 관리한다.
⑥ 호텔의 안전사고 사례연구 등을 통해 인명과 재산의 안전보장에 힘쓴다.
⑦ 외부 보안행정부서 및 안전관리 인력, 장비에 대해 정보를 유지하고, 유사시 동원체제를 확보한다.

3) 위험관리과장의 업무

이 업무를 수행하는 과장은 호텔의 위험관리(risk management)를 실행하는 실무책임자로서 매우 중요한 업무를 수행하게 된다. 위험관리과장은 호텔시설에 대한 위험관리

프로그램을 운영함에 있어 위험관리위원회의 결정사항을 현장에서 집행하고, 이를 위원회에 보고하는 역할을 수행하게 된다. 그는 안전에 대한 프로그램을 기획하고, 유사시 응급조치를 지휘하며, 사고조사, 원상복구를 위한 행정업무, 안전업무에 대한 직원교육 등의 업무를 이행한다. 무엇보다 영업장지배인들과 팀워크를 이뤄 사고예방에 힘쓰는 것이 기본적인 업무가 된다.

▣ 위험관리과장의 업무기술서 내용

① 예방안전관리에 대한 지침을 설정하여 위험관리위원회에 상정한다.
② 안전관리에 대한 예산을 확보하고, 이를 집행한다.
③ 안전사고예방에 필요한 장비를 유지관리하고, 각급 지배인과 종업원에게 사용방법에 대한 교육을 실시한다.
④ 모든 사고의 예방과 응급조치에 대한 규정과 절차를 수립하여 보고하고, 승인된 부분을 전체 종업원을 대상으로 교육하고, 기록을 유지관리한다.
⑤ 위협요인에 대한 정보를 쌍방향 대화 프로그램을 통해 전파하고, 기록관리한다.
⑥ 인력관리부서를 도와 종업원 선발 시 안전의식 결여자 또는 안전사고 발생 가능성이 높은 사람에 대해 자문한다.
⑦ 안전사고방지 캠페인에 필요한 자료를 만들어 위원회에 보고하고, 홍보자료로 활용한다.
⑧ 새로 고용된 직원에게 안전관리 오리엔테이션을 실시한다.
⑨ 안전관리 프로그램에 대한 종합적인 모니터링을 하여 안전작업 행동, 사고의 빈도, 사고의 경향, 투입된 비용 등을 분석하여 위원회에 보고한다.
⑩ 각종 인사사고에 대해 중앙정부나 지방정부에서 요구하는 수준에서 조사하여 보고한다.
⑪ 안전관리에 대해 고객의 책임과 권한, 종업원의 책임과 권한에 대해 전문인으로서 자문한다.
⑫ 안전사고가 발생하면 사실에 입각하여 조사하고, 책임감 있게 조치를 취한다.
⑬ 시설관리부서장을 도와 화재안전관리 프로그램을 완성시키고, 협력하여 업무를 진행한다.
⑭ 중앙정부나 지방정부의 담당부서를 도와 지역의 안전관리에 힘쓴다.

⑮ 안전관리 프로그램을 관장하고, 업무에 적극적으로 활용한다.

4) 위험관리위원회 위원장의 업무

호텔조직의 위험관리의 총괄책임은 호텔의 경영관리를 맡은 총지배인의 몫이다. 호텔의 안전관리와 영업활동은 같은 차원에서 논의되고 운영되어야 한다. 위험관리위원회는 위원회를 이끌어 가는 총지배인, 부총지배인, 식음료담당임원, 시설관리부서장, 안전관리부서장, 인력관리부서장, 마케팅담당임원, 관리담당임원, 위험관리과장 및 영업장지배인으로 구성하며, 업무의 실행은 안전관리부서장과 위험관리과장이 맡아서 이행한다. 위험관리위원회의 핵심업무는 '첫째, 위험관리 및 안전관리에 대한 주요의사 결정, 둘째, 고객과 종업원에게 위험으로부터의 자유로운 환경 조성, 셋째, 모든 종업원이 안전절차를 충실히 이행하도록 관련 규정의 제정 및 개폐' 등이다.

이를 위해 위원회는 아래 내용을 검토하게 된다.

① 사고예방 프로그램 이행을 위한 충분한 예산 확보

② 안전관리 활동을 적극적으로 지원

③ 호텔의 고객과 종업원의 사고에 대해 즉각적인 의료지원, 후송, 조사, 보고, 원상회복의 과정이 원활하게 이뤄지도록 감독

④ 각급 지배인은 안전사고 예방에 힘쓰고, 그 성과를 고과에 반영하도록 조치

⑤ 일일 현장 확인을 통해 업무안전에 대해 확인하고, 안전업무 이행에 대해 인지시키며, 안전위협요인을 제거

⑥ 중앙정부나 지방정부에 의해 실시되는 각종 안전 및 건강에 대한 행사를 전파

⑦ 위험관리과장의 업무를 지원

2 안전사고관리과정

1990년대 미국 안전관리자문위원회의 보고서에 따르면 미국에서는 호텔의 안전사고가 광산업보다 높게 나타났다. 일반적으로 호텔업은 안전사고가 많지 않은 기업으로 인식되고 있지만 많은 사람이 모여 함께 생활하고 다양한 시설이 널리 펼쳐져 있기 때문에 사고의 위험이 높으며, 실제적으로 크고 작은 사고가 많이 일어나고 있다. 안전사고를

방지하고 쾌적한 환경에서 고객에게 수준 높은 서비스를 제공하기 위해서는 모든 사고와 손실의 원인을 규명하고 재발을 방지하는 데 경영관리의 힘이 모아져야 한다. 안전사고 발생이전의 활동은 소홀하기 쉽지만 모든 구성원의 유비무환 자세가 호텔경영관리의 기본임에는 틀림이 없다. 또한 안전사고가 발생되면, 이의 신속한 원상복구를 위해 제도적·조직적으로 책임감 있게 대응하고, 피해 종업원과 가족의 안정된 삶을 위해 노력해야 한다.

1. 안전사고 발생 이전

1) 행동 분석

호텔의 안전관리는 종업원이 일상 업무에서 늘 관심을 가지고 추진해야 하므로 습관이 매우 중요하다. 아무리 강력하고 완벽한 안전관리규정이 만들어져 있어도 이를 지키는 사람이 이행하지 않는다면 안전사고는 지속적으로 발생할 수밖에 없을 것이다.

❖ 안전사고의 관리과정

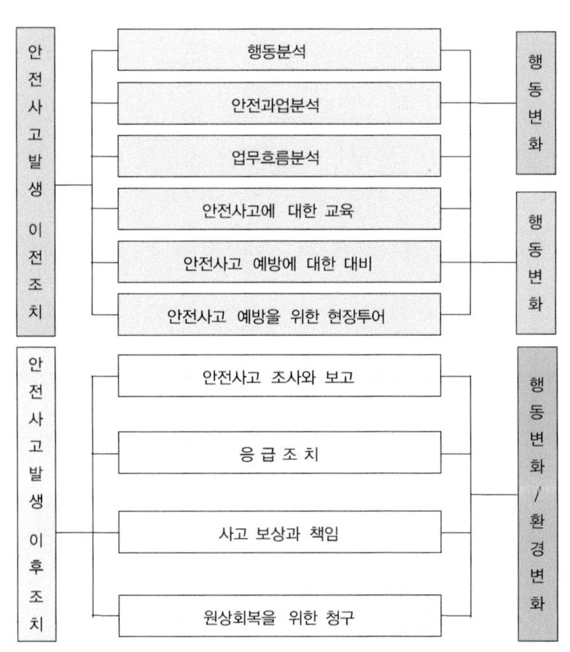

행동분석은 행동결정에 영향을 주는 요인들을 연구하는 것으로서 첫째, 같은 업무를 수행하는 동료들의 근무태도 둘째, 종업원의 선발 및 충원에 대한 기준 셋째, 오리엔테이션과 실무교육 넷째, 경영관리 시스템적으로 부여되는 참여와 권한 다섯째, 인성과 동기부여 여섯째, 업무에 대한 지식, 기술과 능력 등을 살핀다. 이때 개별적 조사와 단체별 회의를 거쳐 안전에 대한 의식수준을 파악한다.

2) 안전과업분석

안전과업분석은 잠재적 사고의 위험에 대비하여 특정한 업무에 종사하는 사람에게 필요한 교육을 진행하는 과정을 살펴보는 것이다. 이는 새로 보직을 받게 되는 신입사원을 위한 교육프로그램 개발의 일환으로 진행되며, 교육의 내용은 분석된 안전관리 내용이 생산성 향상에 도움을 주게 된다. 예를 들면, 객실화장실의 변기를 안전하게 닦는 방법, 고기 써는 기계(meat slicer)를 안전하게 사용하는 방법, 파워 드라이버를 안전하게 사용하는 방법 등이다. 이에 참여했던 간부사원은 향후 이 분야의 오리엔테이션 교육을 맡게 된다.

3) 업무흐름분석

업무흐름분석은 업무의 질과 효과를 극대화하기 위해 사람, 장비, 환경을 조화롭게 디자인하는 것이다. 이는 근무자에게 알맞은 장비와 근무환경을 조성하여 안전사고와 오랜 근무로 인한 신체의 변화를 사전에 방지하는 것이다. 종합안내센터, 예약센터, 객실관리부서, 시설관리부서, 조리부서부서 등은 다양한 장비를 이용하여 근무에 임하게 되므로 위험에 노출되어 있다고 하겠다. 헤드폰을 장시간 착용하는 업무, 무거운 물건을 들거나 밀고 다니는 업무, 날카로운 칼, 뜨거운 불과 물 등을 취급하는 업무는 그에 맞는 안전하고 편안한 장비와 작업환경이 필요하다. 업무의 흐름분석은 사람과 장비와 환경이 업무를 수행하는 데 상호 조화롭게 이뤄지는 과정을 분석하여 업무의 효율을 높이게 된다. 호텔기업에서 작업 안전을 위해 환경과 현장을 분석한 내용은 다음과 같으며 우리에게 시사하는 바가 크다.

▣ 작업안전을 위하여 피해야 할 일

① 작업자와 업무에 어울리지 않는 짝

② 부적당한 장비의 사용
③ 부적당한 안전장비의 사용
④ 안전을 고려하지 않은 절차
⑤ 객실관리부서나 시설부서의 형편없는 장비와 공구
⑥ 너무 무거운 것의 이동
⑦ 적절한 온도에서의 작업 수행
⑧ 누적된 불량 작업환경 등

4) 안전사고에 대한 교육

위험으로부터 안전사고를 줄이는 방법은 평소 업무에 대한 교육을 어떻게 진행해 왔는가에 기인한다. 호텔기업에서 진행하는 업무교육은 직무의 수행을 효과적으로 수행하기 위한 기능교육일 수 있다. 이것에 앞서 보다 중요한 것은 작업을 진행하기 이전에 즐거운 마음으로 재미있게 워밍업(warming up)과 스트레칭(stretching)을 하고 업무에 임하면 사고율을 크게 줄일 수 있다. 위험에 대비한 다양한 안전교육은 이론에 의존하기보다 실제 스스로 이행할 수 있는 방법을 가르치고, 이를 이용하여 생활화되도록 하는 것이 중요하다.

5) 안전사고 예방에 대한 대비

안전사고를 예방하기 위한 대비에는 다양한 방법이 있다. 호텔경영관리진에 의한 지속적인 현장 확인, 기계와 전기 장비, 차량의 주기적인 점검, 외부 전문업체에 의한 고급장비의 주기적 점검 등이 그것이다. 안전사고 예방에 대비한 점검의 대상은 전등과 공기정화기와 같은 일상장비의 환경점검, 주기적인 예방점검을 받는 모든 장비, 소방장비, 객실관리부서의 다양한 청소장비, 복도와 통로, 전기장비, 엘리베이터와 에스컬레이터, 창고지역, 진입로와 인도, 주차장 지역과 교통신호등, 긴급조치장비, 시설관리부서나 세탁실에서 사용하는 화공약품과 위험물질, 객실과 공공장소, 사음료영업장과 부대시설영업장 등이 있다.

6) 안전사고 예방을 위한 현장 투어

위험관리위원회가 중심이 되어 주기적으로 호텔의 전 분야를 투어를 통하여 확인작업을 추진한다. 이상이 있는 지역과 공간은 안전사고 예방을 위해 즉시 복구하고, 이를 기록으로 남긴다.

▣ 안전사고 예방을 위한 현장 투어의 집중 점검 내용

① 현장 투어의 빈도
② 현장 투어의 루트
③ 투어에 이용되는 체크리스트
④ 투어를 진행하는 책임자와 각 분야별 업무분장

2. 안전사고 발생 이후

1) 안전사고 조사와 보고

호텔 종업원들은 근무지에서 안전사고가 발생하면 가장 먼저 이행되어야 하는 과정은 응급조치일 것이고, 응급조치과정에서 당직지배인과 담당간호사는 환자를 병원으로 후송할 것인지, 휴식을 위해 가정으로 돌려보낼 것인지, 상태가 정상으로 회복되어 작업현장으로 보낼 것인지를 결정하게 된다. 어떠한 결정을 내리더라도 당직지배인은 위험관리과장이나 안전관리부서장에게 문서화된 보고서를 작성하여 제출해야 한다. 보고서의 내용은 기본적인 사항, 사고의 내용, 사고경향에 대한 조사, 사고 당시 취급했던 장비와 공구, 안전사고 예방 분석, 의료조치에 대한 분석, 보고자 등으로 구분하여 보고한다. 보고서는 재발을 방지하기 위한 교육에 활용될 수 있도록 상황에 충실한 분석적 보고서가 보다 가치가 있을 것이다.

☺ The World Best Smile Hotel

안전사고 조사보고서

사고구분 : □ 인명 사고 □ 비인명 사고
사고발생호텔 : 발생일 :
호텔주소 : 부서명 :

사고종업원 인적 사항
성명 : 주민등록번호 : 성별 :
주소 : 전화번호 :
직위 : 직책 : 입사연월일 :

안전사고의 내용
사고연월일(요일) : 사고발생지역 :
목격자 :
사고내용 기술 :

사고경향에 대한 조사내용(관련내용 기록)
1. 사고지역의 바닥재
2. 사고지역의 구조물 또는 설치물 환경
3. 사고지역에 있었던 물건 및 사고의 원인이 된 물재

사고 당시 취급했던 장비 또는 공구

안전사고 예방 분석
사고예방을 위한 조치 내용 : 조치일자 : 조치자 :

의료조치에 대한 분석
□ 응급조치 □ 호텔 내에서 의료서비스 □ 병원 후송 □ 장기간 입원
□ 총 소요 기간(일간, 시간)

보고자의 성명/직위

---

2) 응급조치

호텔에서 안전사고가 발생했을 때 신속하고 전문적인 응급조치는 생명과 재산을 구제하는 데 큰 도움이 된다. 이를 위해서는 평소에 보다 많은 종업원이 응급조치에 대한 교육을 이수하여야 한다. 또한 응급조치에 필요한 충분한 보급품을 보관해야 한다. 필요에 따라서는 응급조치를 위한 공간을 마련해야 한다. 그러나 대부분의 호텔들은 간호사를 운영하고, 간호사에 의해 응급조치업무가 진행되고 있다. 야간이나 사고지점의 원근

에 따라 응급조치를 제때 취하지 못할 수 있기 때문에 보다 많은 종업원이 응급조치요원으로 활동하고, 필요지점마다 응급조치에 필요한 장비와 물자가 공급되는 것이 바람직하다.

3) 사고보상과 책임

대다수의 종업원은 안전사고를 당한 후 어떻게 대처해야 할지를 잘 모른다. 따라서 호텔이 사고보상과 책임에 대해 조직적 · 체계적으로 가이드라인을 설정하고, 관련 담당자들이 정보를 공유하며, 평소에 종업원들에게 교육을 통해 이를 인지시켜야 한다. 사고보상의 내용에는 현금보상, 급여보상, 의료보상, 연금보상, 복직보상 등이 있다. 이 중에는 법정사항도 있고, 비법정사항으로 호텔의 후생복리 프로그램에서 제도적으로 이를 뒷받침하는 경우도 있다. 호텔과 노동조합은 종업원의 안정된 생활보장을 위해 구체적인 보상규정을 만들고 이를 책임 있게 준수하도록 상호 협조해 나가게 된다.

4) 원상회복을 위한 청구

호텔에서 발생하는 안전사고는 사망사고와 부상에 관련한 것이든 재산에 관련한 것이든 이를 보전할 수 있는 보험에 들어 있게 된다. 일시에 대량으로 투입되는 호텔의 재무적 부담을 덜기 위해 관련 단체의 보험을 이용하게 되는데, 안전사고가 발생하면 최소한의 원상복구를 위해 보험 청구를 하게 된다. 이러한 청구는 제때 이행하지 않을 시 불이익을 받을 수 있기 때문에 안전관리부서는 관리부서와 협조하여 호텔과 사고를 당한 종업원을 위해 신속 · 정확하게 보험을 청구해야 한다. 부상사고는 외부의 의료기관에 입원을 하게 되고, 이에 따른 절차도 신속히 진행하여 의료보험과 산재보험을 적용하게 하므로 종업원이 호텔에 대해 불필요한 심리적 적개심을 갖지 않도록 해야 한다. 간혹 부상을 입은 종업원이 장애인이 되는 경우도 있으므로 장애인복지에 대한 혜택도 받을 수 있도록 주선해야 한다.

3. 안전관리 프로그램의 설계

안전관리 프로그램은 호텔의 규모에 맞춰 설계되어야 한다. 호텔의 규모와 손실의 규모를 고려하여 분석에 의한 최적치를 도출해 내야 한다. 보험을 부보할 때는 위험에 노출된 사람, 장비, 환경 등의 상황에 따라 결정하게 되며, 손실의 대상은 가상적으로 사람의 사상, 자산의 손실, 재정적 손실로 하며, 얼마나 자주 일어날지도 잠정적으로 계산하여 규모를 산출하게 된다. 안전관리 프로그램을 설계할 때, 다음 내용을 고려하면 보다 효과적으로 업무를 진행할 수 있게 된다.

■ 안전관리 프로그램의 설계

① 안전관리제도에 대한 정책과 안전규칙을 정한다.
② 안전관리부서의 주요의사결정에 도움이 될 만한 위험관리위원회와 같은 사고예방 자문조직을 구성한다.
③ 예상되는 손실을 모두 명확히 하고, 이를 관리한다.
④ 안전관리에 대한 교육과 보상계획을 세운다.
⑤ 현장밀착형 관리체계를 구축한다.
⑥ 적절한 의료후송체계를 구축한다.
⑦ 사고 시 손해보상청구에 대한 절차를 구축한다.

❖ 호텔별 안전관리 프로그램의 수준

프로그램의 종류	중소규모호텔	대규모상업호텔	컨벤션호텔	리조트호텔
안전정책과 규정	A	B	B	B
비상시 행동분석	A	B	B	B
안전 진단	A	A	A	A
사고예방자문조직	A	B	B	B
교육과 보상계획	A	A	A	A
현장밀착형 관리체계	A	A	A	A
주기별 확인	A	A	A	A
일일 예방점검	A	A	A	A
미끄럼 방지 시설	A	A	A	A
중앙 집중 구급함	A	A	A	A
의료후송체계	A	B	B	B
손해보상청구절차	A	A	A	A
비상벨	A/B	A/B	A/B	A/B

주 : A= 자체관리, B=체인본부 또는 전문업체 지원체계.

3 고객안전사고 처리방법

1. 고객안전사고 사례

사례 1

결혼식을 앞둔 대연회장은 호텔 종업원들이 각자 맡은 업무를 준비하기 위해 여념이 없었다. 오전 10시경 A호텔의 연회장에는 정오 12시 결혼식을 앞두고 스튜어드직원, 연회장 웨이터와 웨이트리스가 기물과 테이블 세팅을 위해 분주하게 움직이고 있었다. 공교롭게도 스튜어드직원이 끌고 가던 트롤리에서 버터통이 떨어져 바닥에 버터가 뒹굴고 있었다. 스튜어드직원은 빗자루와 쓰레받기를 가지러 갔다. 때마침 결혼식장 확인을 위해 온 신랑의 친구(금일 결혼식 사회자)가 급히 들어오다가 바닥의 버터를 미처 보지 못하고 미끄러운 버터를 밟아 뒤로 넘어지고 말았다. 넘어지면서 얼굴을 테이블 모서리에 받아 뺨이 3㎝가량이 찢어지는 안전사고가 발생하였다.

위의 내용을 보면 얼마나 황당한 일이 발생한 것인가? 평소에 잘 교육된 직원이라면 다른 사람이 다가올 것에 대비하여 주변을 치우든지 그렇지 않으면 다른 직원에게 청소도구를 가져오게 하고 위험한 현장을 지키는 것이 상책이었을 것이다.

사례 2

이른 아침 사우나에 도착한 70대 노인께서 평소 습관처럼 간단한 샤워를 마친 후 열탕에 불쑥 들어갔다. 갑자기 비명소리를 들은 헬스사우나 담당 직원이 달려가 보니 노신사의 목 아래 부분 전체가 붉게 변하고 물집이 나와 있는 것을 보고 화상을 입었다는 것을 깨닫게 되었다. 급히 당직지배인에게 연락하여 지정병원으로 후송하였지만 목 아래 부분 전신에 2도와 3도 화상을 입은 상태였다.

오전조 사우나 담당직원은 평소 탕내 온도를 자동감지기에 의해 42~43℃를 유지해 왔기 때문에 밤새 온도계 눈금의 고장으로 탕내의 물이 60℃가 넘은 것을 전혀 모르고 있었다. 그 후 노인께서는 몇 달간 병원에 입원을 하게 되었고, 호텔은 노인의 치료비를 감당해야 했을 뿐만 아니라 상호 책임에 대한 주장을 하다가 급기야 법원에 고소를 당하고, 그 후 법원의 판결로 매우 큰 금액을 노인에게 보상해 주는 대가를 치르게 되었다. 이러한 일은 배관을 담당하는 시설관리부서 엔지니어와 사우나 운영을 담당하는 직원이 주의력 있게 확인했다면 예방할 수 있는 안전사고였다.

호텔의 시설을 운영하고, 그에 근무하는 종업원은 평소 확인하는 습관을 갖는 것만이 안전사고를 줄일 수 있는 방법이라는 것을 교훈으로 얻게 된 사고였다. 이 사건은 오랜 송사 끝에 호텔이 패소한 사례이며, 사우나 시설 내의 "미끄럼 주의", "열탕 내 급수구 주의" 등의 푯말은 보상금을 줄이는 데 자그마한 역할밖에 할 수 없었다. 이와 같이 호텔에서 일어난 안전사고는 호텔의 사업주가 대부분의 책임을 지게 되는 불리한 입장임을 다시 한 번 확인하는 사례라고 하겠다.

2. 고객안전사고의 취급절차

안전사고를 막기 위해 호텔은 조직을 구성하고, 종업원의 교육을 강화하고 있다. 그러나 고객의 부주의에 의한 사고, 외부침입자에 의한 사고, 시설의 열악함에 의한 사고, 일부 종업원의 부주의에 의한 사고 등이 호텔기업에서는 끊임없이 일어나고 있다. 따라서 고객이 안전사고를 당했을 때 조직적으로 신속하게 처리하는 것도 호텔의 이미지를 높이는 요인일 수 있다. 안전사고는 대부분 안전관리부서의 주관하에 이뤄지며 야간에는 당직지배인의 지휘를 받게 된다. 안전사고는 최초 15분 이내의 처리가 매우 중요하며, 이를 담당하는 종업원의 성의있는 태도가 고객의 기분을 덜 상하게 할 수 있으며, 이는 호텔의 책임을 면하는 계기가 될 수도 있다. 고객의 안전사고는 다음과 같은 절차에 의해 조용하게 그러나 신속하게 처리한다.

1) 부상을 입은 고객을 적극적으로 보호

부상을 당한 고객은 본인이 소홀히 다뤄지는 것에 분개할 수 있기 때문에 친절하게 적극적으로 돕겠다는 마음가짐을 가지고 고객을 대하는 것이 무엇보다 중요하다. 상처가 심한 고객은 병원에 후송해야 하므로 앰뷸런스가 도착하기 전까지 응급처치와 심리적 안정을 위한 도움이 절실하다. 병원으로 후송하는 문제는 고객이 결정할 수 있도록 여쭈어서 조치하고, 여기에 들어가는 비용은 호텔이 담당하게 된다. 왜냐하면 호텔 내에서 일어난 안전사고는 1차적인 책임이 호텔에 있을 뿐만 아니라 고객관리차원에서 호텔이 부담할 수밖에 없기 때문이다.

2) 사고지점을 보존하고 목격자의 진술을 확보

안전사고는 향후 법적인 시비를 가릴 수도 있기 때문에 처음 목격한 사람의 인적 사항을 알아두고, 가능한 만큼 기록해 두어야 한다. 처음 목격한 사람이 호텔종업원뿐일 때는 어쩔 수 없지만 가능하면 제3자의 진술을 확보하는 것이 중요하다. 또한 현장의 상황을 사진을 찍어 향후 만들어질 안전사고 보고서를 보다 구체적으로 작성해야 한다. 안전사고를 당한 고객과 대화할 때에는 구체적인 보상이나 책임에 대한 언급은 피해야 한다. 왜냐하면 고객의 마음이 편하지 않은 상황에서 구체적인 내용을 거래하듯이 대화하는 것은 고객의 마음을 상하게 할 뿐만 아니라 나중에 법적인 시비가 될 수 있기 때문이다.

3) 즉시 사고보고서를 완성하고 보상청구

안전사고의 현장에서 고객이 후생되고 난 후, 즉시 사고보고서를 작성하여 보험회사에 연락해야 하며, 안전사고의 경중도에 따라 관련기관에 보고해야 할 사항이 있으면 시일을 놓치지 않고 보고해야 한다. 대부분의 안전사고는 보상을 위한 민사사건이므로 고객 · 호텔 · 병원 · 보험회사 간의 업무가 되며, 사건이 종결지어지면 사례를 중심으로 종업원 교육에 활용하여야 한다.

4) 행동은 예의와 친절을 갖추며 대화는 신중하게 교환

안전사고를 당한 고객의 병원을 방문하고, 퇴원 후엔 호텔에서 휴식을 취하게 하며, 객실과 식음료를 호텔의 비용으로 제공한다. 가능하면 보험 보상을 받을 때 이러한 비용도 함께 청구하여 호텔의 손실을 최소화한다. 고객에게 친절을 다하고, 원상복구에 최선을 다하는 것은 안전관리책임자로서 당연한 업무이지만 호텔의 손실을 최소화하는 것도 그의 책임이므로 가능하면 고객과의 대화에서 책임을 확정하는 것에는 신중을 기해야 한다.

① 병원비를 호텔이 지불하겠다는 말에 신중을 기한다.
② 호텔이 태만하여 사고가 발생했으니 책임을 지겠다는 말은 삼간다.
③ 보험에 대한 언급은 미리 하지 않는다.
④ 사고발생의 원인을 두고 고객과 논쟁하지 않는다.
⑤ 현장에서 호텔의 종업원을 나무라지 않는다.

⑥ 자문변호사와 사건에 대한 법적 검토를 충분히 하고 난 다음 필요한 법적 조치를 취해 나간다.
⑦ 안전사고의 처리가 완결되면 기록에 남기고, 필히 교육에 활용하도록 한다.

4 안전을 위한 설계

호텔의 안전관리시설은 건축물의 설계에서부터 시작되며, 이는 이용하는 고객과 이를 운영하여 고객에게 서비스하는 종업원의 안전을 고려한 설계여야 한다. 최고의 디자인은 고객의 욕구와 요구에 충실하면서 경영관리층과 종업원이 안전하게 사용할 수 있는 생산적이고 기능적인 시설과 설비를 갖추어야 하며, 또한 안전관리와 보안업무 수행에 적합한 사양이어야 한다. 따라서 호텔건물의 디자인은 호텔의 경영관리와 손실관리를 함께 고려한 유능한 건축가에 의해 설계되어야 한다. 호텔의 건축 디자인이 잘못되어 안전사고 발생의 요인이 되면, 이를 회복하는 데 많은 시간과 금전적 손실을 감당해야 하고, 안전사고에 의해 호텔의 이미지가 나빠지면, 많은 마케팅 비용을 쓰면서도 최상의 호텔의 명성을 유지할 수 없게 된다. 사람과 장비의 편리한 동선, 편리한 정비, 자연채광, 간편한 장비 등은 호텔의 비용을 크게 줄일 수 있다.

1. 건축과 안전관리

1) 건축 시 안전관리활동

호텔의 손실관리위원회는 건물이 신축되는 동안 지속적으로 현장을 둘러보고, 설계 시 요청하였던 제반 안전시설과 설비에 대한 이행여부를 확인하고, 개업 시 안전관리에 필요한 제반사항을 건축에 반영할 수 있도록 요청한다.

▣ 호텔 손실관리위원회의 구체적인 업무

① 안전관리에 대해 기술적인 정확성을 기하기 위해 최초의 건축사양서를 확인한다.
② 설계된 자재와 시행된 자재의 질을 안전관리 측면에서 비교검토한다.
③ 프런트데스크, 각 식음료영업장, 부대시설영업장의 실시설계를 검토하여 승인

한다.

④ 현장 실사팀을 구성하여 운영한다.

⑤ 각종 안전시스템의 설치를 확인한다.

⑥ 개업을 위한 안전사고 예방교육을 기획하고 실행한다.

건축물은 한번 지어지면 다시 고치기가 매우 어렵다. 로비나 영업장의 바닥이 고르지 못하거나 마감재가 미끄러워 안전사고에 노출되어 있다면, 이를 속히 시정할 수 있도록 건물의 안전관리정보를 제공하는 일이 무엇보다 중요할 것이다. 개업을 앞두고, 부분적인 보수를 시작하게 될 것을 미리 방지해야 한다.

2) 개업을 위한 안전관리

건축이 진행되는 동안 시설과 설비의 안전에 집중되었던 안전관리는 시설과 비품, 소품이 제자리에 놓이면서 보안업무에 보다 많은 시간과 노력을 기울이게 된다.

▣ 개업을 위한 안전관

① 보안기능의 강화

② 간부를 중심으로 예방관리에 대한 교육 실시

③ 응급조치 프로그램의 작동

④ 보상 프로그램의 시작

⑤ 부족한 물자의 공급 등이 이행되어야 한다.

호텔은 일반적으로 개업 3개월 전부터 모든 기능이 정상적으로 작동되므로 절차와 규정에 의한 안전관리업무가 진행되어야 한다.

2. 안전관리를 위한 디자인 요소들

1) 호텔시설 디자인의 원칙

미국 안전자문위원회가 제시한 호텔 안전사고의 자료에 따르면 고객이 당한 사고 중 42%는 미끄러짐, 40%는 도난, 15%가 충돌, 3%가 음식에 덴 것이라고 한다. 종업원의 42%

는 미끄러짐, 35%는 물건을 들다가 다쳤고, 13%는 충돌, 10%는 화공약품과 강력세제에 의해 안전사고를 당했다고 한다. 이와 같이 안전사고는 다양하게 일어날 수 있고, 그중에서도 시설이 잘못되거나 이용을 잘못하여 다치는 경우가 가장 많다. 이는 시설과 설비를 안전하게 설치함으로써 많은 사고를 줄일 수 있음을 시사해 주고 있다. 따라서 초대규모 호텔이든 소규모 모텔이든 안전에 대한 인식은 같아야 하며, 고객접점과 통로, 종업원의 업무동선, 주차공간, 공공장소 등이 구분되고, 이동에 불편과 장애물이 없도록 디자인하는 것이 가장 중요지만 이 모든 것이 고객과 종업원의 안전을 전제로 디자인되어야 하는 것은 주지하는 바이다.

▣ 안전을 위한 디자인

① 진행하는 방향이 뚜렷해야 하고 미로가 아니어야 한다.
② 고객의 공간과 직원의 공간을 명확히 구분한다.
③ 사용목적에 따라 조명을 해야 한다.
④ 엘리베이터와 에스컬레이터 등 지상 이동에 필요한 장비를 충분하게 갖추어야 한다.
⑤ 복도와 통로가 잘 정비되어야 한다.
⑥ 각 공간은 사용목적에 맞게 설정한다.
⑦ 충분한 주차공간과 차량 통로를 마련해야 한다.
⑧ 미끄럼, 빠짐, 넘어짐을 방지하는 시설과 설비가 있어야 한다.
⑨ 야간에 충돌이 일어나지 않도록 디자인되어야 한다.

화재대피계획도

2) 구역별 디자인의 고려사항

(1) 호텔의 현관입구

호텔의 현관입구는 폭 8m, 2차선 이상으로 구획하고, 여의치 못하면 6m 이상 1차선으로 구획한다. 입구에는 주차장, 로비, 연회장, 식음료영업장, 부대시설영업장, 서비스공간과 종업원 출입구의 표시를 잘 보일 수 있게 해야 한다.

(2) 주차공간

주차공간에는 차량과 사람이 다닐 수 있는 통로를 구획하여 사고를 방지할 수 있도록 한다. 주차장에는 통제하는 종업원이 배치되지 않아 안전사고가 발생할 가능성이 높으므로 각별히 통로를 설치하여 사고를 방지한다. 주차장은 보통 폭 2.4~3m, 길이 5.4~6m로 구성하며, 차량통로는 6.6~7.2m로 디자인한다.

장애인을 위한 시설은 호텔의 현관에서 가장 가까운 곳이나 엘리베이터에 가장 가까운 곳으로 설정하고, 폭은 보통차량의 1.5배로 구획한다. 또한 도난사고의 예방을 위해 CCTV를 설치하고, 이를 안전관리실이나 주차장관리실에서 모니터링할 수 있도록 한다. 차량이 통과할 수 있는 높이를 표시하는 것도 빠질 수 없는 안전장치이다.

(3) 진입통로

모든 통로에는 장애인이 휠체어로 다닐 수 있도록 언덕바지를 비스듬하게 설치하고, 고객의 진입이 편하도록 넓게 디자인한다. 통로에는 논슬립(non-slip) 장치와 야광장치를 함으로써 안전사고에 대비할 수 있다. 통로에 나무를 심거나 화분을 비치할 때는 고객의 통행에 지장을 주지 않도록 충분한 공간의 확보가 우선되어야 한다.

(4) 현관과 로비

고객이 현관을 통해 로비로 들어가는 곳에는 안전매트를 깔아 대리석이나 타일로 인해 넘어지는 일이 없도록 조치한다. 가죽이나 고무로 된 신발의 바닥에 물이 묻어 있으면 대리석 위에 넘어질 수 있는 위험이 매우 높다. 뿐만 아니라 고객의 신발에 묻은 불순물을 닦아 호텔의 내부를 깨끗하게 관리하는 데 도움을 주게 된다. 회전출입문(revolving doors)을 설치한 호텔은 속도를 조절할 수 있는 장치와 비상시 즉시 중지시킬 수 있는 안전장치를 설치해야 한다. 연회장이 2층에 위치한 호텔은 계단의 안전에 세심한 배려가 필요하다. 계단의 미끄럼 방지장치, 난간의 지지대, 카펫 말림 방지, 난간의 모퉁이 처리 등 안전관리 차원에서 시설이 이뤄져야 한다.

(5) 로비의 설치물

많은 호텔들이 로비의 바닥을 대리석으로 장식하고 있다. 잘 닦아진 대리석은 안전장치가 없어 넘어지기 쉽다. 하우스퍼슨(house person)은 대리석에 물기가 없도록 자주 닦아서 안전사고를 방지해야 한다. 로비에 설치된 엘리베이터는 프런트데스크에서 바라볼 수 있는 위치에 설치하여 경비업무를 강화하는 효과를 볼 수 있게 한다. 엘리베이터와 에스컬레이터는 문이나 바닥 틈 사이에 고객의 옷이나 휴대품이 끼어 사고를 일으킬 수 있으므로 안내문을 부착하여 고객의 주의를 요청해야 한다. 또한 비상벨을 설치하여 비상시 위험으로부터 고객을 신속히 구출하도록 조치를 취하여야 한다.

(6) 연회장과 복도지역

연회장, 회의실, 복도, 로비화장실, 연회장화장실, 공중전화박스는 두꺼운 카펫을 깔아 안전사고에 대비하는 것이 좋다. 통로와 화장실에는 낮은 램프를 설치하여 보행에 편리하도록 하며, 화장실의 세면대와 공중전화박스에는 밝은 조명등을 설치하여 고객에게 편의를 제공한다. 공중화장실은 남녀를 구분하여 설치하고 출입문을 이격시켜 설치함으로써 남녀의 프라이버시와 돌발적 사고를 방지한다. 연회장 앞의 복도에는 리셉션 데스크, 옷 보관소 등이 있고, 많은 고객이 담소하는 공간이므로 CCTV 등을 설치하여 보다 안전하게 이용할 수 있도록 한다.

(7) 부대시설영업장

호텔의 부대시설영업장은 주로 헬스, 사우나, 수영장 등으로 구성되어 있다. 호텔 내에서 고객이 이용하는 시설 가운데 가장 위험성이 높은 곳은 수영장, 소용돌이 욕탕(whirlpools or Jacuzzi), 헬스시설인 것으로 알려져 있다. 수영장에는 물의 흐름, 손잡이, 깊이와 넓이 등이 안전규격에 맞게 설치되어야 하며, 이러한 시설은 전문가에 의해 건설이 이뤄져야 위험을 미연에 방지할 수 있다.

호텔의 수영장에는 다이빙 보드를 설치하지 말아야 하며, 내부에서 다이빙을 하지 말도록 안전안내판을 설치해야 한다. 깊이는 3~5피트로 하고, 깊이가 다른 곳마다 바닥과 벽에 피트를 표시하며, 주배수구(main drain)는 $4\frac{1}{2}$ 지점에 설치한다. 고객의 출입구는 가장 얕은 곳으로 정하며, 손잡이를 설치하여 출입이 용이하게 한다. 수영장 밖 고객이 이용하는 공간은 미끄러지지 않도록 논슬립 타일로 처리하고, 수영장은 운영시간이 끝나면 안전을 위해 필히 시건장치로 닫아두어야 한다. 그러나 필요한 전등은 켜두어야 한다.

헬스클럽의 장비와 기구는 유지관리가 완벽하게 이뤄지지 않을 경우 고객에게는 흉기가 될 수 있음을 인식하여야 한다. 호텔에 설치된 헬스기구는 세계적인 명성을 얻은 것들이기 때문에 유지관리 계약에 의해 전문적인 관리가 가능하다. 장비나 기구를 도입할 때는 기구의 디자인, 사용방법, 관리방법 등을 잘 챙겨서 이를 이용자들이 충분히 인지하고 접근할 수 있도록 한다. 그리고 전문적인 교육을 받은 종업원이 가까이에서 관리를 할 수 있도록 배려하는 것도 중요하다.

사우나는 비치된 벤치는 잘 조립되어 있는지 튀어나온 부분은 없는지 확인하고, 바닥의 미끄럼을 수시로 확인하여 비눗물을 제거하고, 탕내의 온도는 자동화 시스템에 의해 유지되고 있는지 확인하며, 매 10분마다 새로운 온수를 유입시켜 청결을 유지한다. 각종 장비에는 안전관리를 위해 안내판을 부착하고, 사우나 도크의 수입구에는 뜨거운 물에 대한 주의를 당부하는 안내판을 필히 부착한다. 또한 비상시에 대비한 비상벨을 설치하여 고객이 사용에 편하도록 배려한다.

그 외 로커, 파우더룸, 샤워실, 스팀룸 등도 온수와 미끄럼 등에 노출된 고객의 안전을 위하여 수시로 확인하고, 정기적인 점검을 통해 안전관리에 만전을 기해야 한다.

(8) 객실부문

호텔에 투숙하는 고객에게 가장 중요한 것은 깨끗한 객실, 안전하고 편안한 체류일 것이다. 객실에 설치되는 가구, 부착물, 기구(FF&E : furniture, fixture & equipment)는 실내 분위기와 디자인을 고려하여 선택되지만 그보다 더 중요한 것은 이를 사용하는 고객의 안전이다. 취침 중 몸부림을 쳐서 나이트스탠드에 손을 다친다면, 가구 모서리에 부딪쳐 무릎을 다친다면, 모발건조기로 머리를 말리다가 헤어드라이어에 감전된다면, 화재 시 피난기구가 없어 낭패를 당한다면 어떻게 될까? 또한 객실고객의 안전을 위해 시스템화된 객실 키(guestroom key), 도어 뷰어(door viewer), 도어 체인(door chain), 자동잠금장치(self-closure), 밝은 출입문 전등 설치, 피난통로 안내판, 커넥팅 도어의 이중잠금장치

(double lock), 창문의 안전 여닫이, 발코니의 안전대 설치, 객실에 귀중품금고 비치 등이 필요하게 된다. 고객의 안전을 위하여 객실의 창문은 4인치 이상 열지 못하게 고정하고, 객실의 가구는 마감을 둥글게 하여 부딪쳐서 피부가 찢어지는 일이 없도록 하며, 액자와 그림은 벽에 고정하여 떨어지는 일이 없도록 한다. 객실에는 가능하면 전열기 사용을 피하고, 화재경보기는 노출형으로 설치하여 작동이 용이하도록 하며, 전기꽂이는 커버가 있는 것으로 설치한다. 욕실의 바닥에는 물이 튀지 않도록 디자인하여 미끄럼 사고를 예방한다. 더운물이 공급되는 파이프에는 보호대를 만들고, 욕실에 공급되는 더운물은 43℃ 이하로 하고, 욕조 내부에는 손잡이를 설치한다. 욕실 내부의 전등은 물기가 가지 않는 곳에 설치하며, 출입문과 전등은 이격시킨다. 샤워실은 욕조와 분리하여 설치하며, 샤워실 내부에도 안전지지대를 설치하고, 바닥의 물이 밖으로 나오지 못하도록 턱을 약간 높여 설치한다.

❖ 객실 출입문 안전장치

(9) 식음료영업장

식음료영업장은 인력의 집중과 장비의 집중이 이뤄지고, 일시에 많은 고객이 출입하게 되어 안전에 소홀하면 크고 작은 사고를 일으켜 영업에 막대한 지장을 주게 된다. 미국의 안전자문위원회에 따르면 호텔의 식음료영업장에서 일어나는 안전사고는 식당 내부 바닥의 미끄럼, 트랩의 위험, 시설물에 부딪쳐 넘어지는 고객이 43%, 식당 외부에서 미끄러지거나 트랩에 빠지거나 시설물에 부딪쳐 넘어지는 고객이 23%, 식당장비의 부실에서 오는 안전사고가 22%, 음식에서 화상을 입는 고객이 11%나 차지한다고 밝혔다. 또한 종업원이 당한 안전사고는 43%가 넘어지는 것이 원인이고, 11%는 무거운 것을 들다가 일어났다고 밝혔다. 뿐만 아니라 고객에 의한 도난사고, 캐셔 데스크의 현금분실사고 등 다양한 사고가 식음료영업장에서 일어나고 있으므로 제반 시설은 고객이 안전하고 편안하게 이용할 수 있도록 디자인되어야 한다.

조리부서는 호텔 내에서 작업환경이 가장 열악하며, 안전사고 위험이 가장 높은 곳이다. 대부분의 사고가 칼에 손을 베이거나 불에 데거나 허리를 삐거나 미끄러져 타박상을 입거나 하는 신체적인 사고로 오랫동안 병원에 입원해야 하는 경우도 있다. 이러한 것들은 조리부서의 과학적인 디자인, 효율적이고 안전한 조리기구 사용, 직원들의 안전사고 방지에 대한 의식과 교육, 철저한 감독 등이 안전사고를 방지할 수 있다. 조리부서의 안전은 생산성을 높이고, 맛과 멋이 담긴 음식을 제공할 수 있어 고객으로부터 좋은 평판을 받을 수 있게 된다.

(10) 종업원 업무구역

호텔은 고객구역과 종업원의 업무구역으로 구획되며, 시설의 차이가 매우 크다. 고객이 이용하는 지역은 고급스런 시설과 디자인이 안전을 감안하여 설계될 것이지만 영업을 지원하는 서비스지역(service area)과 관리부문(back of the house)은 그렇지 못한 게 현실이다. 종업원의 인사사고를 줄이고, 생산성을 높이며, 경비인력과 비용을 줄일 수 있는 방법을 모색하여 디자인하여야 한다. 바닥이 미끄러워 넘어지거나 하수구에 빠지는 것을 줄이기 위해서는 바닥재, 전등, 벽보호대 등을 안전하게 설계하여야 한다. 보다 세심한 배려를 해야 하는 공간으로 물자수령 지역 및 검수대, 조리준비실과 냉동고, 경비실, 응급처치실, 객실관리부와 세탁실 주변, 시설관리부서와 그 주변, 종업원 로커와 샤워실, 종업원식당, 각종 사무실, 프런트데스크의 뒤편, 예약 사무실과 교환실, 조리부서와 그 주변, 연회장 및 그 주변 등이 있다. 또한 이들의 동선을 고려하여 배치하므로 인력과 시간을 절약할 수 있는 방안도 함께 모색하여야 한다. 호텔의 규모에 따라 물자수령장(receiving deck)의 규모가 정해지지만 초대규모 호텔은 이 지역의 물동량이 많고 대형차량의 진입이 가능하도록 하고 안전판을 설치하여야 한다. 종업원 업무공간에 있는 사무실은 가능하면 내부를 볼 수 있도록 디자인하고, 경비실의 출입은 전자감지에 의해 확인할 수 있도록 설계하여 전산화를 이루어야 한다. 시설관리부서와 객실관리부서는 무거운 물건과 화공약품 등을 이동하고 사용하므로 편리한 이동과 화공약품을 안전하게 보관하고 사용할 수 있는 공간을 마련해야 한다. 조리준비실에 있는 냉동고는 항상 내부에 사람이 있다는 것을 전제로 비상개방이 가능하도록 설계하고, 전자감지시설을 곁들여 동사사고에 대비하여야 한다.

5 일상안전관리와 방화관리

1. 일상안전관리

1) 호텔 공공장소 안전관리

호텔의 로비, 대소연회장, 영업장, 주차장 등은 개방되어 있어서 누구나 출입이 가능하다. 가끔 반갑지 않은 사람들로 인해 피해를 보는 고객이 있어 호텔의 이미지를 실추시키기도 한다. 이러한 공공장소의 안전사고는 이곳에 배치된 안전관리요원과 현장 종업원에 의해 미연에 방지되어야 한다. 안전관리요원은 공공지역 고객의 흐름과 수상한 자들의 동태를 한눈에 볼 수 있는 숙련된 종업원으로 배치되어야 하며, 근무 중인 안전요원이 고객의 행동을 감시하는 태도를 보이는 것은 고객서비스에 악영향을 주게 되므로 항상 밝은 표정과 도움을 주고자 하는 적극적인 자세를 고객에게 보여주어야 한다. 가끔 매우 남루한 복장이나 거친 행동으로 다른 고객들에게 불편을 주는 사람이 나타나게 되면, 다른 고객들이 눈치 채지 않게 외부로 유도하여 돌려보내야 한다. 무리한 통제는 또 다른 불만을 낳게 되므로 치안관서의 도움을 받는 것도 필요하다.

2) 호텔객실 안전관리

호텔에 투숙하는 고객은 호텔로부터 그들의 생명과 재산을 보호받을 권리가 있다. 따라서 호텔이 객실을 안전하게 보호하는 것은 대단히 중요한 업무이며, 안전관리부서, 객실영업부서, 객실관리부서가 함께 노력해야 한다. 호텔은 투숙객의 안전을 위해 엘리베이터를 이용하는 고객을 제한하기 위해 다양한 프로그램을 활용하고 있다. 대규모 호텔들은 객실로 통하는 엘리베이터가 여러 곳에 설치되어 있어 통제가 어려우므로 객실열쇠를 엘리베이터에 인식시켜 해당 층에 내리도록 하는 시스템을 갖추기도 한다. 대다수 비즈니스 호텔들은 귀빈층 투숙고객에게 귀빈층 라운지가 있는 층의 출입을 위한 카드키를 발급하게 된다. 해당 고객 외의 사람들이 객실을 출입할 때는 출입절차에 의해 허락이 되도록 규정을 설정하여 엄격하게 관리하게 된다. 뿐만 아니라 객실 내에서 방문자를 확인하기 위한 시스템, 불의의 사고에 대비한 비상벨 시스템, 이중잠금장치 등은 투숙고객을 안전하게 보호하기 위한 설비들을 갖추고 있다. 그러나 교환실, 프런트데스크, 로비, 엘리베이터, 객실복도 등으로 이어지는 통로를 수시로 보호할 수 있는 업무는 안전관리요원을 중심으로 호텔 전체 구성원의 몫일 수밖에 없다.

3) 호텔 레스토랑의 안전관리

식음료부서에서 근무하는 직원들은 언제나 안전사고에 노출되어 있다.

겉으로 보기에 레스토랑은 그저 편안하고, 조용하고, 사고로부터 먼 곳에 있는 것 같지만 실은 도처에 위험이 도사리고 있다. 특히 연회장 근무자와 Bar 근무자들은 각별히 유의해야 하며, 일반 레스토랑의 근무자들도 항상 안전사고에 대비하고, 유사시 고객과 자신의 생명과 안전은 물론 회사의 재산을 보호할 수 있는 대비태세를 갖추어야 한다.

(1) 식당의 안전관리

① 일반적인 사항

가. 자격 있는 안전점검자의 점검을 받는다.

나. 안전을 위협하는 모든 요인들을 수정하고 제거한다.

다. 모든 사고를 기록한다.

라. 모든 장비, 기계의 다루어지는 구조나 표면의 손질이 잘되어 있어야 한다.

마. 식당을 계획하거나 Renovation 시에 바닥이 미끄러지지 않는 특별한 재질을 사용한다.

바. 출입구, 복도, 작업대 등에 적당한 조명을 유지한다.

사. 필요한 모든 안전장비를 충분히 구비한다.

② 각종 Cart의 안전한 사용

가. 용도에 맞는 cart의 선택

나. 무거운 물건과 위험한 물건은 하단, 가벼운 것은 상단에 적재
다. 과적은 절대 금물이며 시야가 확보되어야 한다.
라. Cart는 뒤에서 앞을 보면서 밀어야 한다.
마. 이동하고자 하는 방향의 시야와 장애물 여부를 확인하며 운전한다.
바. 돌출물, 출입문턱, 카펫 이음, elevator 출입 시 등에는 일단 정지 후 서서히 통과하여야 한다.
사. 운행은 천천히, 경사에서는 최저속도로 운행한다.
아. 사람이 많은 곳에서는 속도를 줄이고 모든 방향에 주의한다.
자. Cart를 앞에서 끌 때는 아킬레스건을 특히 조심한다.
차. 방향 전환 시에는 물건이 쏠리지 않도록 주의한다.
카. 이동 중 물건의 낙하를 조심한다.
타. Cart 이동 시 파손된 기구는 2차 안전사고의 위험이 있으므로 주의한다.
파. cart에 탑승하는 행위의 금지
하. 각종 문을 통과할 때 cart로 문을 열지 않는다.
거. Cart 바퀴 등의 이상유무 점검을 생활화하고, 사용하지 않는 것은 통행에 지장이 없도록 안전한 장소에 보관한다.

③ 보행 시 안전사고 예방

가. 불필요한 행동을 하지 않으며, 전방의 시야를 충분히 확보한다.
나. 좌측 통행을 생활화하고, 길의 코너에서 급회전을 하지 않는다.
다. 계단, 통로, 출입구, 비상구에는 불필요한 물건을 절대로 놓지 않는다.
라. 움직이는 물체와 접근 보행 시는 안전거리 유지
마. 뒷걸음질할 때는 후면의 장애물에 특히 유의한다.
바. 출입문을 열고 닫을 때는 서서히 한다.
사. 급한 마음과 행동은 보행 안전사고의 원인이 된다.
아. 무거운 물건을 들고 보행 시 바른 자세를 취한다.
자. 주변의 장애물을 살펴 미끄러지거나 걸려 넘어진다거나 하는 일이 없도록 한다.

④ 계단 보행 시 안전사고 예방

가. 절대로 뛰지 않는다.

나. 주머니에 손을 넣고 보행하지 않는다.
다. 계단을 내려갈 때는 난간을 잡고 보행한다.
라. 계단으로 물건을 옮길 때는 추락이나 굴러 떨어지지 않도록 한다.
마. 계단에 불필요한 물건을 놓지 않으며, 모래, 물, 기름 등이 떨어져 있지 않도록 한다.
바. 계단에서는 보행자 간의 안전거리를 충분히 확보한다.
사. 뒤꿈치가 높은 구두는 계단면에 걸릴 위험이 있으므로 조심한다.

⑤ 주방이나 Back-side에서의 안전사고 예방

가. 바닥의 물기를 완전히 제거한다.
나. 깨진 물건의 잔해가 있으므로 항상 깨끗하게 청소한다.
다. 조리사들이 일하는 근처에의 접근을 자제한다.
라. 항상 많은 물건이 이동하는 곳이므로 절대로 조심한다.
마. 칼이나 기계류, 뜨거운 음식물과 물을 조심한다. 특히 칼을 가지고 뛰거나 장난을 하지 않는다.
바. 언제나 정리정돈을 잘하여 낙하하는 일이 없도록 한다.
사. 음식물 찌꺼기를 정해진 곳에 정확히 버려야 한다.
아. 가스(도시가스, 부탄가스 등)의 관리가 철저히 이루어져야 한다.

⑥ 전기 안전사고 예방

가. 전기제품 사용 전에는 해당 전원의 용량(110/220V)을 확인한다.
나. 허용된 정격전압의 전기제품을 사용한다.
다. 전원을 넣고 뽑을 때는 항상 전원 플러그를 잡고 이용한다.
라. 전원이 산화성 물질, 날카로운 모서리, 거친 표면, 고열물질 등에 노출되지 않도록 사전에 확인한다.
마. 문어발식으로 접속하여 사용하지 않는다.
바. 사용한 전기제품은 스위치를 끄고, 전원 플러그를 뽑아둔다.
사. 피복이 손상된 전선은 교체하거나 테이핑한 후 사용하고, 파손된 플러그는 교체 후 사용한다.
아. 전기제품의 이상이 있을 때에는 임의로 보수하지 말고 전문가에게 의뢰한다.

자. 사용하는 모든 전기제품은 정기적으로 점검을 받는다.

차. 전기, 기계, 기구 등의 설비는 건조한 곳에 보관한다.

카. 전원 분전반을 임의로 조작하지 않는다.

타. 높은 전압의 설비 근처에는 관계자 외의 출입을 금지한다.

파. 전기제품의 모든 스위치나 플러그는 왼손보다는 가능한 한 오른손을 이용하여 조작함으로써 누전 시의 심장 쇼크를 예방한다.

하. 수분이 많은 곳이나 물이 새는 곳에서의 전기설비 사용금지

거. 전기제품에 물이 있거나 신체의 일부가 젖은 상태에서의 전기제품 사용을 금한다.

너. 물청소 시 전기제품에 물기가 스며들지 않도록 조심한다.

⑦ 화상사고 예방

가. 고열을 발산하는 조리기구, Dish-washer, Coffee-machine 등의 위험도를 사전에 숙지하고 정확한 사용법을 알고 난 후 사용하도록 한다.

나. 화기 취급에 유의하고, 화기가 있는 주변의 정리정돈을 철저히 한다.

다. 알코올 점화 시 점화상태를 수시로 확인하고 점화된 상태에서 이동하지 않도록 한다.

라. 연소중인 알코올 근처에는 다른 알코올통을 보관하지 않는다.

마. 사용이 끝난 알코올은 덮개를 반드시 덮어서 보관한다.

⑧ 요통사고의 예방

요통사고는 물건의 중량, 작업의 자세, 그리고 작업의 시간과 그 강도에 의하여 결정된다.

가. 항상 근무자세를 바르게 하는 습관을 들인다.

나. 아무리 가벼운 물건이라도 갑작스럽게 들어 올리지 말고 서서히 들어 올린다.

다. 55kg을 넘는 중량의 물건은 원칙적으로 두 사람 이상이 취급한다.

라. 어깨에 메고 운반할 때는 윗몸을 굽히지 말고 등을 똑바로 편다.

마. 무거운 물건을 들 때는 양 발에 체중이 가도록 하고 발을 넓게 벌리고 허리를 낮춘다.

바. 물건을 운반할 때는 몸에 밀착하여 허리보다 높은 위치로 올려서 들고 등을 똑바

로 세우고 허리를 편다.

사. 무거운 물건을 들어 올릴 때는 양쪽 발을 벌려서 무릎을 구부린 상태에서 몸에 바짝 붙여서 들어 올린다.

아. 특히 연회부 직원들은 무거운 장비를 많이 취급하므로 각별히 허리부상을 조심하여야 하며, Bar 직원들은 주류 box의 운반 시 각별히 주의한다.

⑨ 정리정돈의 중요성

가. 안전사고를 미연에 방지한다.

나. 체계적인 업무처리의 습관이 붙는다.

다. 파손을 방지한다.

라. 청소관리가 용이하다.

마. 보안유지가 된다.

바. 다른 직원에게 전파의 효과가 있다.

사. 업무 능률을 높인다.

아. 작업공간이 넓어지고 쾌적해진다.

자. 쾌적한 공간으로 피곤함을 덜 느낀다.

차. 시간과 에너지를 절약할 수 있다.

(2) 식당의 화재 예방

호텔의 식당은 항상 불이 가까이 있고 가스가 있으며, 많은 전열기구류가 있다. 화재발생에 많이 노출되어 있다는 이야기이다. 호텔에서의 화재는 곧바로 대형사고로 이어지는 것이므로 전 직원은 항상 화재에 대한 경각심과 예방정신을 가지고 근무에 임해야 한다.

① 화재 발생 위험요인 제거(사전 점검)

가. 근무장소 주변의 가연물 방치 여부 및 인화물질(위험물) 방치 여부

나. 화기취급 장소 주위에 가연물 및 인화물질 방치 금지

다. 식당을 찾는 고객 및 불특정 다수인에 의한 폭발물 반입 사전 확인

② 화기 취급 시 당사자는 자리를 비우는 일이 절대로 없도록 한다.

③ 담배꽁초는 불이 완전히 꺼졌는지 확인 후, 일반 쓰레기와 분리해서 버린다.

④ 화재 시의 연소 확대를 방지하는 방화문의 작동을 수시로 확인한다.
⑤ 소화기구 주위 및 비상구 통로에 장애물의 적재를 금지한다.
⑥ 전기기구의 사용 전, 후에 항상 점검을 생활화한다.
⑦ 최종 퇴근자는 담당구역을 점검 후 퇴근한다.
⑧ 소화기, 소화전의 사용법 및 위치를 숙지하여 비상시에 대비한다.
⑨ 화재 발생 시의 진압요령 및 인원대피 요령 등을 Manual에 포함시켜, 평소의 직원교육에 활용한다.

4) 고객의 재산보호

호텔의 투숙객이나 각종 영업장을 이용하는 고객들은 항상 현금, 귀중품, 여행휴대품 등을 가지고 이동하게 된다. 호텔은 고객의 생명뿐만 아니라 재산도 보호해야 할 의무를 지니게 되므로 고객이 이용하기 편리한 시설과 설비를 마련하고, 이를 이용하게 해야 한다. 객실 내에 설치된 귀중품 보관함을 기피하는 고객을 위해 프런트데스크에 대형 귀중품 보관함을 마련하여 이용하게 하거나 벨데스크에 있는 짐보관실에 여행휴대품을 보관하게 한다든지, 연회장 행사에 참석하는 고객을 위해 옷 보관실을 운영하는 것과 주차장에 차량을 보관하고 주차티켓을 발행하는 것은 이러한 제도의 일환이다. 고객으로부터 위임받아 보관하는 현금과 물건은 어떠한 경우라도 고객에게 안전하게 돌려줄 의무를 지게 되므로 절차에 의해 보다 안전하게 관리해야 한다. 간혹 객실이나 영업장에서 분실사고가 발생하였다는 보고를 받게 되는 경우가 있다. 이러한 경우 먼저 고객을 안심시키고, 호텔이 설정한 규정과 절차에 따라 차근차근하게 문제를 풀어 나가야 한다. 다만 고객의 입장에서 문제를 해결하겠다는 마음가짐은 호텔리어로서 매우 중요한 덕목이다.

5) 호텔의 재산보호

안전관리부서는 영업부서에서 진행하는 일일 영업활동처럼 안전관리업무를 수행하게 되며, 이는 호텔의 인명과 재산을 보호하는 내용이 주된 업무이다. 호텔 로비와 복도에는 고가의 미술품, 조각품이 있는가 하면 대부분의 기자재가 고가품이다. 뿐만 아니라 프런트데스크와 각 영업장 카운터에는 현금과 신용카드 전표를 취급하므로 금전가치가 충분한 것들로 산재되어 있다. 호텔도 은행처럼 주요 관리지점에 무인카메라, 비상벨 등을 설치하여 안전에 대비하고 있다. 그러나 문제가 발생될 수 있는 요인을 사전에 발견하고, 이를 제거하는 작업은 안전관리부서와 현업부서가 추진해야 하는 과제이므로 항상 업무 현장의 안전을 위해 주의를 기울여야 한다.

6) 호텔의 재산보호를 위한 출입문관리

호텔을 출입하는 통로는 고객지역인 공공장소, 영업장, 부대시설영업장, 주차장 등과 호텔에 필요한 사람과 물자가 출입하는 출입문(후문) 관리가 있다. 각급 호텔은 호텔출입에 대한 규정을 설정하고 이를 이행하게 된다. 호텔에 용무가 있어 방문하는 사람에게는 출입증을 발급하여 패용하게 하고, 업무가 끝나면 이를 회수한다. 외부인의 제한구역 출입은 안전관리규정에 의해 통제를 하게 되며, 출입자의 소지품 점검은 프라이버시를 최대한 존중하여 이행한다. 재활용품 및 쓰레기 처리를 위해 출입하는 협력회사 직원은 허용된 구간에 한해 출입하도록 하며, 아웃소싱 계약에 의한 협력업체 직원은 호텔의 규정에 의해 출입하도록 교육한다. 종업원의 방문객은 예의를 갖춰 맞이하고, 절차에 의해 안내한다. 비상사태가 발생된 경우 절차에 의해 보고하고, 응급조치를 취한다.

2. 방화관리

1) 호텔 방화관리의 의의

호텔에는 많은 고객이 내왕하므로 호텔은 이들의 생명과 재산보호는 물론 호텔 종업원의 생명과 호텔 재산도 확실하게 책임져야 한다. 따라서 호텔 방화관리는 각종 방화, 소방시설 및 장비를 갖추고 부단 없는 교육훈련과 예방인식을 고취시킴으로써 대형 사고를 방지할 수 있다. 호텔의 소방설비로는 각종 소화기, 자동화재경보기, 자동전기누전탐지기, 구조대, 구조사다리, 연결송수관, 방화벽, 스프링클러 등이 있다. 많은 종류・양의 장비가 있어도 이를 운전할 전문요원이 없다면 이들도 무용지물이므로 각종 위험물 취급관리자의 임명 및 유자격자 확보로 24시간 감시체제 유지가 필요하다.

❖ 호텔의 방화관리 장비

2) 호텔의 화재 예방대책

호텔건물은 소방법상 특수 건축물로 분류되며, 내화구조로 설계 · 시공되어진다. 또한 건축방재의 계획에 있어서 기본적인 사항으로 건축물의 공간적 대응과 건축물의 설비적 대응이 고려되어 있기 때문에 근본적으로 건축물의 방화대책은 마련되어 있다고 볼 수 있다. 그러나 인간생활의 주변에서 화기나 가연물을 완전히 제거한다는 것은 불가능하기 때문에 다음과 같이 화재발생의 가능성에 대한 예방대책이 필요하다.

① 화재 예방측면에서 내장재의 불연화와 내열 및 규격 전선사용을 철저히 한다.
② 화재 확산방지 측면에서 법규에 따른 방화구획 설정, 호텔주변 소방차 등의 통로 확보, 소화용수의 확보를 확실히 한다.
③ 화재 조기 발견 조치 측면에서 감도가 우수한 연기 감지기 및 가스 감지기의 설치 관리대책이 필요하다.
④ 호텔 직원에 대한 지속적인 소방안전교육을 실시한다.

3) 연소재의 제거

화재는 연소재가 상호작용함으로써 발화되기 때문에 이러한 요소를 한자리에 두지 않는 것이 화재예방의 관건이다. 즉 가연물(연료), 조연물(산소), 점화원(불씨)을 격리시키는 작업을 평소에 습관화하는 것이다. 화재의 근원인 연소재로는 첫째, 산화하기 쉬운 가연물로 목재, 섬유, 종이류, 고무, 플라스틱 제품 등의 고체 가연물과 등유, 휘발유, 벙커

C유, 석유, 경유 등의 액체 가연물, 그리고 LPG, LNG, 부탄가스 등의 기체 가연물이 있다. 둘째, 연소의 조연물로는 산소가 있다. 산소는 공기 중에 21% 존재하며, 가연물이 연소되기 위해서는 액체의 경우 공기 중의 산소량이 약 16% 정도, 고체의 경우 약 6% 정도가 있으면 연소가 진행된다. 셋째, 점화원으로 전기불꽃, 정전기, 전기스파크, 마찰 및 충격의 불꽃, 고열물체, 산화열 등이 있다. 불이 발화되어 타더라도 발화조건 중 한 가지만 제거하면 소화되므로 평소 훈련에 의해 소화요령을 익혀두어야 한다.

4) 호텔의 화재진압

어떤 연유이든 호텔에 화재나 긴급사태가 발생할 경우에는 신속히 출동하여 초기에 진압하는 것이 가장 바람직하다. 그러기 위해서는 각 부서의 직원들로 구성된 비상 대기조의 운영이 필요하며, 인원구성은 호텔의 규모나 특성에 따라 달라질 수 있지만, 4명씩 4개 분대로 구성하는 것이 효과적이다. 비상사태가 발생되면 가장 먼저 연락되어야 하는 곳은 호텔의 전화교환실이며, 다음은 당직지배인, 안전관리부서장, 시설관리부서장, 총지배인/부총지배인 등이다. 평상시에는 각자 근무장소에서 정상적인 근무를 하다가 비상관재실로부터 화재발생에 대한 암호방송이 나가면 즉각 출동하도록 한다. 암호방송은 화재 시와 훈련상황 시를 구분하여 방송하도록 사전 교육이 필요하다. 예를 들면 다음과 같이 말할 수 있다.

실제 화재가 발생되면,
"업무 연락입니다. 시설관리부장께서는 당직지배인께 연락해 주십시오."

훈련상황 시는,
"업무 연락입니다. 시설관리부장께서는 교환실로 연락해 주십시오."

5) 호텔의 화재피난

인명 안전 대피 측면에서 평소에 두 방향 이상의 피난통로를 확보해 두고 방·배연 시설, 피난기구, 유도등이 제 기능을 충분히 발휘할 수 있도록 정기적으로 점검한다. 각 부서별 자위조직은 안전관리부서의 지휘에 의해 운영되며, 고객 대피 유도방법은 통로, 피난구, 유도등의 유도 방향으로 안내하여 피난층으로 대피한다. 특히 혼란으로 인한 2차적인 안전사고 발생을 방지하기 위해서는 건물구조, 용도, 영업장의 위치에 따라 층별로 적합한 대피 유도반을 운영하는 것이 매우 중요하다.

6) 방재센터의 관리

방재센터는 건축물 화재정보를 일괄 집중 감시하는 기능이 있으며, 화재의 진전상황을 파악할 수 있다. 따라서 화재상황에 따라 적합한 정보를 제공하고 피난할 필요가 있는 경우에는 그 뜻을 지시할 수 있다. 방재센터의 감시 · 제어기능은 화재의 탐지, 화재의 확인 · 판단 · 지령 · 통보, 초기 소화, 연소방지, 피난 유도, 본격 소화, 방범관리, 기타 관련 사항 등이 있다.

❖ 초대규모 호텔의 방재센터

6 호텔의 위생안전

레스토랑은 고객들이 자신의 건강 증진을 위해 찾는 곳이다. 한 레스토랑의 불결과 병원균으로부터의 노출은 심각한 사태를 불러올 수 있으므로 각별히 유의하여 예방해야 한다. 레스토랑의 위생관리는 일반적으로 공중위생과 직원들의 개인위생으로 분류하여 다루고 있다.

1. 공중위생 관리

(1) 법적인 배경

식품위생법은 식품위생의 향상과 증진을 도모하여 국민의 건강한 식생활을 확보하고자 하는 법률이다. 그 목적은 식품으로 인한 위생상 위해를 방지하고, 식품영양의 질적 향상을 도모함으로써 국민보건의 증진에 이바지함에 두고 있다. 식품위생에는 첨가물과 같은 것에 의한 위해뿐만 아니라 음식이라는 호텔서비스상품에 직·간접적으로 영향을 끼치는 식품 또는 기타의 기구 및 용기와 포장 등에 불필요한 이물질의 혼입, 병원균의 오염 등에 의하여 건강에 장애를 일으킬 수 있다. 그러므로 이와 같은 원인을 제거하고 안정성을 확보하기 위한 수단이나 기술은 식품위생법상의 가장 기본적인 규제대상이라 할 수 있다. 식품안전에는 미생물의 진입과 발생을 막는 것이 선결문제이므로 이를 위해 미생물에 대하여 좀 더 알아보도록 한다.

(2) 미생물학상의 기본원칙

미생물학의 원칙에 대한 지식은 근본적으로 식품위생을 이해하는 데 있다. 미생물은 음식을 부패시키고 음식을 매체로 각종 질병을 일으킬 수 있다. 음식 부패균으로서는 효모, 박테리아, 곰팡이가 있으며, 대부분의 음식에서 발생하는 병은 박테리아에 의한 것이고, 바이러스, 선모충, 그리고 원생물도 음식을 매체로 질병을 일으킬 수 있다. 그러므로 호텔의 식음료부서를 경영하는 간부는 음식부패, 질병의 원인을 파악하는 것이 중요하며, 식품의 가공처리과정, 서비스과정, 저장관리과정에서 각종 균에 오염되지 않는 방법이 무엇인가를 알아야 한다.

▣ 음식 보호를 위해 고려할 사항

① 저장, 조리, 보관하는 동안 음식 온도의 효과적인 조절
② 박테리아, 바퀴벌레, 파리, 쥐, 해충으로부터의 음식 보호
③ 화학적이고 해독한 유독성 물질로부터 음식 보호
④ 개인 건강과 위생을 지켜 안전하게 음식 취급

(3) 미생물의 종류

① 진균류(곰팡이, 효모) : 곰팡이를 이용하여 누룩과 메주를 만들기도 하지만 독소를 만들어 인체에 해를 주는 것도 있다.

② 세균류(구균류, 간균류) : 화농균, 살모넬라, 장염비브리오균 등은 세균성 식중독, 부패와 경구전염병의 원인이 되고 있다. 이들의 모양은 구균, 간균, 나선균의 세 가지가 있고 협막, 포자, 편모 등을 가지는 것도 있으며, 이분법으로 증식한다.

③ 리케차 : 세균과 병원체의 중간에 속하는 것으로 타원형과 원형 등의 모양으로 발진티푸스의 병원체가 이에 속한다. 살아 있는 세포 속에서만 2분법으로 증식하며, 운동성이 없다.

④ 바이러스(비루스) : 여과성 병원체로서 극히 작아서 전자현미경으로만 관찰할 수 있으며, 천연두, 일본뇌염, 광견병의 병원체이다.

⑤ 스피헤로다 : 매독균, 회기열, 와이우씨병의 병원체로서 항상 운동을 하는 나선형의 모양을 하고 있다.

⑥ 원충류 : 이질, 아메바의 병원체로서 단세포동물이다.

(4) 식중독

식중독은 감염형과 독소형으로 구분한다. 감염형은 음식이 상했을 때 고객이 섭취하면 감염될 수 있는 병원균이며, 독소형은 음식 자체에 들어 있는 해독성 물질에 의해 식중독을 일으키는 것이다.

① 감염형

- 살모넬라 : 주로 5~10월에 식육제품을 통하여 감염되며, 식후 12~24시간 후에 구토, 설사, 복통을 일으키고 40℃의 발열을 한다. 감염원은 가축, 가금류, 사람, 파리 등이다.
- 장염비브리오균 : 3~4%의 소금농도에서 잘 자라는 호기성 세균으로 식후 13~18시간 후에 설사, 복통, 구토를 하기 시작하며, 7~8월에 집중적으로 나타난다. 어패류, 보균자 대변, 조리기구 등이 매개체이다.
- 크로스트리움 월치균 : 식후 8~22시간쯤에 설사, 복통, 메스꺼움, 권태감, 구토 등의 증상이 나타나며, 육류, 어패류, 튀김두부 등 특히 동물성 단백질 식품이 매개체

이다.

- 병원성대장균 : 유아에게 잘 감염된다. 13시간의 잠복기로 두통, 발열, 설사, 복통 등을 동반하는 급성 장염을 일으킨다.

② 독소형

- 포도상구균 : 황색균이 식중독을 유발하는 장독성 앤트로톡신을 생성한다. 잠복기가 3시간 정도이며, 메스꺼움, 구토, 설사, 복통을 동반하고 120℃에서 10분간 끓여도 독성이 파괴되지 않는다. 우유, 크림, 버터, 치즈, 떡, 콩가루 등이 원인 식품이다.
- 보툴리누스균 : 잠복기가 12~36시간이며, 시력저하, 동공확대, 신경마비 증상이 나타나기 시작한다. 80℃에서 15분 정도면 파괴되고, 햄, 소시지, 통조림 등이 원인 식품이다.

2. 개인위생 관리

호텔 식음료 종업원은 현장에서 일할 때 고객뿐만 아니라 각자 자신을 질병으로부터 보호하기 위해 개인 위생관리를 철저히 이행해야 한다.

▣ 식음료부서의 위생관리 내용

① 모든 음식은 spoon, fork, knife로 다루어야 한다.
② 얼음기계 또는 얼음버킷 안에 손을 넣거나 이물질을 넣지 않도록 한다.
③ 고객이 입을 대는 모든 기물의 둘레에 직원의 손이 닿지 않도록 한다.
④ 애완동물은 근처에 없어야 하며, 음식을 다룰 때 애완동물을 만져서는 안 된다.
⑤ 쓰레기는 하루에 일정한 시간을 정하여 업장에서 멀리 떨어진 하치장에 버리고, 기계처리장치나 청소차가 자주 청소해야 한다.
⑥ 해충구제는 위생에 대단히 중요하다. 깨끗한 장비, 청결한 관리, 서식처 제거 등을 전문가와 상의하여 방제작업을 실시한다.
⑦ 고객이 마시는 찬물과 차류는 항상 깨끗한 상태에서 적절한 온도를 유지하도록 한다.
⑧ 동양식당에서 사용하는 물수건은 항상 깨끗하게 세탁 · 소독된 것을 사용한다.

⑨ 항상 영업장 주변을 깨끗이 관리하여 위생의 사각지대를 사전에 차단한다.
⑩ 사계절 음식물 또는 소스 등의 관리를 철저히 한다.
⑪ 카트(cart)를 비롯한 기계, 기구, 장비 등을 철저히 관리하여 청결을 유지해야 한다.

호텔시설부문의 비용관리

Hotel Facilities Management

호텔시설부문의 비용관리

1 시설관리부서의 예산수립

시설관리부서는 호텔의 시설과 설비를 관리할 수 있는 적절한 인원과 영업을 지원할 수 있는 필요인원을 제때 투입함으로써 호텔을 찾는 고객에게 최상의 환경을 제공하게 되므로 시설관리부서는 합리적인 운영계획을 세우고, 이를 차질 없이 이행할 수 있도록 최선을 다함으로써 매출 극대화와 원활한 고객관리를 지원하게 된다. 시설관리부서는 건물, 인테리어, FF&E의 유지관리에 많은 비용을 사용하게 되므로 투입되는 자원이 효율적으로 활용되는지 제때 확인하는 체크시스템을 갖추고 이를 원활하게 이행함으로써 호텔경영에 기여하게 된다.

1. 비용관리와 예산수립의 의의

시설관리부서장은 그 호텔이 추구하는 조직의 가치, 경영목표와 일치하는 부서 운영의 기본계획을 장 · 단기별로 수립하고, 이를 추진하기 위해 예산을 편성한다. 시설관리부서는 매출을 창출하기보다 비용을 효율적으로 관리함으로써 호텔기업에 기여하게 되는 부서이다. 시설관리부서에서 지출하는 주된 비용은 인건비, 연료비, 상 · 하수도요금, 연료비, 정화조 관리비, 조경관리비, 시설 및 설비 유지비, 기타 등으로 구성된다. 예산편성의 기본은 영업예측, 투자회수, 과거 예산집행결과 등을 참고로 작업을 진행하게 된다. 이때 각 호텔은 원점예산(zero based budget) 수립을 원칙으로 하여 효율경영을 추구하게 된다.

1) 예산의 형태

호텔기업이 세우는 시설관리예산에는 자본적 지출과 비용적 지출이 있다. 자본적 지출은 토지구입, 건물 신축 및 매입, 비품구입 등으로 회사의 고정자산을 증대시키는 것이고, 비용적 지출은 자본적 지출로 구입된 자산을 유지관리하기 위해서 사용하는 각종 사용료, 유지관리비, 소모품비를 말한다.

2) 예산절차

시설관리부서의 예산은 당해연도의 재무적 목표에 의해 책정되며, 이는 객실, 식음료, 부대영업장의 매출에서 비롯된다. 연간 예산은 매월 세분화되어 집행되며, 각 부서는 이에 대한 지출계획을 세워서 진행하되 호텔의 전반적인 지출계획과 균형을 이루어야 한다. 시설관리부서장은 예산을 세울 때 객실부서장, 식음부서장과 함께 논의하여 내년도 각 업장별 투자계획이나 특이사항을 청취한 다음 이를 지원할 수 있는 계획을 세우게 된다. 이때 각 계정별 예산은 매출을 감안하여 정해야 하며, 완성된 예산계획서는 관리담당임원, 부총지배인 또는 총지배인에게 보고하고 조정을 받아야 한다. 예산은 영업부문 매출이 매우 높거나 매우 저조할 때, 그 상황에 따라 부득이 변경될 수도 있지만 자본적 투자는 향후 영업의 활성화를 위해 추진하는 것이므로 경영진의 의사결정에 의존하게 된다.

3) 시설관리 예산의 추세

2018년 현대 호텔경영의 중심지인 북미지역 고급호텔, 리조트, 컨벤션호텔, 중저가호텔 등 다양한 호텔의 자료를 분석해 보면, 시설관리부문 지출의 범위는 작게는 컨벤션호텔 총지출의 5.0%로부터 많게는 중저가호텔의 6.0%로 나타났다. 그러나 판매가능 객실당(PAR : per available room) 지출된 시설관리비를 보면 중저가 호텔이 평균 $2,500PAR을 시설관리비로 지출한 데 반해 리조트호텔의 경우 $10,000PAR로 기록되었다. 2018년 호텔산업 동향보고서(trend report for the hotel industry)에 따르면 호텔경영에서 시설유지비는 점점 증가하는 추세에 있음이 밝혀졌다.

미국의 숙박업회계처리기준(Uniform System of Accounts for the Lodging Industry)에 기초하여 호텔시설관리부서(POM : property operations management)에 할당된 비용들은 인건비, 시설유지관리비, 설비관리비, 부속품구입비, FF&E 수선비, 조경관리비 등이다. 이는 일상 관리에 투입되는 비용으로 시설개보수공사(renovation project)와 같은 자본적 지출과는 구분되는 것이다. 호텔이 주기적으로 투입하는 자본적 시설투자는 불경기가 지속되면 연기할 수밖에 없고, 이는 상품의 품질을 저하시키는 요인이 되면서 시설관리비를 증대시키게 된다.

일반적으로 호텔의 시설관리부서를 생각할 때, 대부분의 사람들은 호텔 지하실에 가득찬 기계, 장비, 부품들을 떠올리게 된다. 하지만 지출의 거의 반은 직원들 임금, 후생복리 등 시설관리부서의 인사와 관련되어 있다. 2018년 자료에 의하면 전형적인 미국의 호텔들은 시설관리부서의 총예산에서 인건비가 50.0%를 차지한 것으로 추정하며, 시설관리비용으로 계산되는 인건비는 전관특실호텔이 43.0%로 가장 낮게 나타났고, 컨벤션호텔에서 53.0%로 가장 높게 나타났다. 리조트호텔의 시설관리부서가 가장 많은 직원들을 소유하고 있고, 호텔 객실당 평균 $5,000가 시설관리부서 인건비로 나타났다. 반대로 중저가호텔은 단지 $1,000만이 시설관리부서 인건비로 지출되었다. 이 원인으로 중저가 호텔은 호화로운 주방, 회의실, 공공장소를 보유하고 있지 않으므로 간단한 수리나 조경은 객실관리부서에 소속된 지배인(multitasking manager)이나, 시간제 사원, 또는 아웃소싱으로 일을 처리하는 데 의존하는 경향이 있기 때문이다.

2. 시설관리부서의 예산편성

1) 예산편성의 방향

시설관리부서의 예산편성은 지출을 중심으로 짜여지게 된다. 인력관리비는 호텔의 전반적인 인력관리비 정책에 기반을 두고 편성하게 되지만 시설관리비의 예산 규모에서 가장 큰 부분이다. 그 다음은 건물관리, 용역비용, 객실과 영업장의 커튼과 가림막 유지비용, 전기와 기계 장비 구입비, 엘리베이터 유지관리비, 공구 구입비, 객실층과 복도시설 유지비, 가구수리비, 조경관리비, 냉방 · 온방 · 공조 장비 구입 및 유지관리비, 조리실 장비 유지관리비, 세탁실 유지관리비, 안전장비 유지관리비, 전구 구입비, 시건장치 유지관리비, 시설관리 소모품, 도색과 데커레이션, 쓰레기 배출관련 경비, 수영장 유지관리비, 전화요금, 교육비, 유니폼, 차량유지비, 기타 등으로 구성되어 있다. 그러나 호텔의 규모, 시설, 경영의 지향점에 따라 집중적으로 예산을 투입해야 할 곳이 있지만 호텔은 많은 고객이 다양한 시설과 공간을 이용하기 때문에 기본적인 유지관리를 염두에 두고 비용을 배분해야 할 것이다.

❖ TWBS Hotel의 시설관리부서 예산서 양식

Property Operation and maintenance	
	Current Period
Payroll and Related expenses	
Salaries and Wages	
Employee Benefits	$ ______
Total Payroll and Related Expenses	______
Other Expenses	
Building Supplies	
Contract Services	
Curtains and Draperies	
Electrical and Mechanical Equipment	
Elevators	
Engineering Supplies	
Floor Covering	
Furniture	
Grounds and Landscaping	
Heating, Ventilating and Air Conditioning Equipment	
Kitchen Equipment	
Laundry Equipment	
Life/Safety	
Light Bulbs	
Locks and Keys	
Operating Supplies	
Painting and Decorating	
Removal of Waste Matter	
Swimming Pool	
Telecommunications	
Training	
Uniforms	
Vehicle Maintenance	
Other	
Total Other Expenses	______
	______
Total Property Operation and Maintenance expenses	$ ______

2) 설비유지비 예산편성의 방향

호텔은 고객이 가장 좋아하는 환경을 유지하기 위해 냉수 · 온수, 항온 · 항습과 적절한 전기 공급을 유지해야 한다. 이를 위한 유지관리비를 우선적으로 배정하는 것이 경영관리자가 취해야 할 것이다.

❖ 설비유지비 예산서 양식

Utility Costs

	Current Period
Utility Costs	
Electricity	$
Gas	
Oil	
Steam	
Water	
Other Fuels	
Total Utility Costs	________
Recoveries	
Recoveries from other entities	________
Charges to other departments	________
Total Recoveries	
Net Utility Costs	$________

❖ 대규모 호텔의 월간 시설관리비 예산서 샘플

☺ The World Best Smile Hotel
HEAT, LIGHT AND POWER

MONTH OF DECEMBER　　　　Y.T.D : JANUARY TO DECEMBER

FORECAST		THIS YR : 2018		LAST YR : 2017			THIS YR : 2017		LAST YR : 2018		FORECAST	
$	%	$	%	$	%		$	%	$	%	$	%
36,000	3.5	33,84	2.7	56,026	5.3	ELECTRICITY	476,756	3.4	576,799	4.3	550,000	3.9
18,500	1.8	23,066	1.9	23,980	2.3	FUEL (GAS & OIL)	167,429	1.2	161,805	1.	158,000	1.1
2,500	2	2,200	2	2,000	2	WATER	32,832	2	30,987	2	20,000	2
900	1	1,052	1	818	1	MICELLANEOUS	9,795	1	11,740	1	10,850	1
4,000	4	7,776	6	8,432	8	LESS CREDITS AND RECOVERIES	-59,908	4	57,789	4	53,700	4
53,900	5.2	51,825	4.3	74,39	7.0	TOTAL HEAT,,LIGHT,AND POWER	626,903	4.5	73,522	5.4	695,150	4.9
						REPAIRS AND MAINTENANCE						
						PAYROLL & RELATED EXPENSES					304,400	2.1
25,600	2.5	23,921	2.0	23,635	2.2	SALARIES & WAGES	76,878	2.0	272,639	2.0	161,579	1.1
14,441	1.4	14,736	1.2	15,022	1.4	PAYROLL TAXES & EMP. BENEFITS	147,218	1.0	129,033	1.0		
40,041	3.9	38,657	3.2	38,657	3.7	TOTAL P/R & RELATED EXPENSES	424,097	3.0	401,672	3.0	465,979	3.3
						OTHER EXPENSES						2
2,750	3	1,115	1	5,091	5	BUILDING	45,040	.3	37,166	.3	33,000	.
350						CURTAINS AND DRAPES	931				4,200	.1
1,000	.1	1,045	.1	1,054	.1	ELECTRIC BULBS	8,589	.1	4,590		12,000	
						ELECTRICAL & MECH. EQUIPMENT						.2
2,500	.2	5,041	.4	4,353	.4	-AIR COND. HEAT. PLUMB & REFRIG	54,112	.4	46,113	.3	33,300	
250						-AUTOMOTIVE	2,393		6,926	.1	3,000	.4
4,700	.5	5,204	.4	4,475	.4	-ELEVATORS & ESCALATORS	57,605	.4	52,641	.4	56,400	.2
1,775	.2	414		1,134	.1	-GENERAL ELECTRICAL & MECH	12,230	.1	15,595	.1	21,300	.1
1,000	.1	2,709	.2	990	.1	-KITCHEN	18,803	.1	19,774	.1	12,000	.1
1,000	.1	1,358	.1	27		-LAUNDRY	12,206	.1	16,251	.1	11,100	
350		217		1,296	.1	-TELEVISION	7,051	.1	2,344		4,200	.6
8,000	.8	6,387	.5	7,503	.7	-MAINTENANCE CONRTACTS (OTH)	84,509	.6	78,589	.6	89,700	.1
750	.1	540		1,134	.1	EXTERMINATION	7,144	.1	4,841		9,000	
400		719	.1			FLOOR COVERING	8,375	.1	1,599		4,800	.1
850	.1	134		505	.1	FURNITURE & FIXTURES	10,920		3,105		10,200	.1
1,200	.1	2,936	.2	542	.1	GENERAL SUPPLIES	15,915	.1	10,191	.1	14,400	.1
800	.1			974	.2	LANDSCAPING-EXTERIOR	8,487	.1	6,698	.1	11,250	.3
3,300	6	2,905	.2	2,567		LANDSCAPING-INTERIOR	36,975	.3	35,680	.3	41,800	.1
700	.1	251		380		PAINTING & DECORATING	6,789		8,81	.1	6,400	
300				81		POOL	965		1,633		3,600	.4
5,000	.5	5,332	.4	4,404	.4	REFUSE & TRASH REMOVAL	58,311	.4	60,926	.5	54,000	
200		496		100		SIGNS-ON PROPERTY	2,933		640		2,400	.1
600	.1	1,365	.1	632	.1	UNIFORMS	2,933	.1	640		2,400	.1
1,200	.1	1,091	.1	554	.1	MISCELLANEOUS	7,067	.1	5,071		14,400	
36,975	3.8	39,257	3.2	35,040	3.3	TOTAL OTHER EXPENSES	475,308	3.4	425,673	3.2	461,650	3.3
79,016	7.7	77,914	6.4	73,697	7.0	TOTAL REPAIRS AND MAINTENANCE	899,405	6.4	827,345	6.2	927,629	6.5

MONTH OF : FEBRUARY						REPAIRS AND MAINTENANCE	Y.T.D : JANUARY TO FEBRUARY					
FORECAST		THIS YR : 2018		LAST YR : 2017			THIS YR : 2018		LAST YR : 2017		FORECAS	
$	%	$	%	$	%		$	%	$	%	$	%
						PAYROLL & RELATED EXPENSES :						
20,100	1.4	20,449	1.6	19,009	1.3	SALARIES & WAGES	41,545	1.7	42,476	1.6	41,200	1.5
9,200	.6	9,807	.8	8,826	.6	PAYROLL TAXES & EMP. BENEFITS	21,148	.9	18,348	.7	18,800	.7
29,300	2.0	30,257	2.3	27,834	2.0	TOTAL PIR & RELATED EXPENSES	62,694	2.5	60,824	2.3	60,000	2.1
						OTHER EXPENSES						
1,000	.1	2,418	.	1,994	.1	BUILDING	2,681	.1	2,285	.1	2,000	.1
200						CURTAINS AND DRAPES					400	
700		690	.1	1,264	.1	ELECTRIC BULBS	1,563	.1	1,264		1,400	
						ELECTRICAL & MECH. EQUIPMENT						
2,100	.1	1,406	.1	1,936	.1	-AIR COND. HEAT. PLUMB & REFRIG	3,042	.1	3,418	.1	4,200	.1
400		59		228		-AUTOMOTIVE	122		419		800	
5,400	.4	5,343	.4	4,873	.3	-ELEVATORS & ESCALATORS	10,274	.4	9,833	.4	10,800	.4
1,300	.1	950	.1	1,693	.1	-GENERAL ELECTRICAL & MECH	1,885	.1	3,793	.1	2,600	.1
600		1,044	.1	220		-KITCHEN	2,307	.1	896		1,200	
300		183				-LAUNDRY	1,556	.1	52		600	
400		149		168		-TELEVISION	302		253		800	
1,800	.1	1,746	.1	1,758	.1	-MAINTENANCE CONRTACTS (OTH)	3,654	.1	3,616	.1	3,600	.1
400		364		368		EXTERMINATION	728		368		800	
500		101				FLOOR COVERING	521				1,000	
400				67		FURNITURE & FIXTURES	16		927		800	
800	.1	1,537	.1	732	.1	GENERAL SUPPLIES	2,054	.1	1,510	.1	1,600	.1
800	.1	440		504		LANDSCAPING-EXTERIOR	1,108		1,008		1,600	.1
1,100	.1	1,348	.1	1,179	.1	LANDSCAPING-INTERIOR	2,518	.1	2,358	.1	2,200	.1
300		371		26		PAINTING & DECORATING	935		303		600	
100						POOL					200	
2,900	.2	3,887	.3	3,136	.2	REFUSE & TRASH REMOVAL	6,574	.3	6,272	.2	5,800	.2
100		310		48		SIGNS-ON PROPERTY	482		48		200	
300		403		199		UNIFORMS	649		377		600	
300		56		265		MISCELLANEOUS	234		674		600	
22,200	1.5	22,805	1.7	20,657	1.5	TOTAL OTHER EXPENSES	43,203	1.7	39,673.	1.5	44,400	1.6
51,500	3.5	53,061	4.1	48,491	3.4	TOTAL REPAIRS AND MAINTENENCE	105,897	4.3	100,497	3.8	104,400	3.7
						HEAT. LIGHT AND POWER						
29,600	2.0	21,752	1.7	26,446	1.9	ELECTRICTIY	46,034	1.9	51,560	1.9	60,200	2.1
2,900	.2	2,083	.2	2,962	.2	FUEL (GAS & OIL)	4,167	.2	5,467	.2	5,400	.2
6,000	.4	5,540	.4	5,956	.4	WATER	11,137	.4	11,358	.4	11,400	.4
32,300	2.2	26,783	2.1	32,335	2.3	CENTRAL PLANTSUTIL CHARGES	53,567	2.2	35,622	2.5	65,500	2.3
70,800	4.9	56,159	4.3	67,699	4.8	TOTAL HEAT. LIGHT AND POWER	114,001	4.6	133,707	5.0	142,500	5.0

❖ 200실 규모 호텔의 영업보고서 샘플

REVENUES AND EXPENSES	YOUR HOTEL			
	Year End 2018 ($)	Ratio To Revenue (%)	Per Available Room/Year ($)	Per Occupied Room/Day ($)
Revenues				
Rooms	4,081,051	64.1	20,304	89.84
Food	824,660	13.0	4,103	18.15
Beverage	1,003,256	15.8	4,991	22.08
Telecommunications	54,104	0.9	269	1.19
Other Operated Departments	325,528	5.1	1,620	7.17
Rentals and Other Income	73,208	1.2	364	1.61
Total Revenues	6,361,807	100.0	31,651	140.04
Departmental Costs and Expenses				
Rooms	970,289	23.8	4,827	21.36
Food	876,371	106.3	4,360	19.29
Beverage	543,686	54.2	2,705	11.97
Telecommunications	51,497	95.2	256	1.13
Other Operated Departments	299,642	92.0	1,491	6.60
Total Costs and Expenses	2,741,479	43.1	13,639	60.35
Total Operated Departmental Income	3,620,328	56.9	18,012	79.69
Undistributed Operating Expenses				
Administrative and general	453,908	7.1	2,258	9.99
Marketing(Includes Franchise Fees)	581,572	9.1	2,893	12.80
Property Operation and Maintenance	361,524	5.7	1,799	7.96
Utility Costs	255,551	4.0	1,271	5.63
Other Unallocated Operated Departments	0	0.0	0	0.00
Total Undistributed Expenses	1,652,555	26.0	8,222	36.38
Income Before Fixed Charges	1,967,773	30.9	9,790	43.32
Management Fees, Property Taxes, and Insurance				
Management Fees	254,737	4.0	1,267	5.61
Property Taxes and Other Municipal Charges	147,339	2.3	733	3.24
Insurance	41,475	0.7	206	0.91
Total Management Fees, Taxes and Insurance	443,551	7.0	2,207	9.76
Income Before Other Fixed Charges	1,524,22	24.0	7,583	33.55

Average Daily Rooms Available	201
Percentage of Occupancy	61.8%
Average Daily Rate per Occupied Room (Excluding complimentary rooms)	$98.42
Rooms RevPAR	$55.47

*Expressed as a percent of Departmental Revenue

2 시설관리부서의 비용관리

시설관리부서는 지원부서(Back of the House)이며, 수입은 발생하지 않기 때문에 예산편성은 지출부분을 중심으로 이뤄진다. 수익부문(Front of the House)에서 매출을 올리고 고객에게 서비스하는 과정에서 시설이 정상적으로 가동되는 것은 그 자체가 서비스상품을 생산하는 것과 같다. 따라서 이를 위한 제반 비용은 서비스상품의 원가구성에 포함된다는 인식이 절대적이다. 지출비용은 시설관리부서 내에서 발생되는 모든 비용을 계정별로 묶어둔 것으로 일반적으로 인건비(labor costs), 일반수리(General repairs), 전기(Electric), 냉·온방(Air conditioning and heating), 배관(Plumbing), 기타(Other) 등이 경비로 분류된다. 최근 호텔들이 수익부문을 사업부제로 전환하여 간접비도 사업부장이 관장하도록 하는 방법을 도입하고 있어 사업부장들은 매출을 올리는 것만큼이나 비용부문에도 경영관리기법을 적용하고 있다.

시설관리부서에서 적용하고 있는 각 계정별 세부내용은 다음과 같다.

① 인건비(total labor costs) : Salaries & wages, payroll taxes & employee relations

② 일반수리(General repairs) : Lock changes/replacements, Door repairs, Room repair, Drapes/rod repairs, Furniture repairs, Window repairs, Appliance repairs

③ 전기(Electric) : Replacing light bulbs, Other electric

④ 냉·온방(Air conditioning and heating) : Air conditioning, Heating

⑤ 배관(Plumbing) : Sink(Valves, Drains), Water closets(Valves, Drains), Tub/shower(Valves, Drains, Water leaks other than valves, No hot water, No water)

⑥ 기타(Other) : Television, Telephone, Fire alarm, Ice machine, Washing machine, Lawn sprinkler, Electric cart/auto mobile, Insects/odors

❖ 호텔객실 100개당 총 엔지니어 직원 수

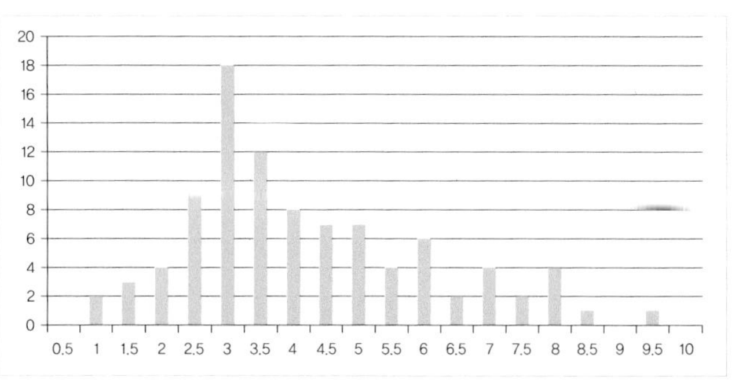

❖ 시설관리부서의 비용 투입 사례

Type of repair work–order request			Percent of total
General repairs			
	Lock changes/replacements		10.0
	Door repairs		4.2
	Room repair		3.8
	Drapes/rod repairs		2.0
	Furniture repairs		5.3
	Window repairs		2.1
	Appliance repairs		2.6
	Subtotal		31.0
Electric			
	Replacing light bulbs		8.3
	Other electric		2.8
	Subtotal		11.1
Air conditioning and heating			
	Air conditioning		6.1
	Heating		5.5
	Subtotal		11.6
Plumbing			
	Sink	Valves	6.1
		Drains	2.5
	Water closets	Valves	2.1
		Drains	5.9
	Tub/shower	Valves	1.3
		Drains	5.5
		Water leaks other than valves	2.6
		No hot water	5.5
		No water	0.4
	Subtotal		31.9
Other			
	Television		7.0
	Telephone		0.4
	Fire alarm		0.6
	Ice machine		2.1
	Washing machine		0.4
	Lawn sprinkler		0.8
	Electric cart/automobile		0.4
	Insects/odors		2.7
	Subtotal		14.4
Total			100.0

3 전기요금관리

호텔건물을 신축할 때 전기설비공사에 투입되는 비용은 전체 공사비용의 약 16~20% 정도를 차지한다고 본다. 이 비율은 건물자동화 시설이 늘어나면서 점차 더 높아지는 추세에 있다. 뿐만 아니라 호텔건물은 24시간 전기에너지를 사용하고 있으므로 에너지절약형 장비를 설치하게 되는 것은 당연하다고 볼 수 있다. 호텔마다 에너지 절약의 노력을 기울이고 있음에도 불구하고 매월 지불하는 전기요금은 전체 매출의 약 1.8%를 차지하고 있어 시설관리부를 중심으로 이를 줄이기 위한 노력이 지속되고 있다.

시설관리부서의 운영을 책임지고 있는 부서장은 호텔이 사용하는 전력에 대한 법적 기준과 사용량, 산출근거에 의한 정확한 요금을 계산해 내므로 연간 경영계획과 중장기 시설 및 설비 투자계획을 수립하는 데 중요한 자료를 제공할 수 있게 된다.

1. 전기요금 징수에 대한 법적 근거

전기사업법 제17조에 근거하여 지식경제부령에 의해 전기판매사업자는 전기사용자에게 매월 전기요금명세를 항목별로 구분하여 청구하도록 하고 있다. 전기요금은 전기공급약관 제1조에 의해 한국전력공사가 전기를 사용하는 자 또는 사용하고자 하는 자에게 전기를 공급할 때 요금 또는 공급조건에 대해 정하고 있다. 또한 전기공급약관 제57조 제1항에 따라 한전이 공급하는 전력은 일반용 전력, 주택용 전력, 교육용 전력, 산업용 전력, 농업용 전력, 가로등, 예비전력, 임시전력 등으로 구분하여 공급하며, 호텔이 적용을 받게 되는 일반용 전력은 일반용 전력(갑), 일반용 전력(을)으로 구분하여 요금체계를 갖추고 있다.

1) 요금체계

(1) 일반용 전력(갑)

계약전력 4kW 이상 1,000kW 미만의 고객에게 적용하며, 공급전압에 따라 다음과 같이 구분한다.

① 저압전력 : 표준전압 110V, 220V, 380V

② 고압전력(A) : 표준전압 3,300V 이상, 66,000V 이하

③ 고압전력(B) : 표준전압 154,000V 이상

(2) 일반용 전력(을)

계약전력 1,000kW 이상의 고객에게 적용하며, 공급전압에 따라 다음과 같이 구분한다.

① 고압전력(A) : 표준전압 3,300V 이상, 66,000V 이하

② 고압전력(B) : 표준전압 154,000V 이상

2) 요금적용의 원칙과 검침기간

(1) 요금적용의 원칙

전기공급약관 제67조 제1항에 의거 전기요금의 계산은 전기사용계약에 대하여 매월 월간전기요금표에 의해 해당 계약종별 요율에 따라 계산한다. 또한 전기공급약관 제68조 제1항에 따라 최대수요전력계를 설치하지 않은 고객은 계약전력을 요금적용전력으로 한다. 이때 최대수요전력계를 설치한 고객은 동 약관 제16조 제1항에 해당하는 고객을 포함하여 검침 당월을 포함한 직전 12개월 중 7월분, 8월분, 9월분 및 당월분으로 고지한 전기요금 청구서상의 사용기간 중 가장 큰 최대수요전력을 요금적용전력으로 하며, 최대수요전력이 계약전력 30% 미만인 경우에는 계약전력의 30% 해당전력을 요금적용전력으로 한다.

고객이 최대수요전력계를 새로 설치하거나 영구 철거하는 경우에는 그달의 요금계산 시 요금적용전력을 구분하여 적용하되 설치 전 적용분 및 철거 후 적용분에 대한 요금은 제1항에 따라서 청구하며, 최대수요전력계를 부착했던 기간은 제2항에 따라 요금을 적용한다.

(2) 검침기간

전기공급약관 제69조 제1항에 따라 검침은 각 고객에 대하여 한전이 미리 정한 날에 실시하는 것을 원칙으로 한다. 다만 검침일이 공휴일이거나 비상재해 등 부득한 경우에는 검침일이 아닌 날에도 검침을 할 수 있도록 하고 있다. 제2항에는 제1항 제1호의 규정

에 의한 검침일 변경으로 요금계산 기간을 초과하는 경우에는 초과일수를 포함한 1일 평균사용량을 산정하여 초과일수만큼 1일 평균사용량을 차감하고 다음 달 사용량으로 이월할 수 있도록 한다. 제3항에서 한전은 특별한 사정이 있는 경우에는 제1항의 규정에도 불구하고 고객의 승낙을 받아 매월 검침을 하지 않을 수도 있다고 규정하고 있다. 전기공급약관 제70조에 따라 전기요금의 계산기간은 전월 검침일로부터 당월 검침일 전일까지를 검침기간으로 정하며, 제80조 일수계산의 경우를 제외하고는 검침기간을 1개월로 규정하고 있다. 또한 동 약관 제71조 제1항에 따라 사용전략량은 검침일에 전기계기의 지침을 읽음으로써 계량하며, 계량한 사용전력량을 검침기간의 사용전력량으로 정하고 있다. 동 약관 제71조 제2항에 의하면 사용전력량은 공급전압과 같은 전압으로 계량하는 것을 원칙으로 하되 공급전압과 계량공급전압과 전압으로 서로 다를 경우에는 사용전력량을 공급전압과 같은 전압으로 계량한 것으로 하기 위한 손실률로 가감토록 하고 있으며, 제3항에 무효전력량 및 최대수요전력의 계량은 제1항 및 제2항에 따르도록 하고 있다. 전기공급약관 제72조에 따라 전기계기 및 동 부속장치의 이상, 고장 등으로 사용전력량이 정확하게 계량되지 않았을 경우에는 시행세칙에서 정한 방법 중에서 가장 적합한 방법으로 요금계산기간의 사용전력량을 고객과 협의하여 결정토록 하고 있다. 이때 계기용 변성기 이상으로 사용전력량을 고객과 한전이 협의하여 결정할 경우에는 최대수요전력을 재산정한다.

3) 월간 전기요금 적용방법

전력 구분	전압		표준전압	기본요금(KW/원)	시간대	전력량 요금(KW/원) 여름 7.1~8.31	봄·가을 3.1~6.30 9.1~10.31	겨울 11.1~2월 말
일반용 전력(갑)	저압전력		110V 이상 380V 이하	5,280		93.50	58.30	74.70
	고압전력 A	선택 (1)	3,300V 이상 66,000V 이하	5,790		98.10	61.20	77.60
		선택 (2)		6,660		94.70	57.70	73.60
	고압전력 B	선택 (1)	154,000V 이상	5,790		96.30	60.20	75.80
		선택 (2)		6,660		91.90	55.80	71.40
일반용 전력(을)	고압전력 A	선택 (1)	3,300V 이상 66,000V 이하	5,790	최소시간부하대	46.30	46.30	49.80
					중간시간부하대	92.30	64.40	86.70
					최대시간부하대	158.90	86.30	116.90
		선택 (2)		6,660	최소시간부하대	41.90	41.90	45.40
					중간시간부하대	87.90	60.00	82.30
					최대시간부하대	154.50	81.90	112.50
	고압전력 B	선택 (1)	154,000V 이상	5,790	최소시간부하대	44.90	44.90	48.30
					중간시간부하대	89.60	62.60	84.10
					최대시간부하대	153.40	83.80	113.10
		선택 (2)		6,660	최소시간부하대	40.50	40.50	43.90
					중간시간부하대	85.20	58.20	79.70
					최대시간부하대	149.00	79.40	108.70
계절별, 시간대별 일반용 전력 구분표(을)					심야시간대	23 : 00~09 : 00	23 : 00~09 : 00	23 : 00~09 : 00
					주간시간대	09 : 00~18 : 00	09 : 00~18 : 00	09 : 00~18 : 00
					저녁시간대	18 : 00~23 : 00	18 : 00~23 : 00	18 : 00~23 : 00

4) 월간 전기요금 계산 사례

호텔이 고압수전을 설치하고 있는 경우, 일반용 고압A를 적용받게 되며, 이때 선택1, 또는 선택2를 전력소비자인 호텔이 정하게 된다. 선택1은 기본요금이 낮고, 전력량요금이 높으며, 반대로 선택2는 기본요금이 높고, 전력량요금이 낮게 정해져 있다.

요금은 기본요금, 전력량요금, 역률요금, 부가가치세 10%로 구성되어 있으며, 기본요금은 최대수요전력계를 설치한 경우 검침 당월을 포함한 직전 12개월 중 7, 8, 9월분과 당월분으로 고지한 전기요금 청구서상의 사용기간 중 가장 큰 최대수요전력을 요금적용전력으로 하며, 최대수요전력이 계약전력 30% 미만인 경우에는 계약전력의 30% 해당전력을 요금적용전력으로 한다. 사용요금인 전력량요금은 1개월간 사용한 양, 역률요금은 90% 기준으로 ±5% 범위에서 기본요금에 가감한다. 부가가치세는 부가된 전기요금의 10%를 산정한다.

적용조건으로

- 사용기간 : 2018년 7월 1일~7월 31일
- 계약전력 : 7,000kw, 일반용 전력 고압A, 선택2로 계약
- 1개월간 사용량 : 800,000kW/h
- 요금적용 전력 : 2017년 7월~2017년 9월, 2018년 7월 중 피크(peak)
- 역률 : 93%일 경우의 요금은 아래와 같다.

① 기본요금 : 7,000kW × 6,660원 = 46,620,000원

② 사용요금 : 800,000kW/h × 85.20원 = 68,160,000원

③ 역률요금 : 93%이므로 3%를 기본요금에서 차감하면 1,398,600원

④ 합계 : ① + ② - ③ = ④

46,620,000원 + 68,160,000원 - 1,398,600원 = 116,178,600원

⑤ 부가가치세 10% : 11,617,860원

⑥ 청구금액 : ④ + ⑤ = 127,796,460원

2. 전기관련 용어 설명

① BTU(British thermal unit) : 영미(英美)에서 사용되고 있는 피트, 파운드법에 의한 열량(熱量) 단위. 1파운드의 물을 1°F만큼 높이는 데 소요되는 열량이다. 1BTU=252 그램칼로리, Btu.라고 쓰기도 한다. 1LB of H_2O – 1Btu → 1°F, 1LB of steam = 1,000btu, 212°F = 212 btu → 788 btu 더 필요

② Lumens(루멘) : 얼마나 많은 불빛들이 장치에 의해 생성되는가?

③ Footcandles(촉광) : 얼마나 많은 불빛들이 한 물체에 도달하는가?

④ Walts : 제품에 사용되는 전기 파워의 양 = voltage(실시간 실제 전기의 세기) × Amp × pf(power factor)

⑤ HVAC(Heating, Ventilation, Air Conditioning) : 난방 환기 공기조절장치

⑥ Refrigeration : 냉장고

– Evaporator(증발기) : 물은 끓는점에서 증발하는 기간 동안 많은 열에너지를 얻는다. 박스 안에서 열을 흡수하여 증발한다.

– Compressor(압축기) : 온도의 증가. 더 강한 압력으로 더 많은 증발을 유도한다.

– Condenser(냉각기) : 열을 방출한다.

– Expansion valve(팽창밸브) : 이 관을 통해 압력이 낮아지고 냉매 유량이 조절된다. 냉장고는 40°F보다 낮아야 함. 냉동고는 32°F보다 낮아야 함. 얼리기 위해선 0°F보다 낮게 함

⑦ Ventilation measure(통풍 측정) : cfm =1분간 1입방피트(1㎥=35.3입방피트)

⑧ CDD(cooling degree days : 냉방지수) outside-inside 80~75° = 5 CDD 냉방지수로 날씨가 더울수록 지수가 올라가는 여름에 사용하는 지표

⑨ HDD(heating degree days : 난방지수) : 난방지수로 날씨가 추울수록 지수가 올라가는 겨울에 사용하는 지표로서 각종 곰팡이와 바이러스, 박테리아, 먼지, 안개 등에 영향을 미침

⑩ Lighting system design(조명시스템 설계)

– 고객들의 주의를 끌며, 그들을 더 편안하게 만든다.

– 종업원의 생산력을 강화시킨다.

– 콘셉트를 알린다(시장 내에서 만들어진 이미지를 굳힌다).

– 분위기를 자아낸다.

⑪ Utility cost(시설과 설비 유지관리비) : 총 매출(수익)의 10∼11% 투입

⑫ 1kW = 1,000W(Watt)

⑬ kWh = 한 시간당 사용되는 전기량

예) 60w or 100w 전구

– 100w × 10hrs/day = 1,000w = 1kW를 매일 사용할 때 이렇게 기록

– 1kW/day × 365 = 365kWh/yr

⑭ AC(Alternating current) : 교류 – 물체를 플러그인할 때, 예비 발전기

⑮ DC(Direct current) : 직류 – 배터리 팩

⑯ Amp(Amperage) & Volts(Voltage) : 전류의 세기와 전압

– 만약 전압이 없다면 전류는 움직이지 않음. 미국은 110∼120v, 6A, 다른 나라는 220∼240v, 3A

⑰ Wattage(전력량) : Volt와 Amp는 항상 같이 간다; 제일의 파워요소라 불린다.

– Power factor = 1 얼마나 많은 전력량이 사용될지 결정하기 위해서 Watt = Volt × Amp × pf(power factor)

예) Voltage= 220v, Amp= 9, Power factor= .80인 경우. 220 × 9 × .80 = 1,584 watts per hour = 1,584kW per hour

⑱ Circuit breaker(회로차단기) : 안전장치, 장비의 저장 볼트는 변동가능하기 때문에 110v에서 120v로 이동가능하다.

⑲ LPG는 단위를 gallons으로 씀

Ex) electricity consumption → 408,100kWh

LPG = 32,000 gallons, 408,100 × 3,412 = 1,392,437,200 BTU

1 LPG = 92,000 BTU – 32,000 × 92,000 = 29,440,000 BTU

⑳ 1 Therm = 100,000 BTU = 293.1 kWh. 물은 BTU로 환산되지 않음.

전기, 유류, 가스 에너지의 유용한 전환 단위		
1 Btu	1,054.4 joules (J)	252 calories (cal)
1 Therm	100,000 Btu	29.3 Kilowatthours
1 MMBtu (million Btu)	1,000,000 Btu	293.1 Kilowatthours
1 Kilowatthour (kWh)	3,412 Btu	1,000 Watthours (Wh)
1 Megawatthour (Mwh)	3,412,141 Btu	1,000,000 Watthours
1Kilowatthour (kWh)	3.6Megajoules (MJ)	859.85 Kilocalories (Kcal)
Natural Gas (NG)	approx. 1,000 Btu per cubic foot (cf)	
LP Gas ("Propane")	approx. 92,000 Btu per US-gallon (gal)	
No. 2 fuel oil	approx. 140,000 Btu per US-gallon (gal)	

4 상 · 하수도요금관리

1. 수돗물의 생산 및 관리과정

우리나라는 수돗물에 대한 생산, 공급, 유지관리 등의 책임을 지방자치단체에 맡기고 있으며, 각 지자체는 수질관리뿐만 아니라 요금체계도 달리하고 있다. 따라서 이 장에서는 1,000만 명 인구가 살아가며, 호텔 및 숙박업의 1/2 정도가 위치한 서울과 대표적 지방도시인 부산광역시의 수도에 대해 알아보기로 하겠다. 우리가 먹는 물의 수질기준은 미생물, 유해영향 무기물질, 유해영향 유기물질, 소독제 및 소독부산물, 심미적 영향물질로 구성되어 있다. 수질기준 수치는 보통 사람이 하루에 2리터의 물을 70년 동안 마실 경우 건강에 해가 되지 않는 양으로 설정한 값에 1/100~1/1,000의 안전율을 고려해 정한 값이다. 따라서 모든 먹는 물은 수질기준 이내의 물을 마실 경우 인체에 전혀 해가 되지 않는다고 말할 수 있다. 그러나 각급 호텔은 객실 내 미니바에 생수를 공급하여 고객의 불안감을 해소하면서 매출신장에도 노력하고 있는 것이 현실이다.

서울특별시 상수도사업본부는 아리수정수센터에서 한강물(원수)을 취수하여 정수처리를 하고 있다. 10단계로 분류되는 이 공정을 통해 안전하고 깨끗한 물, 아리수가 만들어지며, 2010년에 서울시 6개 아리수정수센터에서 1일 327만 톤의 아리수를 생산하여 각 가정과 영업소에 공급하고 있다. 수돗물 생산을 10단계로 나눠서 설명하면 다음과 같다.

① 취수원 : 서울시 아리수의 원료는 팔당댐부터 잠실 수중보 상류의 강물

② 취수장 : 한강변에 위치한 취수장에서 강물을 끌어들여 아리수정수센터로 보내며, 생물경보시스템과 수질자 동감시장치를 이용하여 24시간 실시간수질을 감시하게 됨

③ 착수정 : 취수장으로부터 도착한 원수를 안정시키고 수량을 조절하는 곳으로 수질에 따라 분말활성탄 등을 투입하여 혼화지로 보냄

④ 혼화지 : 착수정에서 보내온 물에 적정량의 정수처리 약품을 넣고 섞는 곳이며, 정수약품은 미세한 입자(콜로이드성 물질)를 큰 덩어리로 뭉치게 해줌

⑤ 응집지 : 약품과 탁질이 잘 섞이도록 물을 서서히 저어주면 탁질이 엉겨 붙어 크고 무거운 덩어리(플록)가 만들어짐

⑥ 침전지 : 응집지에서 크게 형성된 덩어리를 가라앉혀 맑은 윗물을 여과지로 보내는 곳으로 가라앉은 덩어리는 수분을 제거한 다음 시멘트 원료 등으로 재활용하거나 매립하게 됨

⑦ 여과지 : 침전지를 통과한 물을 모래와 자갈층을 통과시키면 물속에 남아 있던 작은 입자들마저 깨끗하게 걸러짐

⑧ 고도정수처리 : 오존과 입상활성탄 공정으로 오존의 특성인 강력한 산화력과 활성탄의 특성인 탁월한 흡착력을 이용한 처리 공정을 거쳐 보다 깨끗하고 안전한 물을 만듦

⑨ 염소투입 : 여과된 깨끗한 물에 소량의 염소를 넣어 소독한다. 이 공정은 미생물에 대해 위생적이고 안전한 물을 만드는 최종 공정

⑩ 배수지 : 배수지는 수돗물센터에서 보낸 물을 각 가정으로 보내기 전까지 저장하는 공간 물탱크 기능을 하며, 주변에서 가장 높은 지대에 있고, 사고로 인해 일시적으로 수돗물을 생산하지 못하는 때를 대비하여 물을 저장하는 역할도 한다.

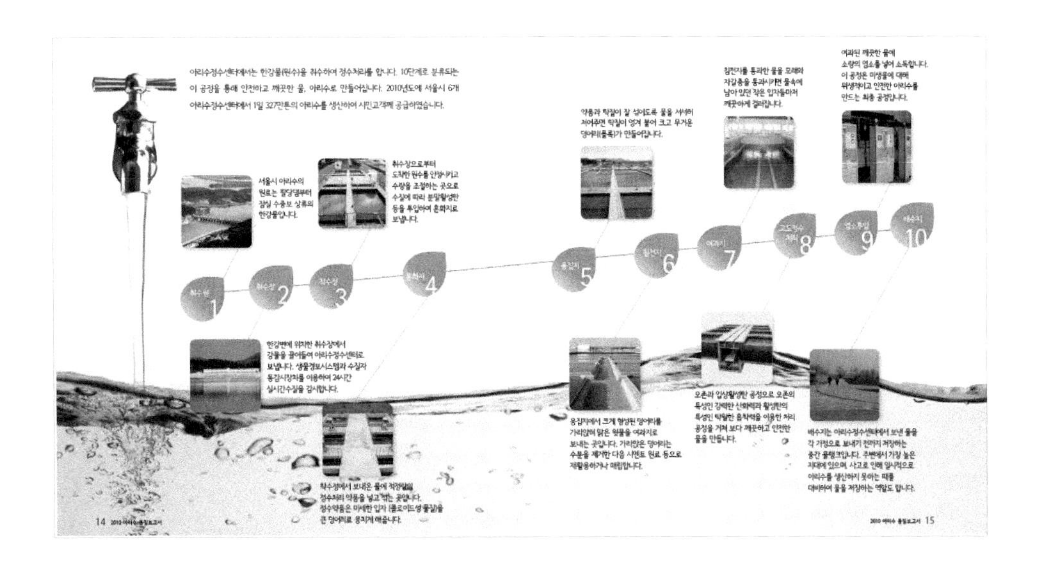

2. 수돗물관련 용어 설명

① BOD(Biochemical Oxygen Demand) : 생물화학적 산소요구량으로 물속의 호기성 미생물이 증식, 호흡할 때 산소가 소비되는 상태를 말하며 수질오염의 지표로 사용

② 경도(Hardness) : 비누를 침전시키는 물의 정도를 나타내는 지표. 물의 세기를 나타내는 것으로 물속에 녹아 있는 칼슘·마그네슘 이온을 탄산칼슘으로 표시한 양. 경도가 높은 물은 비누거품이 잘 일어나지 않고, 낮은 물은 잘 생김

③ 탁도(Turbidity) : 물의 흐림 정도를 정량적으로 나타내는 것으로 단위는 NTU

④ 총트리할로메탄(THMs : Trihalomethanes) : 물속에 함유된 적은 양의 천연 유기물이 정수처리 시 소독제로 투입한 염소와 반응하여 자연적으로 생성되는 가장 주요한 소독부산물

⑤ 잔류염소(Residual Chlorine) : 수돗물을 염소로 소독할 때 소독력을 갖는 형태로 용존하는 염소를 나타내며 차아염소산(HOCl) 및 차아염소산이온(OCl-)의 형태로 존재

⑥ 불검출(ND : Not Detected, Not Determined) : 수질항목 정량한계 미만으로 검출되지 않는 값

⑦ 수소이온농도(pH) : 물의 액성을 나타내는 값으로 pH 7은 중성, 값이 클수록 알칼리

성이 강하고, 작을수록 산성이 강함

⑧ 소독부산물(DBPs : Disinfection By-products) : 물속에 함유된 유기물이 정수처리 시 소독제로 투입한 염소와 반응하여 생성되는 물질로 가장 주요한 소독부산물은 총트리할로메탄(THMs)

⑨ 총대장균군(Total Coliforms) : 대장균과 유사한 형태와 특성을 갖는 세균 그룹을 말하며, 분변 및 병원균에 오염되었는지 여부를 간접적으로 알려주는 지표 미생물로 먹는물 100mL에서 검출되어서는 안 되나, 수돗물인 경우에는 월 검출률을 5%까지 허용

⑩ 대장균(E. coli) : 장내에 서식하는 대표적인 장내세균으로서, 병원균은 아니지만 병원균의 배출원인 분변에 의한 오염을 가장 정확하게 알려주는 지표이기 때문에 먹는물 100mL에서 절대 검출되면 안 되는 미생물

⑪ 내분비계 장애물질(EDCs : Endocrine Disrupting Chemicals 환경호르몬) : 합성화학물질이 생체 내에 흡수될 경우 생화학반응을 일으켜 호르몬과 유사하게 거동함으로써 정상 호르몬의 작용을 방해하여 정자수 감소, 기형 유발, 암수의 변화를 일으키는 원인 물질임

5 호텔 레스토랑의 에너지 소비 계산 사례

애리조나주에 있는 H호텔은 로비층에 OS 가족레스토랑 체인과 임대계약을 맺고 공간을 할애해 주었다. 이 레스토랑 Daltz는 매월 H호텔에 수도광열비를 지불해야 한다. 이를 위해 달츠 레스토랑의 전기와 가스 사용량을 계산해 보도록 한다. 아래 표를 참고하여 질문에 맞게 계산해 보기 바란다.

이 레스토랑의 총에너지 소비량은 FOH(front of house)의 경우 7,000sf/650sm이고, BOH(back of house)는 2,500sf/232sm이다. 이 레스토랑은 개인접대실을 포함하여 총 220개의 좌석을 보유하고 있다. 이 레스토랑은 계속해서 같은 소유주이며 4년 동안 일 년 내내 문을 열었다.

Function	Load(kW)	kWh	%	Cost($)
Air Conditioning	52	64,200	16	5,939
Food Processing	49	146,900	36	13,588
Refrigeration	14	98,500	24	9,111
Lighting	13	54,700	13	5,060
Ventilation	10	43,800	11	4,052
TOTALS	138kW	408,100kWh	100%	$37,750

Function	Therms	Cost ($)
Food Processing	23,300	16,124
Water Heating	4,600	3,183
TOTALS	27,900Therms	$18,307

1) 다음을 계산해 보시오.

1-1) 비용 비율(cost ratios)

– Electricity = 66%

방법 37,750/(37,750 + 19,305) × 100

– Gas = 34%

방법 19,305/(37,750 + 19,305) × 100

1-2) 소비율(consumption ratios)

– Electricity = 33%

방법 1 Therm = 100,000 BTU = 29.31 kWh
27,900 Therm = 817749 kWh
408,100(전기사용량) + 817,749(가스사용량) = 1,225,849(총소비량)
508,100kWh/1,225,849kWh × 100 = 33%

– Gas = 67%

방법 817,749/1,225,849 × 100 = 67%

1-3) 단위 비용(unit costs)

– Electricity = 0.0925/kWh

방법 $ 37,750/unit 408,100kWh = 0.0925

– Gas = $ 0.69/Therm → 0.022/kWh

방법 19,307/27,900 = 0.69/Therm → 0.69/29.31kWh = 0.022/kWh

1-4) 단위비용 비교와 주요 사항(unit costs comparison and related major comment(s) 비교 분석

– 하나는 kWh이고 다른 하나는 Therm인 상태로는 비교할 수 없다.

– 0.0925/kWh/0.022/kWh = 4.20이므로 전기가 가스보다 4배 이상 더 비싸다.

2) 같은 종류와 크기와 형식의 레스토랑이 마이애미에 있다면 어떤 종류의 장비가 다를 수 있는가?

– 에어컨

3) 전등과 냉장고의 하루 평균사용시간(average daily operating period)

– 전등 : 54,700kWh/365 = 150kWh/day/13kW = 11.5 hour/day

– 냉장고 : 98,500kWh/365 = 270kWh/day/14kW = 19.3 hour/day

4) BEI(Building Energy Index)을 구하고, BEI 500,000 btu/sf를 NRA 스탠다드와 비교해 보시오.

정답 597,514 BTU/SF–Y 1,886kWh/SM–Y

방법 1,225,849kWh/650 sm = 1,886kWh/sm
1,225,849 X 3,412 btu/7,000sf = 1,225,849/7,000 = 175,12128 × 3,412 = 597,513 btu/sf

정답 이 레스토랑이 NRA보다 약 20% 더 높다.

방법 597,514/500,000 = 97,514/500,000 X 100 = 19.5%

5) 레스토랑의 좌석당, 총 에너지 비용은 $356/seat이고, 시설관리비용을 매년 약 $32,000이라 가정하자. 매년 평균분기별 수도세 비용은? (yearly and average

quarterly water/sewer expense/cost)

정답 yearly : 21,263 average quarterly = 5,316

방법 전기 = 37,750 가스 = 19,307 ⇒ 총 57,057
총 에너지 비용 = 78,320 = 356 × 220
78,320 − 57,057 =21,263 : water/sewer
21,263/4 = 5,316

6) 총 수익의 3.5%가 전기이고, 2.9%가 시설관리비라고 하면, 전체 시설관리비용(FMC : total facilities management cost)과 레스토랑 운영과 에너지 비용(POMEC : property operations maintenance and energy cost)은? 좌석당 수선 및 유지관리비(R&M : repair and maintenance) cost per seat?

정답 POMEC = $110,320/year
FMC = $ 15.76/SF–Y $170/SM–Y
R&M = $ 145.45/seat

방법 전기는 3.5% 37,750/3.5% = 1,078,571
1078,571 × 2.9% =31,279 약 32,000
에너지 = 78,320
(POM)R+M = 32,000
POMEC = 110,320
110,320/7,000 sf = $15.76
110,320/650 sm = $170
32,000(POM)/220(좌석수) = 145.45

7) 가스회사에서 이 레스토랑에 주방기구 업그레이드를 요청하였다. 이 요청지에서 회사는 지금 쓰고 있는 중간가열기를 가스연료를 쓰는 정격 20kW로 교체하라고 추천하였다. 이 추천된 가스 중간 가열기는 120.5 Mbtuh(120,500Btu/h) LP가스이다. 이 새로운 가스연료기기 설치비는 총 $2,150이다. 전기에서 가스 연료를 쓰는 가열기는 대략 1년에 17,250kWh를 아낄 수 있다. 이것은 반영할 수 있는 에너지 비용의 약 $500로 추정된다. 이 추정치는 외래 전문상담자에 의해 확인되었다.

7-1) 위의 내용을 바탕으로 추천된 주방기구를 설치할 때의 자금회수기간(payback)과

투자수익률(ROI : return-on-investment)을 구해 보시오.

정답 payback is 4.3 yr ROI is 23%

방법 payback = cost/savings
2,150/500 = 4.3 yrs
ROI = savings/cost × 100 = 23%

7-2) 만약 효율적인 현장으로서 연료공급자로부터 한 번의 보증된 인센티브를 받는다고 하고, 이 전기에서 가스로 변화되기 위해 필요한 비용의 첫 인센티브는 $700이다. 이 보증된 인센티브의 payback과 ROI를 구해 보시오.

정답 payback is 2.9 yr ROI is 34.5%

방법 payback = (2,150–700)/500 = 2.9 yr
ROI = 500/1,450 × 100 = 34.5%

7-3) 만약 레스토랑의 평균 IBIT(Income Before Income Taxes)가 8.5%라면, 전기에서 가스로 바꾼다는 결정의 수익에 대한 영향(Revenue impact)은?

정답 $5,882 per year

방법 $500/8.5% × 100 = $5,882

☺ The World Best Smile Hotel

Table : POMEC-1

Hospitality Facilities Operating Costs :

Energy/Utilities Costs per Available room :   PropertyOperation&maintenanceCosts PerAvailableroom :

Hotel/ Resort	Electricity &Power	Fuel Gas/Oil	Water/ Sewer	Total	Payroll (SWB)	Maintenance Expense	Total
A	$1,350	$315	$180	$1,845	$463	$823	$1,286
B	$1,205	$240	$188	$1,633	$639	$1,074	$1,713
C	$1,180	$208	$102	$1,490	$506	$1,186	$1,692
D	$1,209	$318	$101	$1,627	$1,046	$1,418	$2,466
E	$1,328	$291	$105	$1,724	$789	$1,136	$1,925
F	$1,206	$184	$128	$1,518	$532	$833	$1,365
G	$1,820	$580	$325	$2,725	$1,246	$1,349	$2,595
H	$1,930	$262	$191	$2,383	$542	$1,296	$1,838
I	$1,190	$330	$254	$1,693	$1,095	$1,423	$2,618

1. Determine the "average" (mean and median) values for all properties

Total Energy/Utilities	: Mean : $	Property :	Median : $	Property :
Total POM/R&M	: Mean : $	Property :	Median : $	Property :
Total POMEC	: Mean : $	Property :	Median : $	Property :

2. In the above POMEC-statistics, when evaluating Energy/Utilities expense, you would

	Low quartile (25%)	Median (50%)	Upper Quartile (75%)
Electricity	________	________	________
Water/Sewer	________	________	________
Fuel	________	________	________
Energy	________	________	________

참고문헌

- 김영진 · 윤여송, 최신 호텔 시설관리, 백산출판사, 2011.
- 김일채 · 박대환, 호텔객실영업론, 백산출판사, 2005.
- 김의근 외, 호텔경영학개론, 백산출판사, 2005.
- 김재민 · 신현주, 신호텔경영론, 대왕사, 2004.
- 김진수 · 홍웅기, 호텔식음료 관리론, 학문사, 2000.
- 박대환 외, 현대여가와 레저생활, 학문사, 2000.
- 박대환 외, 여가사회와 레저 스포츠, 세종출판사, 2003.
- 박대환 외, 호텔경영관리론, 도서출판 대명, 2007.
- 박대환 외, 호텔객실영업론, 백산출판사, 2018.
- 박대환 외, 호텔객실관리와 시설관리, 백산출판사, 2018.
- 박병렬, 호텔경영실무론, MJ미디어, 2005.
- 신강현 외, 호텔객실운영관리론, 석학당, 2016.
- 신형섭, 호텔객실서비스실무론, 학문사, 2013.
- 안광호 외, 호텔객실서비스실무, 기문사, 2015.
- 유정남, 호텔경영론, 기문사, 2016.
- 원융희, 호텔실무론, 백산출판사, 2012.
- 이희천 외, 호텔경영론, 형설출판사, 2017.
- 장현종 외, 외식경영과 실무, 기문사, 2018.
- 정호권, 최신호텔경영론, 한울출판사, 2008.
- 최병호 외, 호텔경영의 이해, 백산출판사, 2015.
- 최 웅 외, 신호텔경영학, 석학당, 2013.
- 하헌국 외, 호텔경영과실무, 한올출판사, 2018.
- 하헌국 외, 호텔 식음료 경영론, 한올출판사, 2018.
- 한삭명, 최신 주방시설관리론, 석학당, 2017.

- 허향진 외, 호텔경영론, 형설출판사, 2014.
- 소방안전, 한국소방안전협회, 2016.
- 웨스틴 조선호텔, 시설관리매뉴얼, 2018.
- 호텔롯데, 객실매뉴얼, 2015.
- 호텔신라, 객실매뉴얼, 2016.
- 호텔파라다이스, 객실매뉴얼, 2017.
- 호텔업운영현황, 한국관광호텔업협회, 2018.

- A. M. Khashab, and P. E., Heating, Ventilating, And Air-Conditining Systems Estimating Manual, McGRAW-HILL BOOK COMPANY, 2016.
- Barbara A. Almanza, Lendal H. Kotschevar, and Margaret E. Terrell, Foodservice Planning - Layout, Design, and Equipment, Prentice-Hall, 2018.
- Hayes K. David, and Jack D. Ninemeier, Hotel Operations Management, Pearson Prentice-Hall, 2017.
- Hotel Intercontinental, Maintenance Department Manual, 2014.
- Martin, J. Robert, Professional Management of Housekeeping Operations, John Wiley & Sons, Inc., 2018.
- Total Cleaning Solutions, Manufacturing Catalogue, 2018.
- Tucker Georgina & Madelin Schneider, The Professional Housekeeping, CBI Publishing Company, Inc., 2016.
- Rubbermaid, Commercial Care Products Manufacturing Catalogue, 2018.
- Westin Hotels & Resorts, Housekeeping Manual, 2017.
- 3M, Commercial Care Products Manufacturing Catalogue, 2018.

저자 소개

원 철 식

- 가천대학교 관광경영학과 졸업(경영학 학사)
- 경희대학교 경영대학원 관광경영학과 졸업(경영학 석사)
- 미국 플로리다국제대학교(FIU) 졸업(Hospitality Management 전공 석사)
- 세종대학교 대학원 호텔관광경영학과 졸업(경영학 박사)
- 한국관광협회중앙회
- (주)세우리(덕구온천콘도, 그린피아 관광호텔) 총지배인
- 영산대학교 호텔관광학부장, 기획처장 직무대리, 전략기획실장
- 관광종사원자격시험 필기 및 면접위원
- 관광호텔 등급평가 심사위원
- 한국관광서비스학회 회장
- 한국호텔리조트학회 회장
- 한국관광레저학회 편집위원장
- (현) 영산대학교 호텔관광학부 호텔경영전공 교수
- (현) 한국문화관광교육협회 회장
- (현) 한국관광레저학회 수석부회장

박 대 환

- 세종대학교 경영대학원 호텔경영학과(경영학 석사)
- 경남대학교 대학원 경영학과 서비스마케팅전공(경영학 박사)
- 미국 플로리다국제대학교(FIU) 호텔관광학부 교환교수
- 호텔경영사(관광호텔 총지배인) 자격증 취득
- 미국 국제호텔총지배인 자격증(AHLA CHA) 취득
- 부산웨스틴조선호텔 영업총괄 부총지배인
- 부산광역시관광협회 관광종사원 면접위원
- 부산광역시 관광진흥위원
- 울산광역시 관광편의시설업지정 심사위원
- 경상남도 관광호텔등급심사위원
- 경남발전연구원 비상임연구위원
- 경상남도의회 관광분야 자문위원
- 한국산업인력공단 국가시험 관광분야 출제위원 및 면접위원(호텔경영사, 호텔관리사, 호텔서비스사, 관광안내사)
- 한국관광호텔업협회 관광호텔등급심사위원
- 한국관광공사 관광호텔등급심사위원
- 한국관광공사 통역안내사 면접위원
- 한국관광학회 부회장
- 한국관광레저학회 부회장
- 한국호텔외식관광학회 부회장
- 한국호텔관광학회 회장
- 영산대학교 호텔관광학부장, 평생교육원장, 행정처장, 입학처장, 사무처장, 호텔관광대학장
- (현) 영산대학교 호텔관광대학 명예교수, 인문학최고위과정 책임교수

저자와의
합의하에
인지첩부
생략

호텔시설관리론

2020년 2월 10일 초판 1쇄 인쇄
2020년 2월 15일 초판 1쇄 발행

지은이 원철식 · 박대환
펴낸이 진욱상
펴낸곳 (주)백산출판사
교　정 편집부
본문디자인 신화정
표지디자인 오정은

등　록 2017년 5월 29일 제406-2017-000058호
주　소 경기도 파주시 회동길 370(백산빌딩 3층)
전　화 02-914-1621(代)
팩　스 031-955-9911
이메일 edit@ibaeksan.kr
홈페이지 www.ibaeksan.kr

ISBN 979-11-90323-60-4　93980
값 27,000원